A **ILUSÃO** DO

CONHECIMENTO

Imagem da capa de © khak - stock.adobe.com

Dados Internacionais de Catalogação na Publicação (CIP)
Angelica Ilacqua CRB-8/7057

Katcher, Harold
    A ilusão do conhecimento : A mudança de paradigma na pesquisa do envelhecimento que mostra o caminho para o rejuvenescimento humano / Harold Katcher ; tradução: Nicolás Cherñavsky, Nina Torres Zanvettor. — 1. ed. — Valinhos, SP : NTZ, 2022.
    247 p.

ISBN 978-85-54106-14-0
Título original: The Illusion of Knowledge

1. Biologia 2. Envelhecimento celular 3. Rejuvenescimento I. Título II. Cherñavsky, Nicolás III. Zanvettor, Nina Torres

22-5214   CDD 611.018

Índices para catálogo sistemático:

1. Biologia

Publicado por NTZ
www.ntzplural.com
Valinhos/SP - Brasil

Primeira edição

A **ILUSÃO** DO **CONHECIMENTO**

A mudança de paradigma na pesquisa
do envelhecimento que mostra o caminho
para o rejuvenescimento humano

Dr. Harold Katcher

Tradução:
Nicolás Cherñavsky
Nina Torres Zanvettor

NTZ

2022

Sumário

Prefácio

A recente descoberta do nosso grupo[1] da capacidade de transformar ratos velhos em jovens nos convence de que o envelhecimento dos mamíferos — e isso inclui o envelhecimento humano — pode ser revertido, em um processo chamado "rejuvenescimento" (literalmente, um retorno à juventude). Vejo isso como o próximo passo na evolução humana e, assim como na maior parte da evolução humana, isso envolve um aumento de nossas habilidades — não através da evolução biológica, que é demasiadamente lenta, mas através do conhecimento, na forma de tecnologia. Entretanto, apesar de todas as pessoas velhas quererem ser jovens novamente — mais inteligentes, fortes, viris e férteis — qual seria o real benefício disso para a sociedade? Depois de ter ensinado *Biologia do Envelhecimento* por anos, sei que a maioria dos meus alunos não veem o rejuvenescimento como um benefício, mas como um problema porque, certamente, se for possível rejuvenescer pessoas, será possível adicionar décadas a suas vidas, e então a questão que mais nos preocupa vem à tona: a superpopulação. A maioria dos meus alunos, ao se inscreverem em um curso sobre a biologia do envelhecimento, estavam interessados no assunto, e até mesmo na medicina antienvelhecimento, mas não desejavam alcançar a imortalidade física e a juventude eterna (apesar de que alguns tinham de fato esses desejos) — eles simplesmente queriam viver uma vida longa e saudável por cerca de 100 anos e morrer tranquilamente durante o sono.

No momento em que escrevo este livro, ainda relativamente perto do começo do século XXI, nota-se que o enorme *"baby boom"* que ocorreu quando as tropas voltaram para casa quando a Segunda Guerra Mundial terminou levou a um grande aumento populacional no mundo inteiro. As pessoas nascidas durante esse período foram chamadas de "Geração do *Baby Boom*" ou simplesmente *"boomers"*. Esses *boomers*, uma geração numerosa e comparativamente rica, entraram na senescência (ou seja, na velhice), e alguns perceberam que o conforto que o dinheiro e o status trouxeram anteriormente em suas vidas significou pouca coisa quando descobriram que a promessa de seus "anos dourados" (sua recompensa após uma vida inteira de trabalho duro e conquistas) era uma mentira. Conquistas e aprendizados significavam pouco, sendo só doces memórias (e talvez já em processo de desaparecimento). E por que é uma mentira? Porque agora que você tem o tempo, não tem mais a energia. Seus "anos dourados" são uma época na qual a mente e o corpo se tornam fontes de dor e problemas, e o futuro só promete coisas ainda piores antes do fim.

Apesar da busca pela imortalidade ter sido sempre uma preocupação daqueles que tem todo o restante (pois costuma-se dizer que "não se pode levar com você"), nossa comparativa riqueza atual criou um cenário distinto, pois mesmo os pobres na maioria dos países têm acesso a um entretenimento (através de celulares, TVs, etc.) que o Imperador Alexandre, o Grande, não conseguiria nem mesmo imaginar, e nos países mais ricos mesmo os pobres costumam ter ar-condicionado e a capacidade de, em meras horas, fazer viagens que levariam a Alexandre, o Grande, semanas ou meses. Esses aumentos em nossa riqueza e capacidades são o resultado do aumento de nosso conhecimento — nossa ciência.

O interesse generalizado dos agora envelhecidos *boomers* levou à criação de medicamentos "campeões de vendas" produzidos pela indústria farmacêutica — como as estatinas, a metformina e os inibidores da ECA — para o tratamento das doenças do envelhecimento, mas que requerem uso por toda a vida. E como o "envelhecimento" em si não é considerado uma "doença" pela Administração de Alimentos e Medicamentos (FDA) dos EUA (e pelos órgãos governamentais equivalentes em todo o mundo), nasceu uma indústria de "suplementos" ou "nutracêuticos" à margem da medicina convencional, baseada na "teoria do envelhecimento" do momento. Os multivitamínicos, particularmente os antioxidantes (alguns totalmente sem valor quando ingeridos, como a SOD, uma enzima que é digerida como qualquer outra proteína), dedicados ao tratamento antienvelhecimento não são regulamentados nos EUA pela FDA, uma vez que estes "suplementos" são geralmente considerados seguros.

A indústria farmacêutica produz medicamentos que de fato aliviam ou retardam os déficits e doenças do envelhecimento — medicamentos baseados na ciência estabelecida. Isso levou a algumas conquistas: o risco de várias doenças do envelhecimento foi reduzido; alguns cânceres, antes não-tratáveis, agora têm altas taxas de remissão; as estatinas e os inibidores da ECA reduzem o colesterol "ruim" e a pressão arterial, respectivamente, prevenindo ou melhorando as doenças cardíacas e arteriais; a metformina ajuda a cuidar da diabetes tipo 2 e dá aos pacientes um tempo de vida mais longo do que a média.

No entanto, a ciência atual não produziu aumentos significativos no tempo de vida humano, apesar do tempo de vida médio ter aumentado consideravelmente, já que, no início do século XX, o tempo de vida médio nos EUA estava próximo dos 40 anos e agora está próximo dos 80 anos. Isso se deve a que o tempo de vida médio inclui todas as mortes por doenças bacterianas, que já foram nossas principais assassinas (a peste e a tuberculose), e que em sua maioria são evitadas por saneamento adequado e não por antibióticos. Entretanto, como discutirei mais adiante neste livro, os cientistas foram capazes de prolongar o tempo de vida de mamíferos não primatas em uma fração significativa de seu tempo de vida e conseguiram multiplicar em várias vezes o tempo de vida de alguns invertebrados.

Atualmente, talvez pela primeira vez na história, produzimos medicamentos, ainda que com efeitos colaterais, que podem melhorar e prolongar nossas vidas (mesmo que principalmente melhorem e prolonguem a nossa senescência, uma vez que são geralmente utilizados por pessoas idosas ou que estão perto de serem idosas), aumentando nosso tempo de vida médio, mas apenas um pouco — no entanto, a vida é preciosa para muitos, independentemente de seu estado geral.

As explicações dadas pela maioria dos biólogos para os processos que controlam o envelhecimento e a duração da vida baseiam-se em anos de brilhante trabalho teórico e experimental realizado durante meados e fim do século XX. O resultado desta miríade de esforços foi uma explicação de senso comum do envelhecimento, um atributo da vida anteriormente misterioso e inexplicável, que agora podia ser compreendido por qualquer pessoa: "As coisas deterioram-se..."; ou em uma linguagem mais científica: entropia. No contexto do envelhecimento, entropia significa a acumulação inevitável de danos aleatórios (*estocásticos* é a palavra "chique" para isso) que gradualmente superam a capacidade das nossas células de repará-los, e nossas células envelhecem e morrem em consequência. Assim, nesta analogia, seu corpo é como seu automóvel: sim, você cuida bem dele, mas teve aquela pedra que você não viu e que danificou a transmissão, aquela ferrugem espalhando-se por baixo da tinta da porta, o constante desgaste dos pistões e cilindros. Sim, você poderia substituir todas as peças desgastadas e defeituosas se tivesse as peças de reposição, e o dinheiro, mas isso seria jogar dinheiro fora e você tem outras necessidades, e obter essas novas "peças" seria caro. Portanto, o melhor que você pode fazer é tentar evitar que os danos aconteçam e repará-los quando acontecerem, embora saiba que os danos são inevitáveis.

Aprofundando essa analogia, quanto melhor seu carro tiver sido construído inicialmente (sua genética), e quanto melhor ele tiver sido cuidado (sua dieta, regime de exercícios e prudência), mais tempo ele vai funcionar. A ciência moderna desenvolveu metaforicamente alguns aditivos de combustível, alguns lubrificantes sintéticos e selantes de radiadores para evitar que o velho motor se desgastasse muito rapidamente, mas a perspectiva de um prolongamento significativo do tempo de vida é pequena, e mal vale o esforço para a maioria das pessoas (eu incluído, e até mesmo Leonard Hayflick, o homem que nos convenceu de que as próprias células são mortais — pelo menos quando cultivadas in vitro ["em vidro", em vez de "in vivo" — em animais]).[2] No entanto, algumas almas corajosas (ou arrogantes) encararam o desafio de "consertar" a maquinaria defeituosa da natureza, para mostrar à natureza o que a engenhosidade humana é capaz de realizar (faço um reconhecimento a Aubrey de Grey por isso);[3] sua visão do envelhecimento ainda se baseia no que tem sido chamado de teorias do envelhecimento por "desgaste" (a ocorrência e o acúmulo aleatório de danos nas estruturas celulares vitais que não são reparados ou não podem ser reparados pelo corpo), e têm pouco a mostrar por seus esforços. A razão disto é simples — estas teorias têm algo em comum com a maioria das teorias de senso comum sobre o mundo (como "o Sol circunda a Terra uma vez por dia"): estão erradas.

Durante o restante deste livro, revelarei os segredos do envelhecimento que descobri; alguns deles estavam escondidos à vista de todos, e outros nosso grupo descobriu em nossos próprios laboratórios. Conseguimos reverter o processo de envelhecimento em ratos de tal forma que os ratos velhos experimentalmente tratados tiveram na medição de idade (em termos de idade biológica) menos da metade da idade cronológica dos animais controle com idade equivalente (animais velhos não tratados com a mesma idade cronológica que os tratados) de acordo com o "padrão-ouro" da determinação de idade biológica (os testes do "relógio" de Steve Horvath que mede a idade com base na metilação do DNA desenvolvido especificamente para os ratos Sprague Dawley que usamos), e mais de 30 diferentes "biomarcadores de envelhecimento" (características mensuráveis como inflamação, força, capacidade cognitiva e saúde dos órgãos, que mudam com a idade). O rejuvenescimento humano é, evidentemente, nosso objetivo final. A questão é se a humanidade está preparada para o que será a maior mudança na história humana, talvez tão fundamental quanto a descoberta do fogo. Como o fogo, tenho certeza de que encontraremos novas maneiras de usá-la, e como o fogo, mudará nossas vidas para melhor.

É óbvio que muitos seres humanos não sabem o que fazer com a vida que já têm, desperdiçando o tempo que lhes é dado com distrações; "drogas, sexo e rock and roll" ou o que quer que seja o equivalente moderno para se gastar tempo em excesso. Para muitos neste mundo, a vida já é um pesado fardo, e estão prontos para desistir dela por qualquer "causa justa" imaginada — no entanto, é minha convicção que a imortalidade biológica humana não só levará a um mundo melhor, mas a *mundos* melhores. Enquanto a velocidade da luz continuar impondo limites a nossas viagens, será necessário um tempo de vida de séculos, milênios ou mais para que a humanidade possa criar uma civilização pan-galática.

Minha abordagem neste livro é misturar a biologia com história objetiva e pessoal, e as histórias e mitologias do passado e do presente, para obter um quadro mais completo dos possíveis benefícios e prejuízos do rejuvenescimento humano. Esta é, de certa forma, minha busca pessoal pela imortalidade biológica (não que eu tema a morte, eu a considero a "Grande Aventura", e se não houver nada, não ficarei desapontado, mas sei que sempre fui um bom e fiel servo, então não temo nada). Também entrarei em detalhes sobre as teorias passadas e presentes do envelhecimento e a biologia e a bioquímica subjacentes que sustentam (e às vezes contradizem) essas ideias.

O rejuvenescimento, que já foi um "sonho impossível", um assunto mais relacionado à magia do que à ciência, foi demonstrado em várias ocasiões nos últimos anos (embora nunca na intensidade em que mostramos recentemente). Analisaremos tanto o "Por que" quanto o "Como" do rejuvenescimento humano, pois o rejuvenescimento passou de ser um sonho impossível a ser uma nova realidade, que espero que se materialize durante a vida da maioria dos leitores deste livro (eu mesmo incluído, como meu sonho previu — um sonho que será descrito mais à frente neste livro).

Os povos antigos estavam preocupados com a vida e a morte tanto quanto nós (e, surpreendentemente, tinham pistas sobre o processo de rejuvenescimento), então vamos começar pelo que os povos antigos acreditavam (e muitos ainda acreditam) sobre a vida, a morte e a imortalidade. Descobriremos que parte desta antiga sabedoria estava mais próxima da realidade do que a "sabedoria" dos biólogos modernos.

1

O nascimento da morte

A tristeza e o luto entre mamíferos e aves foram observados de forma anedótica muitas vezes, mas será que temos ao menos um leve indício de que os animais sabem que se defrontam com o envelhecimento e a morte? Pequenas mudanças em nosso conhecimento causam grandes mudanças em nosso comportamento: especula-se que a descoberta da relação entre fazer sexo e a procriação nove meses depois inverteu os status relativos de homens e mulheres, quando o poder mágico da mulher de produzir um bebê foi reduzido à posição dela ser o solo receptivo para a semente masculina (é claro, nenhum desses dois pontos de vista é verdadeiro).

Não se sabe quando os humanos descobriram que o envelhecimento e a morte eram inevitáveis (e isso provavelmente ocorreu muitas vezes em muitos lugares), mas a crença de que existia algum tipo de vida após a morte (a negação da morte como o fim da personalidade) foi comum a muitas culturas. As evidências sugerem a possibilidade de que, desde o início, existiam sociedades que temiam a morte como algo não natural e aleatório, e outras que viam a morte como parte da vida. Entre estas últimas, os pigmeus das florestas africanas consideram-se parte da própria floresta, e acreditam que retornam a ela após a morte. Para eles, a morte é algo natural — até esquecem propositalmente os nomes daqueles que morreram e nunca mais os utilizam. Entretanto, para a maior parte da humanidade e durante a maior parte da história da civilização, a negação da morte foi fonte de uma alta cultura humana e a base da religião, porque sobre cada humano há a sombra da consciência de sua própria morte — e a impossibilidade de acreditar que as pessoas como indivíduos morreriam levou ao conceito da vida após a morte e de "alma".

Mesopotâmia

A primeira história sobre a busca da imortalidade — possivelmente a primeira história que foi escrita, inscrita em tabuletas de barro, marcadas com os pontos e cortes do sistema de escrita cuneiforme da antiga Suméria, a primeira civilização humana ("civilização" refere-se especificamente a *civitas*, ou cidades) — é chamada *O Épico de Gilgamés*. Como em muitos sistemas de crenças atuais, nem os sumérios, nem os acádios, que mais tarde os substituíram, acreditavam na morte pessoal, mas sim que a morte representava uma transição para uma fase diferente da vida — que acontecia no "mundo das profundezas", um mundo do outro lado da Terra, onde o deus sol Shamash (seu nome na língua acadiana) passava todas as noites dispensando justiça aos mortos que ali viviam (pois essa era uma de suas funções). Mas o mundo das profundezas era uma terra escura e sombria onde os fantasmas dos vivos comiam poeira e bebiam água salobra, a menos que comida e bebida lhes fossem proporcionadas por parentes vivos — de fato, havia canos que levavam às sepulturas onde libações podiam ser vertidas — pois os espíritos dos falecidos ainda precisavam de sustento e ainda podiam interferir nos assuntos dos vivos (negativamente, se esses espíritos não estivessem devidamente apaziguados). Pelo número de figuras votivas encontradas, a religião era uma grande indústria na época.

Gilgamés, do *Épico de Gilgamés*, era o rei da rica Uruque — uma cidade-estado suméria no que seria o Iraque hoje — e um governante feroz e poderoso, que enfureceu seu povo ao usar seu *droit du seigneur* * para possuir cada nova noiva no dia de seu casamento. Em resposta aos pedidos dos cidadãos de Uruque, os deuses criaram um amigo para Gilgamés, um homem igual a ele em força, o selvagem Enquidu. Enquidu é atraído da natureza com cerveja e mulheres (especificamente, a prostituta do templo, Shamhat) e levado para Uruque. Quando Enquidu fica sabendo o que Gilgamés faz às jovens noivas, ele também aparece em um casamento e luta com Gilgamés pela honra da nova noiva, e embora ele perca para Gilgamés, os dois tornam-se amigos inseparáveis, e o feroz Gilgamés muda seu comportamento, transformando-se em um herói para sua cidade.

Em suas épicas aventuras juntas, Enquidu mata o semideus Humbaba e o grande Touro do Céu e é morto pelos deuses em retaliação. Gilgamés está agora sozinho e vê ao que a morte reduziu seu amigo, e teme muito esse destino. Assim, ele começa sua viagem à ilha Distante para encontrar o único homem imortal (que vive com sua esposa igualmente imortal): Utnapishtim (ele também é o modelo do homem conhecido como Noé na Bíblia hebraica, um dos poucos a sobreviver ao Grande Dilúvio). A viagem, como se pode imaginar, foi cheia de maravilhas (vão pelo caminho que o deus sol usa, sob as montanhas e passando pelas árvores de joias no reino dos deuses), mas quando Gilgamés finalmente encontra Utnapishtim, o imortal convence Gilgamés de que sua busca é em vão, que os próprios deuses plantaram a semente da morte em cada criação, mas oferece a Gilgamés um desafio que lhe dará a imortalidade se o superar: ficar acordado por seis dias — mas ele fracassa.

Depois que Gilgamés fracassa no teste, Utnapishtim lhe diz que ele deveria aproveitar os prazeres da vida e não perder seu tempo nessa busca inútil. Gilgamés fica desconsolado, e a esposa de Utnapishtim, por pena, faz Utnapishtim contar a Gilgamés sobre uma planta encontrada no fundo do oceano e que o rejuvenescerá. Gilgamés viaja até lá amarrando pedras

---

* *Droit du seigneur* ("direito do senhor") era um suposto direito legal na Europa medieval, que permitia aos senhores feudais ter relações sexuais com as mulheres subordinadas na noite do casamento delas.

pesadas em seus pés, encontra a planta da juventude e a traz para a superfície. Desconfiado (e aqui pode estar uma das mensagens da história), Gilgamés decide viajar de volta a Uruque e experimentar a planta da juventude em um homem idoso antes de usá-la em si mesmo (uma das vantagens de ser rei), mas na viagem de volta, enquanto Gilgamés e o capitão do seu barco estão dormindo em uma ilha, uma cobra come a planta da juventude e a partir de então rejuvenesce, trocando sua pele a cada ano (uma história fabulada) — e Gilgamés fica desesperado.

Por que ele tinha desperdiçado sua vida? Ao tentar conseguir mais vida, ele tinha desperdiçado a pouca vida que tinha sido dada a ele. E, no entanto, após vários dias navegando, as grandes muralhas de Uruque se erguem diante deles, e Gilgamés mostra com orgulho ao capitão do barco sua cidade e seus feitos, ficando assim Gilgamés, o grande rei (dois terços humano e um terço deus, mas não me preguntem sobre a genética disso), na mesma posição na qual nos encontramos.

Os antigos, como nós, preocupavam-se com a vida e a morte (e essa é a grande sabedoria na qual há uma grande angústia), e parece que, a respeito desses temas, as coisas não mudaram muito nos últimos 4 mil anos! Então, continuamos perdendo tempo tentando conseguir mais vida em vez de aproveitar a que nos foi dada? Por que não aceitar nosso destino e aproveitar a vida que temos? Se me fizessem essa mesma pergunta há apenas dez anos, eu diria que sim, que o *Épico de Gilgamés* é uma "história de advertência", uma espécie de "não desperdice o que te dão numa expectativa injustificável de obter mais" — mas agora minha opinião mudou (e já verão por quê), e acredito que podemos ter uma juventude biologicamente "imortal" (com o reconhecimento de que nada físico é imortal e que até mesmo nosso universo pode ter um final).

Nos mitos e lendas mesopotâmicos, a morte não existia a não ser como uma mudança de estado que representava um fardo contínuo para os vivos que tinham que fornecer aos mortos (e aos sacerdotes) comida e bebida eternamente. Portanto, agora há muitos espíritos famintos no mundo das profundezas, já que os habitantes de Uruque, Ur e Eridu já não existem para lhes dar comida e bebida.

O *Épico* conta com duas histórias auspiciosas para nos ajudar a aceitar nosso destino. Antes de morrer, Enquidu maldiz o caçador e a prostituta do templo, Shamhat, que o atraíram da natureza, mas depois que são recontadas a ele suas aventuras com Gilgamés e ele se lembra dos prazeres da vida civilizada (cerveja e sexo?), Enquidu retira suas maldições e enaltece ambos. Apesar de que quando era um homem selvagem não conhecia o envelhecimento nem a morte, aquilo que ele havia experimentado desde então tinha feito com que tudo valesse a pena. E Gilgamés, a quem foi proibida a imortalidade física, encontra a satisfação menor de que seu nome e suas façanhas não perecerão. Já se passaram mais de 4 mil anos e, mesmo assim, Gilgamés e Enquidu continuam conversando conosco, então de fato ele conseguiu isso.

Os hebreus

<u>Judaísmo</u>

O judaísmo surgiu na Mesopotâmia com os seguidores de um radical "quebrador de ídolos" em prol de um Deus invisível. Inicialmente um Deus meramente tribal, um entre muitos ("Elohim", a palavra utilizada na Bíblia hebraica que costuma fazer referência a uma única deidade, significa *deuses* — tem uma terminação plural "im" que faz o papel do "s" nas palavras no plural em outros idiomas), seu Deus, Javé, tornou-se o único Deus, o Deus, o Rei do Universo. Não sendo mais um homem ou uma mulher amplificados, com luxúria e outros desejos humanos, este Deus invisível, cujos "pensamentos não são como nossos pensamentos e cujas ações vão além do que podemos imaginar", marcou uma enorme mudança no mundo antigo, dos panteões de deuses de concreto esculpidos em pedra — seres imaginados como gigantescos y poderosas extrapolações de homens e mulheres — a um Deus invisível, o único Deus, um ser que controla por si só todo o universo (tal como se conhecia).

Entretanto, outra profunda distinção separava o judaísmo e os descendentes de Abraão dos povos similares em seu entorno (o próprio Abraão era filho de um fabricante de ídolos da cidade caldeia de Ur): eles acreditavam que a morte era o final definitivo da vida. Na concepção judaica do mundo não existia uma "vida após a morte" ou um "mundo das profundezas" — a morte era definitiva. Nasceu assim a morte como o final definitivo da consciência. Só mais tarde, em suas relações com os gregos helênicos, alguns de seus conceitos metafísicos entraram no judaísmo de tal maneira que agora até mesmo alguns judeus que se consideram "ortodoxos" acreditam em uma vida após a morte e em almas imortais, mas isso não aparece em nenhum lugar do "Antigo Testamento".

Não devemos nos esquecer da influência no judaísmo da religião persa zoroástrica, que acreditava em uma alma imortal e um Deus tripartite, Ahura Mazda, do qual surgiram dois espíritos, muito parecidos com o Yin e o Yang do taoísmo. Este era o símbolo de dois opostos que criavam o todo; a luz e a escuridão, o espírito e a matéria, o "aumentador" e o "destruidor", e permaneceu nas crenças abraâmicas como o Bem e o Mal, Deus e o Diabo, baseados em Ahura Mazda e Ahriman. Além disso, dado que a alma do morto é julgada e enviada a uma deliciosa ou horrível vida depois da morte, dependendo de suas ações e de sua integridade, e não das cerimônias de enterro ou de subornos aos deuses, os conceitos de Céu e Inferno, ambos proeminentes e mesmo definitórios para as fés cristã e muçulmana, vêm da religião zoroástrica. Da mesma forma, os anjos e outros seres espirituais também vêm desta religião, que apesar de ainda existir é a menor das religiões do mundo.

Na Bíblia hebraica, a criação do mundo termina com a criação do homem Adão a partir de argila vermelha (o significado de "Adão") em que Deus infunde vida. O homem, neste ponto sem representação feminina, era imortal. E Deus, desejando dar ao homem companhia, criou a mulher a partir de uma de suas costelas. Ambos eram imortais* e viviam no paraíso, e podiam falar diretamente com Deus.[4]

Nas primeiras palavras "registradas" (apesar de Adão, ao desconhecer a escrita, não as ter registrado) de Deus à humanidade, foi dito a Adão e Eva que podiam comer de qualquer árvore do Jardim, exceto da "Árvore do Conhecimento do Bem e do Mal" que estava em seu centro, e que se o fizessem, morreriam com certeza. Quase todo mundo conhece o resto da história: uma serpente convence Eva a comer da "Árvore do Conhecimento do Bem e do Mal" dizendo-lhe que certamente não morreria e teria o conhecimento do bem e do mal assim como Deus. Eva convence Adão a fazer o mesmo. E juntos, comendo o fruto, perdem a inocência e cobrem sua nudez, mostrando assim a Deus que conheciam o bem e o mal e portanto tinham comido da árvore.[4]

O castigo é bastante severo, e eles são expulsos do Jardim, e a Bíblia nos diz então que "disse o SENHOR Deus: 'Agora o homem se tornou como um de nós, conhecendo o bem e o mal. Não se deve, pois, permitir que ele tome também do fruto da árvore da vida e o coma, e viva para sempre'. Por isso o SENHOR Deus o mandou embora do jardim do Éden para cultivar o solo do

---

* De repente me vem à mente que Adão e Eva não eram imortais, já que Deus temia que Adão e Eva comessem agora da "Árvore da Vida" e se transformassem eles mesmos em deuses no mito. Como o fruto da Árvore da Vida conferia a vida eterna, e eles foram proibidos de comê-lo, Adão e Eva eram mortais.

qual fora tirado. Depois de expulsar o homem, colocou a leste do jardim do Éden querubins e uma espada flamejante que se movia, guardando o caminho para a árvore da vida." (Gênesis 2:4-3:24)[4]

Bom, parece que essa proibição foi eliminada.

O conteúdo dessa história é muito denso, e ainda permanecem muitas perguntas. Por que Deus colocou a Árvore do Conhecimento do Bem e do Mal no centro do jardim, e por que a colocou no jardim (independentemente da localização)? E se Adão e Eva não tinham conhecimento do bem e do mal, por que pensariam que desobedecer às instruções de Deus era errado? É como quando você diz "senta" para o seu cachorro e ele não faz isso? E finalmente, Deus age realmente como um Deus ciumento, de alguma maneira temeroso de que o homem, sabendo o que os deuses sabem, possa comer da Árvore da Vida e obter a imortalidade. E Deus diz que o homem agora é "como um de nós", dando a entender que há mais deuses (seres que se diferenciam de nós porque são imortais?).

Então, antes da "Queda", poderíamos supor que as pessoas que não tivessem conhecimento do bem e do mal seriam como os outros animais, para os quais o "bem" e o "mal" não significam nada? Não saber não desobedecer a Deus implica o conhecimento do bem e do mal (porque Adão e Eva são castigados por desobedecer, mas como saberiam que desobedecer é mau?). Entretanto, a sexualidade parece ser a preocupação do "bem" e do "mal" (descobrem sua nudez e se vestem com folhas de figueira por vergonha), e a origem da morte. Como biólogo, acredito que isso está correto, já que a reprodução sexuada é a base da variabilidade, e a morte por envelhecimento é uma base natural para permitir a seleção do mais apto, dadas as vantagens naturais de tamanho e, nos mamíferos superiores, de conhecimento da geração parental.

Na Bíblia judaica (o Antigo Testamento) aparece mais uma coisa que tem especial importância para nossos interesses em relação à vida e à morte, e para mim, duas citações têm especial relevância:

1. "Os anos de nossa vida chegam a setenta, ou a oitenta para os que têm mais vigor; entretanto, são anos difíceis e cheios de sofrimento, pois a vida passa depressa, e nós voamos!"

   Salmos 90:10[4]

2. "Vocês não poderão comer o sangue de nenhum animal, porque a vida de toda carne é o seu sangue; todo aquele que o comer será eliminado."

   Levítico 17:14[4]

E por último, uma terceira citação que ilustrará as diferenças entre a época antiga e a moderna:

3.   "O que foi tornará a ser,
     o que foi feito se fará novamente;
     não há nada novo debaixo do sol.
     Haverá algo de que se possa dizer:
     'Veja! Isto é novo!'?
     Não! Já existiu há muito tempo,
     bem antes da nossa época.
     Ninguém se lembra dos que viveram na antiguidade,
     e aqueles que ainda virão
     tampouco serão lembrados
     pelos que vierem depois deles."

Eclesiastes 1:2-11[4]

Analisemos estas três citações em relação a nossos temas principais: vida, morte e rejuvenescimento.

A primeira dessas citações procede dos salmos do rei Davi (em torno do ano 1000 a.C.), uma figura importante nas três religiões abraâmicas, judaísmo, cristianismo e islamismo (era um cara "legal", famoso cantor e guerreiro — mandou crucificar todos os filhos do rei Saul quando se tornou rei). Aquilo que Davi proclamou na primeira citação (1) é uma oração de um homem chamado Moisés (não "o" Moisés), que reza a Deus e pede-lhe seu amor e proteção — porque Deus dará a satisfação de uma longa vida aos que recorrerem a ele. E aqui se diz claramente que serão dados setenta ou oitenta anos de vida, dependendo de suas forças, mas anos cheios de problemas e sofrimento, e aqui Moisés simplesmente pede a Deus que lhe dê tanto tempo de felicidade quanto de aflição.

Não se fala de uma vida após a morte — se o judaísmo tem um lema, é "Vida" (L'Chaim). No judaísmo clássico não existe "alma"; a palavra que normalmente se traduz como "alma" é a palavra hebraica *neshamah*, que significa "sopro" (como o sopro que Deus insuflou em Adão, o qual fez a partir de argila vermelha e deu vida como o primeiro homem). Este tipo de alma não existia separada do corpo. Essa era a definição de morte: falta de respiração; sem sopro, não há vida. Nesse caso, deveríamos poder dizer que "o sopro de uma pessoa é sua vida", mas não podemos — como observaremos quando examinarmos nossa seguinte citação bíblica.

Em resumo, até agora, o que vejo como nossa mensagem do judaísmo do "Antigo Testamento" é que o tempo de vida é fixo, com uma pequena variação da duração potencial da vida (70 - 80 anos), e a morte é permanente.

O judaísmo sobrevive hoje em dia como uma religião étnica, uma "religião familiar" de maneira similar ao hinduísmo — até mesmo os indianos cristãos sabem sua casta. Você nasce hindu, como nasceram seus pais e os pais deles, e assim sucessivamente. Entretanto, diferentemente do hinduísmo, existe uma cerimônia oficial de conversão ao judaísmo (justamente, o "Livro de Rute" refere-se a uma célebre mulher que abandonou seu povo para se unir a seu marido judeu), apesar de que a religião atual divide-se em judaísmo reformista, conservador e "ortodoxo", que não é ortodoxo no sentido bíblico; na verdade está baseado nos ensinamentos do místico Baal Shem Tov sobre tentar se fundir com Deus nesta vida (uma forma de evitar a morte), de forma muito parecida à vertente do islamismo místico chamada sufismo, baseada nos escritos do místico e mulá persa Rumi (que já foi o poeta mais lido nos Estados Unidos).

Essa capacidade de ver um mundo mais além do nosso mundo e maior do que ele (maior do que as palavras podem expressar), de ver a beleza no mundo que outros não podem ver, é uma esplêndida resposta à morte, mas é verdade ou um autoengano? E tem isso na verdade alguma importância? Com restrição alimentar e mutações que prolongam a vida, um verme (*Caenorhabditis elegans*) pode viver dez vezes mais. Vocês acham que o verme aprecia isso? Por outro lado, se você for velho e pudesse voltar a ter o corpo (e o cérebro) de uma pessoa de vinte e poucos anos, não gostaria de experimentar? Diferentemente dessas populares histórias do "Netflix" em que as pessoas recebem a "maldição" da imortalidade, não haverá uma "cura" permanente — o envelhecimento começará outra vez depois do tratamento, mas só será necessária outra rodada de tratamento (estamos nos referindo a intervalos de cinco a dez anos, possivelmente mais), de forma que o envelhecimento sempre pode ser revertido.

A segunda citação é Deus dizendo-nos que "o sangue é a vida" ("...a vida de toda criatura está em seu sangue"). É uma frase que encontrei pela primeira vez não em uma Bíblia, mas assistindo a um filme de terror. É o que diz o "Conde Drácula" no romance *Drácula* de Bram Stoker e o diz dramaticamente Bela Lugosi no mais famoso dos mais de 170 filmes (em todo o mundo) baseados no romance *Drácula*. A tese subjacente do mito do vampiro é o verso bíblico (2) citado anteriormente. O vampiro mantém artificialmente sua vida e sua aparência juvenil drenando a vida (o sangue) dos jovens. As vítimas costumam ser jovens (no romance de Stoker, as esposas do conde gostam especialmente de que seu amo lhes dê um bebê). Por acaso isso sugere que uma pessoa jovem tem mais "vida"?

Era isso o que acreditava o "verdadeiro vampiro" em que pode ter sido baseado Drácula: a nobre húngara Isabel Bathory (muitas vezes chamada de a "Rainha Vampira"), que aparentemente também acreditava que beber (e supostamente banhar-se em) sangue de mulheres jovens ajudava a conservar sua juventude. Nunca vi evidências de que de fato tenha conservado sua juventude (diz-se que centenas de mulheres jovens morreram nessa tentativa), mas seu amor pela tortura e a mutilação sexual sugere também outros motivos.

Entretanto, o que me surpreende especialmente é a verdade dessa frase bíblica, "o sangue é a vida de toda criatura" — se for entendida corretamente. Se o sopro é a força animadora, a *neshamah*, que deu vida à argila que era Adão, por que temos o próprio Deus dizendo "a vida de toda criatura está em seu sangue"? Quando ouvi isso, tive um pensamento diferente — havia alguma verdade nessa afirmação de que a "vida" está no sangue? Por que levar em conta esse antigo texto? E, entretanto, como veremos, há muita verdade nessa afirmação.

A terceira e última citação da Bíblia judaica são as palavras do homem a quem só se refere como "o Pastor", ou "o Professor". E a razão pela qual cito isso é porque se trata de uma filosofia que governou o mundo até o surgimento do Iluminismo na Europa durante os séculos XVIII e XIX, e que ainda é adotada por muitos: o tempo é cíclico, não há nada novo sob o sol — o que foi feito, tinha sido feito antes, e será feito de novo, mesmo que ninguém se lembre, de novo e de novo, infinitamente.

Não é necessária muita discussão séria e baseada em evidências para se chegar à verdade de hoje, uma verdade que contradiz as palavras do Professor. Nunca antes o homem e suas máquinas haviam pisado a superfície da Lua, explorado Marte, cartografado as profundezas dos mares, as distâncias até as estrelas e o tamanho dos átomos; e entretanto, 3 mil anos depois que Davi proclamou o Salmo 90, e o Professor ensinou sobre seu desespero, não podemos mais que adiar um pouco a morte, de modo que essa expectativa de vida de 70-80 anos sobre a qual cantava Davi foi estendida talvez de cinco a dez anos nos últimos 30 séculos, mas isso está a ponto de mudar.

Cristianismo antigo

Essa religião começou como uma vertente do judaísmo, e suas doutrinas foram predicadas originalmente por Jesus de Nazaré durante a ocupação romana de Israel. Em um aspecto pelo menos, Jesus uniu o mundo dos judeus com o das civilizações mesopotâmicas e egípcias circundantes: a morte não era eterna, ao menos para alguns. O desespero total da morte, e a alternativa de uma vida curta e cheia de sofrimento, era insuportável para o povo judeu; se realmente eram um povo "escolhido", por que foram conquistados? Por que sofriam, e por que Deus trazia as pessoas à vida só para suportar a dor?

Então, para dar uma recompensa pelo bom comportamento, e não simplesmente obedecer a Lei, e ainda assim manter a suposição de que os humanos não tinham almas imortais, criou-se o Paraíso — como o Jardim do Éden, um lugar onde Deus vive com seu povo por toda a eternidade. Mas em vez de uma alma "imortal", Jesus disse que haveria uma "ressurreição" dos mortos, os quais, se fossem do povo de Deus, passariam a eternidade no Paraíso com Ele. Mas esse lugar não estava no céu, mas sim na terra, e as "almas" dos mortos não ressuscitariam, porque como se disse, não havia alma separada do corpo, mas Deus ressuscitaria os mortos com corpos novos e perfeitos. Ele traria de volta todos os mortos, os bons e os maus, mas os maus seriam trazidos de volta simplesmente para finalmente entenderem e lamentarem o erro de suas ações e a seguir serem completamente destruídos, como palha jogada no fogo — de forma que o castigo eterno não era o inferno, mas simplesmente "não ser", a morte eterna.

Entretanto, os mortos estavam mortos; não tinham alma e estavam destinados a voltar ao pó do qual tinham vindo. Nenhuma alma ia ao paraíso; em vez disso, o paraíso chegaria à terra, mas só muito tempo depois da morte (apesar de que suponho que para os recém-recriados não teria passado tempo nenhum), quando Deus uniria o céu e a terra para criar um novo céu e uma nova terra, um mundo perfeito. Os mortos bons ressuscitados teriam vidas eternas em corpos perfeitos, para viver com Deus, e os mortos maus só seriam ressuscitados para compreender e lamentar suas falhas e a seguir seriam eliminados. Este conceito de ressurreição, em vez de almas imortais, fez com que o cristianismo antigo fosse muito diferente de outras religiões da região.

O que Jesus fez foi mudar os requisitos para entrar no paraíso; já não bastava seguir estritamente as regras e realizar os rituais para que Deus te considerasse do "Seu" lado; em vez disso, havia dois mandamentos bíblicos que para Jesus superavam e definiam todos os outros: "deve-se amar Deus de todo o coração", e "deve-se amar o próximo". Mas não havia uma "alma imortal"; a "alma" não ia a lugar nenhum depois da morte — a alma era o sopro; quando o sopro parava não havia vida, não havia alma. Quando o paraíso chegar à terra, Deus julgará, mantendo os dignos para viver com Ele em um mundo perfeito e eliminará os maus, os que se opõem a Deus, mas não haverá torturas eternas como os pregadores medievais gostavam de imaginar, "só" eliminação e esquecimento.

Os gregos

A religião grega em seus tempos iniciais tinha uma elaborada vida após a morte, com julgamento dos mortos e diferentes moradas para os grandes (os Campos Elísios e as Ilhas Afortunadas), os bons (o Campo de Asfódelos para as pessoas comuns), os que desperdiçavam sua vida em amores não correspondidos (os Campos de Luto) e os maus (que eram castigados no Tártaro, o mundo das profundezas do mundo das profundezas). O Tártaro estava tão abaixo do mundo das profundezas quanto o mar do céu, a raiz mais profunda e escura tanto da terra quanto do mar. Se você era *realmente* bom, nível semideus, podia ficar nos Campos Elísios ou voltar à Terra para aperfeiçoar sua alma; quando você chegava aos Campos Elísios era permitido ficar ou reencarnar; se em três encarnações você conseguisse chegar aos Campos Elísios, você passava a eternidade no paraíso das Ilhas Afortunadas (no pensamento grego posterior os Campos Elísios se ampliaram para incluir os simples mortais que levavam vidas virtuosas, de modo que as Ilhas Afortunadas tornaram-se a única morada de semideuses e heróis).

Entretanto, a alma, para a maioria dos mortos, era inativa, uma espécie de lembrança de que uma vez existiram, sem objetivos nem consequências de seus atos. A morte era vista como um final inaceitável da vida, de tal maneira que Homero acreditava que a melhor existência possível para os humanos era não haver nascido nunca, ou morrer pouco depois de nascer, porque a grandeza da vida nunca poderia equilibrar o preço da morte (curiosamente, evitar o reino de Hades era permissível para bebês muito pequenos, caso morressem, o que implica que a alma imortal não "entra" no bebê até algum tempo depois do nascimento, segundo a maneira de pensar de Homero).[5]

A opinião de Homero era exatamente oposta à revelação de Enquidu de que sua vida tinha valido a pena mesmo levando-se em conta sua morte (e o conhecimento do envelhecimento e da morte que não tinha como homem "selvagem") e à compreensão de Gilgamés, quando viu as grandes muralhas de sua cidade e contou suas façanhas, de que suas conquistas terrenas valiam a pena mesmo levando-se em conta o conhecimento da morte inevitável; para Homero, não valia a pena. A sensação era de desesperança, de que não importa o que se consiga na vida, ao menos para as pessoas comuns (e não para o semideus ou o herói), tudo equivale a nada depois da morte.

Uma solução óbvia, já mencionada, foi ampliar os Campos Elísios para as pessoas comuns (mas exemplares), para dar esperança às pessoas, mas essa esperança foi satisfeita melhor pelo cristianismo. De fato, no final do período arcaico, antes do cristianismo se impor, poucos gregos acreditavam nas antigas visões da vida após a morte — apesar de que no período helênico a maioria dos gregos colocava moedas na boca dos mortos para Caronte, mas isso se devia provavelmente à superstição generalizada de que os espíritos dos mortos, especialmente se não fossem enterrados ou se permanecessem deste lado do rio Estige por não ter uma moeda para Caronte, poderiam voltar ao mundo dos vivos como fantasmas e tentar se vingar de pessoas ou mesmo de cidades inteiras que achassem que tinham lhes feito algum mal ou simplesmente que tinham mais que eles.

As pessoas utilizavam ervas e amuletos para afugentar os fantasmas e, em alguns casos utilizavam amuletos mágicos para invocar os fantasmas e utilizá-los contra outras pessoas. Os fantasmas em geral não gostam de ser chamados, então muitas pessoas tentavam chamar os fantasmas dos que haviam tido uma vida curta (talvez quisessem ver mais da vida?). Mas uma inovação grega que proporcionou material para as religiões posteriores foram os cultos de mistério que asseguravam a seus membros um lugar no Campo de Asfódelos para passar a eternidade em campos abertos cantando e dançando, enquanto que os não membros se arrastariam no lamaçal. Mesmo naquela época, a fraqueza dessa solução era evidente e era apontada; enquanto grandes pessoas se arrastavam no lamaçal, por não pertencer ao culto, pessoas muito inferiores desfrutariam de todos os prazeres do paraíso. Evidentemente, o mesmo argumento se aplica a qualquer religião que só permita a seus membros entrar em seja lá o que for seu paraíso.

A ideia da alma imortal já estava presente na filosofia de Platão — inclusive, há matemáticos modernos que acreditam no abstrato "Mundo das Ideias" de Platão, e que em vez de criar a matemática, eles estão entrando nesse mundo para descobrir a matemática que já está lá (o que conhecemos como um "círculo" é uma representação inferior do "verdadeiro" círculo nesse mundo). Da mesma forma, a alma existia no Mundo das Ideias antes de nosso nascimento e seguirá existindo depois de nossa morte, para sempre. Quando morremos, "nossa" alma se liberta e é imortal, e após um breve descanso no Mundo das Ideias, entrará em outro corpo.

Foi a fusão da religião dos hebreus, dos persas zoroástricos e dos gregos helênicos que produziu a maior parte da encarnação atualmente aceita da religião cristã, com os novos adeptos gregos rechaçando a afirmação de Jesus da ressurreição dos corpos físicos (segundo a ideia hebraica de que a alma [ou "sopro"] era mortal e se dissipava como fumaça com a morte do corpo), e substituindo-a pela mais sofisticada alma "imortal" que deixa o corpo depois da morte, já que nunca morre, e então entra em uma tortura eterna ou uma felicidade eterna.

Platão escreveu em uma época em que a opinião popular entre os gregos era a mesma que a dos hebreus, que a alma não sobrevive à morte, morrendo com o corpo. Platão acreditava, apesar de eu não ver justificativa para isso, que tudo o que é autoanimado é imortal e a alma é autoanimada. Ele acreditava que a alma é uma "ideia" não tangível mas compreensível, como a "beleza" e a "justiça", e que, como elas, é indestrutível (são a "beleza" e a "justiça" autoanimadas?).

Certamente, o que a intelectualidade grega fez com a simplista noção hebraica de que a morte era o fim da vida transformou-a em uma resposta muito mais aceitável e compreensível sobre a vida após a morte do que a "ressurreição" (o que seria "ressuscitado"? Teria que haver ossos [ou DNA] para servir de base?). Além disso, era a opinião predominante no mundo antigo, "aperfeiçoada" pelo (justamente) famoso intelecto grego.

Entretanto, não entendo com que "autoridade" uma opinião que contradiz o que Jesus (a quem Deus dá sua autoridade — pelo menos imagino que qualquer fiel concordaria com isso) diz sobre a morte permite à Igreja substituir isso pelas crenças dos filósofos gregos sobre as almas imortais. Recordemos o seguinte sobre os antigos gregos: seus grandes filósofos, Platão e Aristóteles, formaram as opiniões da Igreja Católica sobre assuntos seculares durante quase 1.500 anos, sendo considerados as máximas autoridades sobre o universo físico, mas por muito maravilhoso que fosse seu pensamento, ainda remontava ao conceito grego de que o mundo podia ser entendido através do puro pensamento, mas não pode.

Os romanos

O mundo das profundezas romano, como é descrito na *Eneida* de Virgílio, é uma duplicata do grego, com Plutão substituindo, no nome, Hades, mas também com uma mudança em sua reputação, com Hades — que desagradava aos deuses e aos homens e a quem só se rezava para trazer a morte a um inimigo — transformado na época romana em Plutão (deus do mundo das profundezas), que tinha uma imagem mais positiva. Também venerava-se Proserpina (o equivalente romano de Perséfone, a rainha do mundo das profundezas) e Mercúrio (o equivalente romano do Hermes grego — como Hermes, guiava as almas dos mortos ao mundo das profundezas, onde cruzavam o rio Estige com Caronte, o barqueiro, rumo ao reino de Hades).

Na mitologia grega, só se permitia aos mortos fazer a travessia para o mundo das profundezas se tivessem sido devidamente enterrados e tivessem uma moeda embaixo da língua para pagar Caronte pela travessia (levando-se em conta o número de mortos, e também supondo uma dracma por pessoa por viagem — considerando que os destinados às Ilhas Afortunadas devem fazer três viagens — isso é bastante dinheiro, e podemos nos perguntar no que Caronte o gasta). Em relação aos romanos, os mortos uniam-se a um grupo de semidivindades (indicando que o culto aos antepassados era comum) conhecido como Di Manes; dessa forma, parece que o reino de Plutão não era um lugar tão ruim assim.

Em relação às elites governantes, entretanto, da mesma forma que no Egito, elas conseguiram para si mesmas o status de divindade! O primeiro foi outorgado postumamente ao imperador Júlio César, depois para aplacar Calígula (conhecido por seus excessos e crueldades) e Cômodo, filho do brilhante rei-filósofo imperador Marco Aurélio — um filho que se dizia que o tinha matado (como se mostra no filme *Gladiador*). Tenho a impressão de que esses status de divindade não fizeram absolutamente nenhum bem a nenhum de seus destinatários no mundo das profundezas ou no monte Olimpo.

Além disso, quando os romanos rezavam a seus deuses, não era como nas religiões "baseadas na alma", como o cristianismo ou o islamismo, em que se rezava para entrar no céu; rezava-se (como não é raro nos membros de todas as religiões) para obter recompensas mundanas, como prosperidade, amor, sucesso, felicidade; o que todos desejamos, traduzido de desejos a orações.

A ideia do mundo das profundezas era nebulosa e duvidosa para a maioria; a escola romana de filosofia epicurista ensinava que não havia vida após a morte, e que os deuses não interferiam nos assuntos humanos, levando uma vida tranquila e pacífica que devíamos imitar — livrando-nos do medo, da preocupação e do desejo. Em muitos aspectos, esta filosofia se assemelha às palavras do texto religioso mundialmente clássico Bhagavad Gita ("O som de Deus"), assim como às do budismo.

O "Gita" é o mais parecido que existe a uma "Bíblia" hindu (apesar de haver muitos livros "sagrados"). Descreve todo ser vivo como a união temporal de átomos; juntam-se, separam-se. A alma é menor que um átomo; porém, se os ateus estiverem certos — diz o Avatar de Vishnu, o carroceiro de um príncipe, cujas respostas definem a realidade — mesmo que não existir uma alma imortal, não há nada a temer: começa-se como nada e termina-se como nada.

Segundo os cosmólogos, todos fomos nada desde o início do universo até um segundo cósmico atrás, e eu não fiquei absolutamente nada entediado nesses 13,7 bilhões de anos, e vocês? Sim, existe diferença entre não nascer e morrer, mas realmente existe? Lembro que fui a um procedimento médico e me deram propofol (um sedativo comum); perguntei quando começaria o procedimento, e me disseram que já tinha acabado. Não tive a menor sensação de que o tempo tivesse passado; e se eu não tivesse acordado nunca? Se nosso E5 (sobre o qual falaremos mais adiante) permitir a você viver um milhão de anos, isso não diminuirá em nada a eternidade que você passará morto.

Outros romanos adotaram a filosofia estoica, que recomendava uma vida honrada, tendo os deuses como exemplo, apesar de que me parece que os deuses romanos não seriam bons exemplos para meus filhos. O mais destacado dos estoicos (embora não se saiba se era um estoico formalmente filiado) foi o imperador romano Marco Aurélio, cujas *Meditações* (nunca destinadas aos olhos do público) seguem sendo muito lidas e citadas até hoje em dia.

Para os romanos, no que diz respeito à morte, a alma era imortal, mas como na religião hindu, transmigrava a outros corpos depois da morte. Suponho que então não era estritamente "sua" alma, como a "alma" de Platão — mas sim um objeto abstrato que entra no corpo para dar vida, ou intelecto — e sai para dar isso a outros. Suponho que é um consolo saber que alguma parte de você é imortal — mesmo não sendo VOCÊ.

Cristianismo posterior

A Igreja tornou-se o centro da vida na Europa por volta do ano 500 d.C., e seu reinado durou até o ano 1500 d.C., quando o Iluminismo mudou para sempre a civilização ocidental. Petrarca (erudito e poeta da Itália do início do Renascimento) cunhou o termo "Idade das Trevas" em uma época em que as anteriores civilizações romana e grega eram consideradas a "Idade das Trevas" devido a sua falta de cristianismo. Petrarca acreditava que os 900 anos transcorridos desde o fim do Império Romano eram a "Idade das Trevas" porque a Europa havia perdido as conquistas dos antigos nas artes e nas ciências. Foram Petrarca e seus companheiros na busca do conhecimento oculto que propiciaram o Renascimento e, finalmente, o Iluminismo.

O que era esse mundo cristão que chegou a dominar a Europa (que é nosso maior interesse, já que o Iluminismo, do qual falarei mais adiante, começou ali)? Durante muitos séculos, esteve regido pela visão de mundo da Igreja, primeiro com a filosofia platônica e depois com a aristotélica. Ambas tinham em comum a alma imortal, um útil recurso conjurado pelos filósofos gregos para substituir a ideia logicamente impossível de "ressurreição" pela ideia mais crível e intuitiva de uma alma imortal. E não só uma alma imortal, mas uma que entrava imediatamente no céu, no inferno, no limbo (para os bebês e os não batizados) ou no purgatório (para os "corrigíveis").

Segundo Dante (seu *Purgatório* nunca alcançou a popularidade de seu *Inferno* — ambos de sua obra *Divina Comédia*), no purgatório havia tarefas muito pouco emocionantes, como correr a toda velocidade durante centenas de anos; era bastante chato. Na *Divina Comédia*, Dante (que também era o protagonista) tinha como guia principal o espírito de uma mulher que o rejeitou na terra, levando-o finalmente aos céus mais altos, onde ela residia. Curiosamente, o sexo parece ter sido a motivação de Dante — em seu caso, o amor por alguém cujas características imaginava (apesar de que a mulher real que o inspirou estava casada e tinha filhos, tendo características humanas normais).

O que realmente importa é que para os cristãos da Idade das Trevas ou da Baixa Idade Média — embora não fossem uma cultura estática sem desenvolvimento — o pressuposto subjacente era que a vida na Terra não tinha nenhuma importância real, a não ser como um teste para a vida após a morte e seu lugar nela. Nisso consistia a vida. A vida era um teste que poucos sentiam-se capazes de superar e muitos ficavam acordados à noite aterrorizados com o inferno que se aproximava.

Como ainda dizem os pregadores a seus rebanhos, esta vida presente não é mais que um piscar de olhos comparada à eternidade que nos espera, uma "sombra passageira", e essa "eternidade", na felicidade ou no tormento, diz-se que é o destino de todos nós. Para mim, esta vida presente é a única que sabemos que existe com certeza, e podemos ampliá-la ao máximo. O milagre tem que vir de um ancião gigante no céu, ou poderia ser enviado através de cientistas que tenham finalmente resolvido os enigmas do envelhecimento? Como veremos, será a segunda opção; a visão desesperançada da vida e da morte, que é aceita pela maioria dos cientistas, está errada.

Para a natureza, não é importante a vida do indivíduo, só a vida da espécie, com os indivíduos nascendo para substituir os que morrem; como uma árvore que se desfaz de suas folhas para preservar sua vida, o indivíduo morre para que a espécie possa prosperar. Mas diferentemente do caso das folhas que caem das árvores, veremos que o processo de envelhecimento é reversível.

O máximo sonho bíblico da humanidade imortal na terra e no céu faz sentido quando percebemos que o "céu" é só o universo do qual fazemos parte. E a recém-descoberta capacidade de rejuvenescer animais inteiros (incluindo, penso, humanos) nos dá o potencial de ter as vidas muito longas que são necessárias para uma civilização galática mais além da imaginação dos antigos. Quando a Bíblia nos diz que Deus disse: "Meus pensamentos não são como vossos pensamentos e o que faço está mais além de vossa imaginação", devemos perceber que o mesmo poderia ser dito por um moderno programador de computadores a um antigo profeta.

Outras religiões

Além do judaísmo, cristianismo e islamismo (as três crenças abraâmicas), a fé hindu também acredita em última instância em um Deus Supremo (Krishna, segundo o Bhagavad Gita, ou Vishnu, do qual Krishna é o oitavo avatar).

No hinduísmo, a alma individual transmigra segundo seu carma (suas intenções e ações, e suas consequências), elevando-se aos níveis dos deuses ou decaindo até o nível dos insetos, com a morte abrindo caminho para sua transição a uma nova forma em sua evolução para se reunir com a mente universal, "Atman". Esta "alma" não tem memória de suas vidas anteriores; entretanto, de alguma maneira parece evoluir, aprender. A alma é imortal e transmigra à medida que evolui rumo a formas cada vez mais elevadas, até que alcança as formas mais elevadas e sai do "círculo da vida, morte e renascimento". A união com a cabeça de Deus (Atman) é a libertação definitiva; "moksha" para os hindus, "nirvana" e "satori" para os budistas. Neste tipo de "imortalidade", a alma não é nem corpo nem mente, nem é uma continuação da consciência pessoal, mas algo que promete uma coisa mais elevada, uma união com a mente universal para chegar a uma unidade com o todo.

A humanidade sempre buscou unir-se a algo ou alguém maior que ela mesma, sejam anjos ou extraterrestres. Então, a busca pela imortalidade física em uma cultura de verdadeiros fiéis seria simplesmente uma distração, um impedimento para a evolução espiritual. Para os verdadeiros fiéis das tradições abraâmicas, uma boa pessoa deveria (mas não pelas razões de Homero) estar feliz com uma vida o mais curta possível, já que uma maior permanência neste mundo duro e pecaminoso apenas atrasa e põe em perigo sua "recompensa".

Na verdade, a atratividade da Igreja do período medieval posterior era consequência do medo da condenação eterna, a um inferno de horrível tormento (como pintaram ou descreveram Breughel, Bosch e Dante), de modo que a vida eterna seria exatamente o oposto de reconfortante, e os fiéis passavam as noites acordados castigando a si mesmos, tudo por medo do inferno. Tão convencidos estão os fiéis da realidade da vida após a morte que muitos estão dispostos a renunciar a sua própria vida (e à dos outros) para reclamar sua recompensa (e frequentemente para sua família — parece que existe o mito de que se pode obter uma melhor moradia no céu se se for um "mártir").

O dilema de Homero de que a vida era curta e a morte (da forma como era concebida pelo tedioso mundo das profundezas grego) infinitamente longa e tediosa, foi resolvido tornando-se a morte uma transição a um mundo melhor que está por vir. Isso ainda deixava dois problemas: o inferno e uma eternidade de sofrimento se pecava-se muito (mantendo a maioria das pessoas, que são pelo menos pecadoras ocasionais, em constante temor), e a "fé", a necessidade de uma "suspensão da incredulidade", de maneira que devia-se acreditar em uma vida após a morte abstrata mas elaborada, sem mais provas que as palavras das "autoridades".

Entretanto, não creio que nenhuma dessas "autoridades" tenha visitado o céu, o purgatório ou o inferno. O poeta Dante fez isso, mas só em sua imaginação, e só para fazer declarações políticas sobre amigos e inimigos e demonstrar sua devoção eterna a uma mulher que o rejeitou (Beatriz Portinari) e se casou com outro. Os gregos, recordemos, tinham um lugar especial em Hades para aqueles que desperdiçavam sua vida perseguindo um amor não correspondido — os Campos de Luto. No caso de Dante, o amor não correspondido é uma motivação para a evolução pessoal, para ser digno desse amor. Naturalmente, parece-me que o amor de Dante por Beatriz (que guia Dante pelo céu) é um substituto do amor a Deus. É um pouco difícil amar uma entidade abstrata (e talvez inexistente), a não ser talvez através de sua criação, da qual Beatriz era seu produto mais esplêndido e exemplar, pelo menos aos olhos de Dante.

A "Idade das Trevas"

Para mim, houve várias "Idades das Trevas" — como a queda da civilização micênica para os povos do mar, a queda da civilização grega para os romanos e a queda do império fatímida na Espanha, que era composto por judeus, cristãos e muçulmanos trabalhando juntos para entender o mundo, e defrontou-se com a invasão dos ignorantes e intolerantes mouros do noroeste da África, que determinaram o destino dessa civilização. Essa seita muçulmana fanaticamente fundamentalista e ignorante separou os povos muçulmanos e não muçulmanos e destruiu sua harmonia, substituindo a tolerância pelo preconceito extremo e provocando a morte desse centro emergente de criatividade e compreensão humanas.

Outro exemplo é a queda da extremamente criativa República de Weimar, na Alemanha. Também Alexandria (Egito) foi em seus dias de glória uma das grandes cidades do mundo, onde judeus, cristãos e pagãos viveram em harmonia durante séculos, criando uma cultura rica e diversa — até que, novamente, a religião foi utilizada para separar as pessoas e produziu-se outra Idade das Trevas.

Mesmo agora, vemos fanáticos que veem na destruição do conhecimento duramente conquistado sua causa, que rejeitam a ciência porque interfere em suas crenças. Em quase todos os casos, estas "Idades das Trevas" foram épocas em que a autoridade e a ortodoxia proibiam a liberdade de pensamento tanto quanto podiam limitando a liberdade de expressão. Expressar opiniões diferentes daquelas das autoridades era uma heresia e castigava-se com tortura e morte.

Assim, por exemplo, a obra-prima de Nicolau Copérnico (*De Revolutionibus* — "As revoluções"), um livro que ia contra os ensinamentos da Igreja (apesar dele mesmo ser um alto membro da Igreja) ao supor que o Sol e não a Terra era o centro do "universo", não foi publicada até depois da sua morte, e posteriormente foi publicada com a ressalva no prefácio de que seu sistema baseado no Sol era só um modelo matemático utilizado para facilitar os cálculos (entretanto, os cálculos realizados utilizando o sistema heliocêntrico são na verdade muito piores que os do *Almagesto* de Ptolomeu, que eram usados já há 1.500 anos naquele então, sendo que o erro foi assumir que as órbitas planetárias são círculos perfeitos, o que se acreditava amplamente, em vez das elipses que de fato são). Entretanto, Galileu estava ciente dos escritos de Copérnico e mais tarde comprovou-os demonstrando com seu telescópio aperfeiçoado que Vênus tinha fases, como a lua, e portanto dava voltas ao redor do Sol.

Os cristãos começaram sendo pouco numerosos em Roma e eram vistos com receio. Alguns de seus rituais davam aos romanos um pouco a impressão de canibalismo, outros de incesto, então quando o Grande Incêndio destruiu boa parte de Roma no ano 64 d.C., o imperador Nero rapidamente acusou, prendeu, torturou e matou os cristãos, às vezes queimando-os como tochas vivas para iluminar suas festas, outras vezes fazendo com que fossem despedaçados por cachorros. Mas Roma tinha muitos escravos, muitos pobres e muitos soldados, e a religião espalhou-se no povo de Roma.

No ano 313 d.C., o imperador Constantino legitimou o cristianismo (após ter uma visão da cruz antes de vencer uma batalha contra um rival — *In hoc signo vinces*, "com este sinal vencerás") ao promulgar o Édito de Milão, que outorgava plena liberdade religiosa aos romanos (diz-se que Constantino converteu-se ao cristianismo em seu leito de morte, apesar de continuar sendo o Pontifex Maximus, o líder da religião pagã romana), e sete décadas depois, Teodósio I tornou o cristianismo a religião oficial do Império Romano.

Porém, em vez da religião controlar o Estado, o Estado tomou conta da religião, de modo que o Pai, o Filho e o Espírito Santo eram, por pronunciamento, iguais um em relação ao outro (uma decisão tomada por um triunvirato de governantes, Teodósio I, Graciano e Valentiniano II, também supostamente iguais um em relação ao outro). Aqueles "loucos insensatos" (afirmava o triunvirato) que não aceitassem esses princípios — como muitos cristãos — deveriam ser castigados pelo imperador como este decidisse. No ano 385 d.C. ocorreu a execução de Prisciliano, um bispo com uma forma ascética de cristianismo, considerada herética.

Nesse momento, o cristianismo passou de ser uma religião baseada nas revelações de Jesus e na devoção de seus discípulos a um órgão oficial do Estado. Quando as elites governantes decidem as doutrinas religiosas, estas doutrinas tendem a preservar seus privilégios (suponho). E embora Roma estivesse em decadência, ela não foi ajudada pelas ondas de imigração dos "bárbaros", os godos e os alanos (um povo do norte do Iran, cujo nome é a forma dialetal de "ariano" [nobre], que era um povo alto e loiro), que foram perseguidos através do Reno pelos desenfreados hunos — um povo da Ásia central que conquistou boa parte do mundo, mas que deixou pouco mais que o nome de seu governante, Átila. Só restam três palavras da língua huna, e das três, uma delas pode ser alana (os hunos eram outro povo iraniano).

De qualquer forma, não analisarei a influência das filosofias asiáticas, como o budismo (os hindus chamam os budistas de "ateus"), que, com exceção dos "cultos de mistério", como o budismo hinaiana, não menciona uma vida após a morte e ocupa-se da vida terrenal do devoto, sem garantia de vida após a morte.

Enquanto que na Índia a vida após a morte era ricamente imaginada, com milhões de deuses e seres sobrenaturais, em geral os chineses não acreditavam em uma vida após a morte ou na continuidade da vida após a morte. Sua ênfase, como a nossa, era no prolongamento da vida. O ginseng e o astrágalo são os dois medicamentos "prolongadores da vida" mais famosos da farmacopeia chinesa, mas os chineses não reportaram de forma certificável registros de longevidade. A medicina chinesa baseia-se no equilíbrio das forças opostas do yin e do yang para promover a saúde. Essa "teoria" do envelhecimento (ou do adoecimento) não teve na prática nenhum efeito significativo na duração da vida.

A religião é uma forma de tentar compreender e influir no mundo. Em todas as sociedades desenvolveu-se uma casta sacerdotal, sejam xamãs, nas sociedades primitivas, padres na sociedade medieval, ou cientistas na sociedade atual, porque parece que tentar compreender e controlar a natureza mediante o uso da inteligência humana é uma característica de todos os povos modernos. Entretanto, qualquer instituição humana está composta por seres humanos, e portanto está sujeita aos pontos fortes e fracos do caráter humano — os desejos pessoais de poder, riqueza, influência e legado, todos têm efeitos significativos nessas instituições, e elas podem estancar e se deteriorar se autoridades humanas egoístas, em vez da evidência, a razão e a capacidade de aprender a partir da experiência, decidirem o bem e o mal. Uma vez que as autoridades consideram como um fato o que não é um fato, o progresso fica bloqueado até que essas falsidades são desaprendidas, e isso será combatido pelas poderosas elites que tiverem decidido que esses são "fatos".

A "Idade Média" foi uma época em que a Igreja (a Santa Igreja Católica Romana) governou a Europa; através do poder da excomunhão, o Papa, o "rei" da Igreja (já que os cardeais são chamados de "príncipes da Igreja"), podia fazer com que reis se ajoelhassem. Enquanto que a "Idade Média" supostamente durou desde o século V até o XV, costuma-se dizer que a "Idade das Trevas" só durou até o século X, e que posteriormente acontecimentos acabaram conduzindo ao Iluminismo, e a uma volta à busca do conhecimento mais além da Bíblia e dos ensinamentos dos Padres da Igreja.

Entretanto, a humanidade não mudou com o Iluminismo, e nem todas as pessoas foram iluminadas (mesmo hoje em dia, como se pode ver claramente nas manchetes jornalísticas). Inclusive a ciência posterior ao Iluminismo está composta por homens e mulheres com as mesmas fraquezas humanas que afetam a nova iniciativa (agora negócio?) da ciência, já que as elites, e não a razão e as evidências, deram forma à ciência moderna.

Uma ciência bastante preditiva e bem entendida como a física pode se basear em muitas "teorias", porque são teorias científicas. Isso é diferente do que chamamos teorias na linguagem comum. Uma teoria é uma explicação global de muitas hipóteses confirmadas. Ou seja, a teoria da gravidade é uma teoria porque explica a trajetória de uma bola de neve ou a órbita de um planeta ou por que as plantas crescem para cima e para baixo. As teorias atuais sobre o envelhecimento não são teorias nesse sentido já que não fazem predições, ou fazem poucas e pouco significativas para alguém como eu que busca a imortalidade, e não só uma velhice prolongada. Penso que encontrei a solução, ou ao menos a primeira solução efetiva para o envelhecimento e mostrarei a vocês algumas evidências interessantes mais à frente — mas antes de chegar a isso, falemos um pouco sobre a base física da vida, já que isso determina em última instância a morte de um organismo.

2

O que é "vida"?

"O que impulsiona a vida é, portanto, uma pequena corrente elétrica, colocada em marcha pela luz do sol".

Albert Szent-Györgyi
(Bioquímico húngaro e Prêmio Nobel)

Quando faço essa pergunta, não estou sendo realmente "filosófico" — não estou questionando o significado da vida; bom, ela tem um significado para mim, para a natureza talvez tenha outro significado, para você? Como biólogo, sei que um dos propósitos de cada membro de uma espécie é se reproduzir ou ajudar na reprodução para manter a quantidade de indivíduos de sua espécie (não necessariamente todos os membros se reproduzem; em muitas espécies animais, como as formigas e as abelhas, os reprodutores são uma pequena fração da população). A sobrevivência, não do indivíduo mas da espécie, é a medida de sucesso no mundo biológico; muitas espécies já chegaram a existir, mas poucas permanecem.

Assim, para todas e cada uma das espécies, a reprodução é um propósito fundamental porque não há vida sem ela. Então, um propósito da vida é se perpetuar. A história da vida na Terra nos diz que outro propósito é ocupar todos os nichos disponíveis e, ao fazê-lo, criar seus próprios nichos (habitats e hábitos).

A vida é um processo que só é encontrado nos seres vivos, mas como você descreveria esse processo? A reprodução às vezes faz parte dele, mas ele pode ocorrer com ou sem ela, então o que acontece? A resposta simples é que um organismo vivo usa matéria e energia do seu entorno para manter suas atividades e componentes e fazer mais de si mesmo. Para alcançar esses objetivos, são necessárias fontes de energia e matéria. As fontes de matéria dos animais são óbvias: o alimento.

Tudo é feito de matéria, na forma de átomos, por sua vez compostos por *prótons* (partículas com carga positiva) e *nêutrons*, que têm a mesma massa mas são neutros (ambos compõem o núcleo do átomo), rodeados por *elétrons* (partículas com carga negativa) na mesma quantidade do número de prótons. O número de prótons é o "número atómico" de um átomo — ele define o tipo de átomo, se é um átomo de carbono, de ferro, oxigênio, etc. O átomo tem nêutrons suficientes para estabilizar o núcleo, já que todos os prótons estão carregados positivamente (e assim naturalmente se repelem — o núcleo seria instável se não o mantivessem unido forças mais fortes que a força eletromagnética).

Entretanto, há muitos isótopos atômicos instáveis (átomos com o mesmo número atômico mas diferente número de nêutrons), e esses núcleos podem se degradar de formas imprevisivelmente diferentes (exceto estatisticamente), e em intervalos de tempo imprevisíveis (de novo, só predizível como probabilidade). Assim, se um isótopo tem uma meia-vida de 12 anos (como o trítio), estatisticamente metade dele decairá (se decomporá) em 12 anos. O trítio é um isótopo pesado do hidrogênio; chama-se "trítio" porque tem três partículas em seu núcleo (dois nêutrons e um próton) com número atômico 1 (o que significa que é um átomo de hidrogênio) e massa atômica 3 (o que significa que tem dois nêutrons além de um próton). Como em todos os átomos neutros de hidrogênio, há um elétron rodeando esse núcleo; para a maioria dos propósitos, só precisamos de modelos muito simples de átomos e moléculas (grupos de átomos unidos).

Um átomo que tem o mesmo número de cargas positivas (prótons) que negativas (elétrons em órbita) é, à distância, eletricamente neutro. Apesar do elétron ter um milésimo da massa do próton, a carga elétrica que ele possui é exatamente igual e oposta à do próton. Mas átomos eletricamente neutros não são as únicas combinações de nêutrons, prótons e elétrons que existem para muitos elementos. Os átomos de hidrogênio, que (em sua maioria) são formados por um próton e um elétron, podem perder seus elétrons se forem tomados por átomos ou moléculas com maior afinidade com eles, ou simplesmente se esquentarem o suficiente a ponto dos elétrons saírem de suas órbitas.

Nesses casos, temos um "átomo" com um número de prótons diferente do número de elétrons. Quando isso ocorre, esse átomo com carga (seja positiva, com ausência de elétrons, ou negativa, com mais elétrons que prótons) chama-se íon. O próton que fica nu se for retirado o elétron do hidrogênio chama-se íon de hidrogênio (H^+). Uma forma mais improvável e energética, quando um único próton tem dois elétrons (ou seja, duas cargas negativas) orbitando ao seu redor, é o íon com carga negativa chamado íon "hidreto" (H^-). Ambos os íons são importantes personagens em nosso drama.

Entretanto, não pensem que só os átomos de hidrogênio podem perder ou ganhar elétrons — os íons de sódio, potássio, magnésio, cálcio e o íon cloreto desempenham papéis vitais no maquinário da vida. E não só átomos individuais, mas grupos de átomos carregados, como o sulfato (SO_4^{2-}) e o acetato ($C_2H_3OO^-$), desempenham papéis essenciais nos processos vitais. Formam-se substâncias ainda mais energéticas (de maior energia potencial, ou seja, mais instáveis) mediante processos que discutiremos mais à frente, em que elétrons individuais são passados "inadvertidamente" a átomos de oxigênio ou nitrogênio formando "radicais livres", que são extremamente instáveis e passarão seu elétron a qualquer molécula que estiver próxima.

O outro componente importante é a *energia*. Ela é mais difícil de explicar porque é um conceito abstrato, e como a "energia atômica" não tem nada a ver com os processos da vida, nos limitaremos a fazer duas definições fáceis da física "clássica":

1. Energia é a capacidade de realizar trabalho.
2. O trabalho é igual à força aplicada vezes a distância pela qual se aplica.

Não é tão fácil assim? Bom, a primeira parte da definição parece bastante fácil: todos sabemos o que é trabalho; é o que você preferiria não estar fazendo mas faz porque te pagam. E você sabe que ele requer energia porque no final do dia você está cansado. Mas aqui definimos a energia de uma forma diferente, mais simples e medível (porque tudo depende de medição na ciência).

Digamos que tem um livro de 4 quilos no chão e você quer colocá-lo em uma estante estreita a um metro e meio do chão. Levantar esse livro do chão requer na verdade um pouco mais de 40 N (newtons), porque você está acelerando o livro a partir de uma velocidade zero, quando está no chão, até alguma velocidade superior a zero quando o move para cima. Segundo as leis do movimento de Newton (têm 400 anos de idade!), se o livro for movido para cima em um ritmo constante (sem aceleração), não deveria haver nenhuma força resultante. Depois da aceleração inicial, os 40 N que você exerce para cima são exatamente iguais aos 40 N (seu peso) que o livro exerce para baixo. Portanto, você exerceu uns 40 N por uma distância de um metro e meio — e de acordo com a segunda afirmação, 40 N (a força que você aplicou) vezes um metro e meio (a distância pela qual você aplicou essa força) equivale a 60 J (joules) de energia. E isso está correto.

Agora colocamos esse livro na borda da estante, de forma que se fosse colocada uma pena na borda externa do livro, este cairia (o qual não tem nada a ver com a energia que utilizamos, 60 J, para subir o livro até ali). Então essa energia gasta para subir o livro à estante desapareceu! Tudo para nada — mas não para nada! Porque a primeira lei da energia (no universo pré-einsteiniano, mas suficiente para a maior parte da biologia e da química) é esta: a energia não pode ser criada nem destruída. A forma como os físicos se referem ao fato de que não se pode criar energia nem se pode destruí-la é que a energia se "conserva".

Então, agora dizemos que os mesmos 60 J de trabalho (energia) que gastamos levantando o livro seguem armazenados nesse livro (segundo a relatividade, sua massa é também maior [imensuravelmente]). Neste caso, a energia não é aparente — é "energia potencial".

Agora, minha tarefa consiste em quebrar uma noz — com uma pena. Mesmo se eu deixar cair a pena sobre a noz cem vezes, não vai funcionar. Mas tenho uma ideia. Coloco a noz no lugar em que acho que meu livro de quatro quilos cairá quando ele cair da estante, e jogo a mesma pena sobre o livro. Imediatamente, o livro se inclina e cai, cada vez mais rápido, até que bate na noz e a quebra. Se fosse possível medir toda a energia utilizada na quebra da noz, produzindo um forte barulho ao fazê-lo, sacudindo o chão (e muito levemente as paredes e o teto), e somando-se tudo, penso que já sabem que daria 60 J.

Em todo esse processo foram utilizados dois tipos de energia. O primeiro tipo de energia foi aplicado mediante o movimento de um objeto com massa ao longo de uma distância, de forma que o movimento está implícito nele — distância zero, energia zero — e o chamaremos "energia do movimento", ou como é mais comum, energia cinética. A outra, a forma potencial de energia, é chamada pela maioria dos físicos, não surpreendentemente, de "energia potencial".

Quando você levanta alguma coisa, está armazenando energia potencial gravitacional, porque você está realizando um trabalho contra o "campo" gravitacional; se você tenta empurrar dois objetos com a mesma carga elétrica um em direção ao outro (as cargas iguais se repelem, com uma força que fica mais intensa à medida que se aproximam), isso também armazena energia potencial, porque se você soltar esses dois objetos carregados cuja união você forçou, eles sairão voando, transformando sua energia potencial elétrica em energia cinética.

Agora imaginem que vocês têm um balão que não permite a passagem de partículas carregadas por suas paredes, e vocês o enchem de íons de hidrogênio (H^+). O que acham que aconteceria?

Como todos esses íons de hidrogênio estão carregados positivamente, repeliriam-se entre si e o balão se encheria cada vez mais — não estouraria, garantiríamos isso, pelo menos em condições normais. Então realmente seria como um balão cheio, não é? Se o balão tivesse um bico de entrada fino que vocês mantivessem fechado enquanto ele é enchido, o que acham que aconteceria se abrissem esse bico de entrada?

Não se surpreenderiam se esse balão saísse voando como faria um balão que contivesse ar comprimido. De novo, estariam transformando a energia que forneceram para fazer com que esses íons de hidrogênio entrassem dentro do balão (cada um deles mais difícil de fazer entrar que o anterior, já que o interior do balão ficava mais positivo e resistia mais fortemente a que fosse colocada uma nova carga positiva nele) em energia potencial quando o balão ficou cheio e com o bico fechado. Ao abrirem o bico, a energia potencial acumulada se transformaria em energia de movimento, energia cinética. Se mantivessem o balão em seu lugar quando abrissem seu bico, poderiam conseguir que essa corrente de íons de hidrogênio fizesse girar um catavento, não é mesmo?

O que acabo de descrever é, em princípio, o mesmo mecanismo que utiliza uma bactéria para fazer girar seus flagelos (órgãos em forma de chicote utilizados para a locomoção), ou que utilizam as células superiores — nossas células — para produzir ATP em suas mitocôndrias. Toda a vida funciona, como disse o prêmio Nobel Albert Szent-Györgyi citado anteriormente, com uma pequena corrente de eletricidade, impulsionada pela luz do sol (mediante a fotossíntese). Porém, para os animais, e para os mamíferos como nós, o fluxo de elétrons vai desde as moléculas complexas dos alimentos, onde têm energia potencial alta, até o oxigênio (para formar água), onde têm energia potencial muito baixa. A diferença de energia potencial se transforma em trabalho útil, e em entropia inútil — e a entropia pode ser revertida mediante o fornecimento de energia.

"O que não consigo criar, não entendo."

O significado desta frase de Richard Feynman é muito claro. Se entendo as relações entre comprimento, densidade e tensão de uma corda, posso construir uma arpa; depois, talvez, conhecendo um pouco mais de mecânica, posso transformá-la em um cravo ou um piano. Mas se estas coisas não forem compreendidas, não será possível construir um piano. Felizmente, às vezes temos sorte e "construímos pianos" primeiro e depois descobrimos como funcionam — assim ocorreu com a eletricidade (utilizada muito antes de ser descoberto o elétron), e penso que esse é o caso do E5 (o tratamento responsável por rejuvenescer os ratos em nosso experimento).[1]

Então façamos um experimento mental e tentemos construir um organismo vivo; e para simular vida (mas não uma simulação assim tão boa), podemos assumir qualquer possibilidade insinuada pela tecnologia atual como possível, ou possivelmente possível. Por exemplo, o uso de robôs para dar forma ao metal em peças úteis e montar essas peças em uma estrutura funcional já está presente nas linhas de montagem de automóveis de todo o mundo. Então estabeleçamos isso como objetivo, criar uma fábrica móvel automatizada que fabrique fábricas móveis automatizadas. Em relação à fonte de energia, imaginemos que é utilizada energia solar porque estamos mais familiarizados com o sol como a fonte de energia na superfície da Terra que mantém toda a vida da superfície, proporcionando a corrente de elétrons (eletricidade) com a qual funciona a vida. Essencialmente, funcionamos à base de baterias, ou melhor, de células de combustível como nossas máquinas — o fluxo de elétrons de uma alta energia potencial a uma energia potencial mais baixa é a fonte de energia da vida (nas plantas, o sol proporciona elétrons de alta energia, já que os fótons do sol fazem com que a clorofila os proporcione). Portanto, nossa fábrica que faz fábricas (que fazem fábricas que fazem fábricas), poderia certamente funcionar com energia solar.

Como não sabemos como começou a vida, começaremos com nossa fábrica que faz fábricas pré-montada e com toda a maquinaria e os equipamentos necessários para fabricar cada parte de si mesma — incluídas todas as instruções para fazê-lo. Agora, a primeira coisa de que precisamos é energia, porque nada se move sem ela. Como já mencionei, utilizaremos a energia solar (a tecnologia solar proporciona na verdade uma maior conversão de luz em energia elétrica que as plantas). Entretanto, como o sol não brilha o tempo todo, precisamos armazenar energia potencial para os momentos em que o sol não brilha (aproximadamente a metade do tempo). Portanto, precisaremos de um sistema de armazenamento construído para os "ritmos circadianos" diários e predizíveis com uma reserva para o caso de escassez de longo prazo (em caso de tempestades e outros eventos que cortem a energia).

Durante o dia, enquanto a energia da luz solar supre as necessidades de nossa fábrica, esta se move e utiliza seus sensores para detectar os diferentes minerais de que precisa para fabricar mais de si mesma, pegando esses materiais e a energia do seu entorno, e fazendo sua manutenção. Armazena suficiente energia para que, quando a noite chegar, tenha energia suficiente para extrair, dar forma e montar as peças necessárias para construir uma cópia de si mesma. Se algumas peças se desgastarem, tem a capacidade de fazer cópias perfeitas de qualquer peça. E, devido às forças da entropia, produz durante o dia muito calor, ao obter e utilizar a energia, e este calor (entropia) deve ser eliminado por um sistema de ar-condicionado incorporado, possibilitado pela energia armazenada. Quando o sol volta a sair, a fábrica fabricou e montou outra fábrica com a energia e os materiais que acumulou durante o dia, e voltou ao mesmo estado em que estava de manhã.

Este processo proposto parece ser um processo que ocorreu muito cedo nos domínios Bacteria e Archaea, que dominaram a vida desde cerca de 3,5 bilhões de anos atrás até cerca de 2,7 bilhões de anos atrás, quando surgiram os eucariontes.

Entretanto, paremos em algum momento cerca de 800 milhões de anos antes, na primeira aparição de um organismo vivo reconhecível como tal para ver como era a vida naquele então. Nosso modelo de vida, a fábrica de fazer fábricas, não é muito diferente das bactérias e arqueias unicelulares reais que FORAM a vida durante aproximadamente um bilhão de anos. Nosso modelo não comete o erro que cometem muitos biólogos do envelhecimento, de que não são necessários o envelhecimento, a morte e a capitulação final da vida à entropia e à perda. De fato, desde que a vida apareceu pela primeira vez no planeta, sendo este primeiro organismo vivo diminuto e perecível e de uma complexidade superior à de qualquer outra coisa no planeta, ela desafiou a interpretação biológica da lei da entropia, tornando-se não mais rara e mais simples, mas mais complexa e mais comum. O complexo processo da vida implica agora a conversão da matéria em formas que desenvolveram a auto-consciência (e a consciência da morte). Os seres vivos cresceram e divergiram até ocupar todos os âmbitos nos quais a energia e a matéria são suficientes para mantê-los. Se esta interpretação da entropia fosse aplicável à vida, agora não haveria nada vivo, já que mesmo as montanhas se desgastam até se converter em planícies, mas a vida foi no sentido oposto, rumo a uma maior comple-xidade — penso que o desenvolvimento da complexidade é uma lei natural dos organismos em evolução, porque cada organismo que chega a formar um novo nicho para si mesmo, forma um novo nicho para outros.

Então, o que falta em nossa fábrica que faz fábricas que a diferencia dos primeiros organismos vivos? Temos uma fonte de energia, e capacidade de armazenamento. Fabricamos tudo o que é necessário baseando-nos em instruções e dados do entorno coletados por sensores. Temos um sistema básico que, por ser um sistema aberto — que troca energia e matéria com o entorno — não está sob a jurisdição da lei da entropia, que se aplica a sistemas fechados (que não trocam matéria e energia com o entorno). Qual poderia ser a razão pela qual um sistema deste tipo morreria? A falta de ener-gia (se ocorresse, por exemplo, um inverno nuclear), ou a falta (esgotamen-to) dos minerais necessários que estejam dentro da capacidade de coleta de nossa fábrica que faz fábricas. Entretanto, outras fábricas que fazem fábricas continuariam encontrando e extraindo minerais e produzindo mais fábricas. O que poderia causar o envelhecimento se as peças defeituosas fossem subs-tituídas, ou a "morte", se fossem proporcionados continuamente materiais e energia? A resposta, ao menos nos organismos antigos, como as bactérias gram-positivas (uma estrutura "simples" que se assemelha muito às fábricas que fazem fábricas já que seu único propósito é criar mais de si mesmas), é nada; são imortais.

Nossa forma de vida artificial tem todos os atributos da vida — sua informação, armazenada em unidades de disco rígido ou DNA, replica-se (com muito mais fidelidade nos sistemas eletrônicos que na replicação real do DNA), mas está potencialmente sujeita tanto a alterações involuntárias quanto a alterações deliberadas (alterando-se o programa para processos ou entornos específicos), sendo assim "mutável". Ela obtém sua energia e matéria de seu entorno. Fábricas individuais podem deixar de produzir (morrer), mas muitas continuarão funcionando, replicando a si mesmas em regiões com recursos para dar-lhes suporte. Porém, com exceção de má sorte, não há razão para o envelhecimento (que definimos como perda ou dano) e a morte ocorrerem.

Como veremos, esta vida artificial que criamos parece-se muito em sua "história de vida" com os domínios completamente procariontes, *Bacteria* e *Archaea*, onde a morte por envelhecimento é desconhecida. Então, como, por que e onde a morte entrou em cena? Vimos que o fato de sofrer danos como processo entrópico natural pode ser superado em um sistema aberto, onde tanto energia quanto massa podem entrar ou sair do sistema. Como em um ar-condicionado, que transfere calor de lugares frios a quentes, a entrada de energia no sistema funciona contra a entropia que permitiria que o calor do exterior quente acabasse penetrando no quarto e o esquentasse — como seria "natural" (um isolante não impede que o calor entre em um quarto, simplesmente atrasa o processo).

Vimos que em nossa fábrica que faz fábricas o calor criado pelo funcionamento da fábrica teria que ser eliminado ou nossa fábrica em algum momento deixaria de funcionar; entretanto, em um sistema aberto no qual entram energia e matéria, não é um problema consertar o que quebra ou na verdade diminuir a entropia, como ilustra o ar-condicionado, contrariamente às propostas da "velha escola" da biologia de que a entropia é a razão da morte — como Leonard Hayflick, a pessoa que demonstrou que as células têm um número limitado de divisões depois do qual morrem ou se tornam senescentes, "explica" em seu artigo *A entropia explica o envelhecimento, o determinismo genético explica a longevidade e a terminologia indefinida explica a incompreensão de ambos* (na tradução ao português do original em inglês),[6] uma declaração de incrível arrogância, baseada na incompreensão de conceitos físicos básicos, principalmente em relação a que o envelhecimento é entropia e que as doenças do envelhecimento não têm nada a ver com o envelhecimento.

Demonstramos que vários problemas de saúde que ocasionam as doenças do envelhecimento podem ser revertidos, por exemplo com um grande aumento na força de agarramento só alguns dias depois da injeção de E5, ou a diminuição dos fatores inflamatórios a níveis juvenis no mesmo período de tempo (falarei mais sobre isso mais à frente). Dado que os fatores inflamatórios são uma suposta causa de muitas doenças do envelhecimento, estas doenças que dependem deles seriam evitadas.

Então, nossas "fábricas que fazem fábricas" são o mesmo que organismos vivos? Se não, por quê?

Em primeiro lugar, algumas palavras de elogio para o equivalente na vida real dos "robôs" que operam em nossa fábrica que faz fábricas, que de certo modo age como uma impressora 3D, já que pode fabricar qualquer peça que for necessária ou desejada — mas é muito mais inteligente que a maioria das impressoras 3D, já que pode modificar as propriedades do material que gera para formar um objeto tridimensional, ou um objeto quadridimensional, se esse objeto fizer algo por si mesmo, como uma enzima que quebra ou junta moléculas específicas quando a enzima muda para um estado diferente (o que costuma significar uma diferente forma [conformação]) ao trabalhar com a dimensão do tempo para cumprir suas tarefas.

Esse robô universal gerador de peças existe em todos os seres vivos; chama-se ribossomo! Esta máquina (não está viva) recebe instruções do "conjunto-mestre de instruções" chamado DNA através de uma cópia descartável de RNA complementar que é enviada aos ribossomos na forma do que se chama "RNA mensageiro". A seguir, o ribossomo encadeia aminoácidos (20 tipos diferentes), com diferentes propriedades (alguns estão carregados positivamente e outros negativamente, alguns preferem o óleo à água, outros a água ao óleo, alguns são aromáticos [não se preocupem se não souberem o que significa, mas o "cheiro" não é sua característica importante], outros alifáticos), formando proteínas. Algumas proteínas são estruturais, como as vigas, porcas e parafusos de nossas "fábricas que fazem fábricas", e outras constituem as "máquinas moleculares", as enzimas mencionadas anteriormente, que são como os robôs e sensores especializados de nossas "fábricas que fazem fábricas".

Surpreendentemente, o ribossomo é formado por três ou quatro grandes moléculas de RNA que se enovelam em compactas formas tridimensionais. Em organismos simples, como as bactérias e as arqueias, há cerca de 50 proteínas unidas a esta estrutura de RNA (nos eucariontes, como nós, cerca de 80 proteínas, exceto em nossos ribossomos mitocondriais que se parecem mais aos ribossomos bacterianos). Também surpreendentemente, é possível remover essas proteínas ribossômicas de modo que só a parte de RNA (sobre a qual estão montadas todas essas proteínas) catalisa a adição de aminoácidos a uma cadeia crescente (polipeptídeo), baseada em RNA mensageiro, apesar de muito mais lentamente que o ribossomo intacto. Isso, entre outras coisas como as ribozimas (enzimas feitas exclusivamente de

RNA) e os íntrons auto-excisáveis,* dão indícios de um mundo baseado em RNA que pode ter existido antes das proteínas se tornarem o material de construção da vida ("O mundo do RNA").[7] O ribossomo é uma ponte entre os mundos do RNA e o das proteínas.

Agora, naturalmente, no mundo real dos seres vivos, um organismo está rodeado por uma membrana, tanto para manter o que é necessário dentro do organismo quanto para manter o que é prejudicial fora. E, evidentemente, tem que haver formas de introduzir energia e matéria (nutrientes) na célula e no corpo, e jogar os resíduos para fora do organismo e de suas células. No caso das células, isso ocorre através da membrana celular: uma estrutura multicomponente composta por uma dupla camada de moléculas de gordura com proteínas que flutuam no lado externo ou interno da dupla camada, ou que penetram através de ambas as camadas (às vezes essas proteínas penetrantes têm túneis em seus centros que permitem que só os tipos corretos de moléculas entrem ou saiam da célula).

Às vezes estes processos são passivos, se houver mais do que se precisa fora da célula do que dentro dela; neste caso, a "difusão" (o processo natural pelo qual as moléculas se deslocam de regiões de maior concentração a outras de menor concentração [se "espalham"]) chama-se "difusão facilitada" porque é acelerada ("facilitada") por proteínas que permitem especificamente a entrada dessas moléculas. Às vezes é preciso aplicar energia para fazer com que as moléculas se desloquem no sentido contrário ao gradiente de concentração (ou seja, passem de regiões de baixa concentração fora da célula a outras de alta concentração dentro dela), e isso chama-se "transporte ativo". Para o transporte ativo são utilizadas proteínas especiais — e estas proteínas fazem parte de todo um sistema de processamento dessas moléculas importadas. Todos estes dispositivos poderiam ser simulados em nossas fábricas que fazem fábricas.

A vida em seu início

Como mencionei anteriormente, não vamos considerar a questão de como surgiu a vida pela primeira vez; segundo a sugestão de Feynman de que não entendemos algo até podermos construí-lo, nunca criamos um ser

---

* Os íntrons são regiões não codificantes de uma transcrição de RNA, ou do DNA que o codifica, que se eliminam por recombinação antes da tradução.

vivo em todas as nossas tentativas. Ainda está em discussão se o metabolismo ou a genética vieram primeiro: o fluxo de energia criou estes sistemas que extraíam energia dele, ou as moléculas com memória ("o mundo do RNA") vieram primeiro e mais tarde captaram e incorporaram a energia de seu entorno para seus próprios fins? Ao menos sabemos com certeza que o primeiro ser vivo foi uma transmutação auto-organizada de energia e matéria do ambiente que podia fazer mais de si mesma.

Assim, os primeiros organismos vivos eram muito parecidos com nossas fábricas que fazem fábricas; chamavam-se bactérias gram-positivas por sua grossa camada de peptidoglicano (parte proteína e parte carboidrato), que protege a bactéria das mudanças na pressão osmótica (porém, há bactérias chamadas micoplasmas que não têm essas grossas paredes celulares, nem nenhuma parede celular, e mesmo assim estão bem) mas que permite a entrada de moléculas. No interior dessa grossa parede celular encontra-se a membrana em dupla camada mencionada, com sua miríade de locais de entrada e saída altamente controlados para ajustar o fluxo de moléculas para dentro e para fora da célula — principalmente a entrada de alimentos e a saída de resíduos, mas muitas células nos organismos superiores têm funções especializadas, como a produção de hormônios ou a transmissão de sinalizações através do corpo. Curiosamente, são sobretudo as proteínas especializadas, específicas de cada tipo de célula, as que variam com a idade.

Muitas bactérias também segregam "exoenzimas" para digerir alimentos fora delas, permitindo que só entrem, como alimento, as pequenas moléculas que são produto dessa digestão, que atravessam a parede celular e são internalizadas seletivamente (às vezes utilizando energia armazenada para isso) por moléculas baseadas em proteínas que penetram a membrana plasmática (as bactérias e as arqueias, em geral, têm a mesma estrutura — têm uma membrana celular que separa a célula de seu entorno e adicionalmente o conjunto está coberto por uma parede celular grossa e protetora).

Competição e morte

A morte entrou neste mundo devido ao aumento da população e a limitação dos recursos — a competição é o mecanismo biológico resultante. Imaginemos então que nossa fábrica de fazer fábricas é de um determinado tipo, mas que tal vez haja outras fábricas que fazem fábricas maiores ou mais rápidas que a nossa. O que podemos fazer? Tal vez alguma modificação em nossas exoenzimas* ou no sistema de eliminação de resíduos poderia gerar um produto tóxico para nossos competidores, estando nós protegidos. Temos o código e podemos introduzir mudanças aleatoriamente. Há evidências de que quando uma bactéria é colocada em um entorno estressante, torna-se mais mutável.

Entretanto, a fábrica não requer NOSSA participação, é tudo automático — ela introduz mudanças aleatoriamente, até que há alguma que produz uma toxina que mata o competidor, e de repente essa fábrica de fazer fábricas torna-se capaz de superar sua competidora maior e/ou mais rápida. E até hoje em dia, as bactérias gram-positivas utilizam as toxinas como ferramenta para dominar seu pequeno campo de jogo (que podemos ser nós).

Alguns acreditam que esta guerra química entre bactérias gram-positivas pode haver tido a consequência involuntária de criar um novo domínio da vida chamado Archaea, com a membrana celular muito mais densa, na qual lipídios ramificados, em vez dos lineares, estão unidos de forma mais estável por ligações de éter em vez das ligações de éster menos estáveis que mantém unidos os lipídios não ramificados das membranas das bactérias gram-positivas (e de nossas células).

Mas o mais interessante destas arqueias não é sua pseudoparede celular de peptidoglicano ou suas diferentes membranas celulares, mas seu DNA, que, como todo DNA organísmico, está dividido em genes com regiões de controle (lugares nos quais podem acoplar-se repressores ou ativadores, para modificar as taxas de transcrição do RNA de um gene), mas diferentemente das bactérias, os genes das arqueias são frequentemente interrompidos ou divididos em partes separadas por sequências sem sentido de nucleotídeos (que formam as subunidades dos ácidos nucleicos, o DNA e o RNA, ao estar encadeados), de modo que para obter as instruções corretas para fabricar um componente (uma proteína), é preciso eliminar a sequência de DNA não codificante que está intervindo.

O que ainda não foi explicado (até onde vi; a literatura é imensa) é como isso poderia ter surgido, mas pode-se imaginar que as sequências de genes também poderiam ser alvo de alguma toxina, ou um íntron auto-excisável (um que contém sua própria transcriptase reversa — uma enzima que faz um DNA complementar a um RNA).

---

* Uma exoenzima, ou enzima extracelular, é uma enzima secretada por uma célula que funciona fora dela.

Também há evidências, apesar de indiretas, de uma forma de óleo que só poderia proceder de hidrocarbonetos ramificados com ligações éter das membranas celulares das arqueias (e que às vezes inclusive contêm anéis de cicloexano) que se encontram em xistos betuminosos de (afirma-se) 3,8 bilhões de anos, o que tornaria as arqueias a forma de vida mais antiga.

Cooperação e complexidade

Em 2010, descobriu-se que os sedimentos de uma fonte hidrotermal de águas profundas chamada Castelo de Loki continham uma variedade nova de arqueias, incluindo o grupo "Asgard" (Asgard era o reino mítico dos deuses nórdicos), que continha um novo filo chamado Lokiarchaeota, que, em termos de sequência de DNA, possui genes típicos de arqueias e de bactérias (há muitas "transferências horizontais de genes" entre bactérias e arqueias, já que se apropriam de genes úteis umas de outras e entre elas mesmas).[8] Entretanto, não pertencendo a nenhum dos dois grupos, encontraram-se genes de proteínas associadas à membrana, como a actina, que são responsáveis, nos eucariontes, por provocar as indentações na membrana que lhes permitem engolir outros organismos. Finalmente, só em 2020 pôde-se cultivar este organismo em estado puro (um processo em que se demorou um ano para ver-se turbidez nos cultivos celulares com fornecimento de metano), já que a densidade inicial era baixa e as arqueias têm um tempo de duplicação de duas a três semanas, em vez de 20 minutos como a *E. coli* em meios enriquecidos.[9]

Entretanto, esta nova forma poderia combinar-se (e talvez o fez) com as bactérias gram-positivas para formar um novo tipo de célula, uma combinação de bactéria gram-positiva formando o citoplasma e arqueia formando o núcleo de um novo domínio de seres vivos, os eucariontes, o domínio ao qual pertencemos (é isso aí, time!). Um membro do grupo Lokiarchaeota é *Candidatus* Prometheoarchaeum syntrophicum cepa MK-D1, que produz naturalmente hidrogênio como subproduto de seu metabolismo, e se encontra em um ménage à trois com uma bactéria redutora de sulfato (passa seus elétrons de alta energia do gás hidrogênio ao sulfato), e uma metanogênica (uma arqueia que utiliza o hidrogênio para fazer metano [da mesma forma que ocorre em nosso intestino para fazer o "gás" que produzimos ali]). A cepa MK-D1 também tem uma membrana complexa que incorpora proteínas eucariontes.

A questão é que aqui vemos uma associação que não prejudica a cepa MK-D1, mas proporciona um meio de subsistência aos dois síntrofos (organismos que "comem juntos"). Mas estes adjuntos são necessários para a MK-D1 tanto para a ingestão de energia quanto para a produção de substâncias químicas necessárias, de forma que o conjunto é maior que suas partes.

Curiosamente, a arqueia candidata MK-D1, quando finalmente foi isolada (após sete anos de esforços), não tinha o aspecto esperado: não tinha as inclusões citoplasmáticas esperadas, mas várias vesículas membranosas que saíam do corpo como se fossem muitos braços, formando uma nova teoria sobre a incorporação de mitocôndrias e cloroplastos de origem bacteriana às células eucariontes por fagocitose (comer células [engoli-las]). Além disso, levando-se em conta o pequeno tamanho da MK-D1 (cerca de meio mícron), a ideia de rodear simplesmente a MK-D1 central com membranas para formar um núcleo torna-se um cenário crível para dois simbiontes.

Assim, vemos na natureza uma complexidade crescente nos seres vivos através da cooperação. Quando dois organismos cooperam para formar um terceiro, esse novo organismo é ao mesmo tempo uma possível presa para alguns animais, aumentando ainda mais sua complexidade, e um possível competidor para outros, o que obriga os competidores a competir. Dessa forma, parece inevitável que a evolução traga consigo a complexidade.

Outro exemplo de cooperação é o das cianobactérias (antes chamadas "algas azuis"), que formam cadeias de células, todas elas unidas por uma só bainha. Desta cadeia, uma das células torna-se anaeróbia (enquanto o resto são aeróbias e utilizam o oxigênio atmosférico), e a célula anaeróbia, que é notoriamente maior que as outras células, chamada *heterocisto*, "fixa" o nitrogênio — absorve o nitrogênio dos gases dissolvidos na água e o transforma em uma forma utilizável pelos seres vivos, um processo enzimático que não pode ocorrer na presença de oxigênio. As células aeróbias da "planta" de cianobactérias utilizam a luz solar para obter energia, como nossa fábrica que faz fábricas.

Aqui temos o começo da multicelularidade — células unindo-se, algumas diferenciando-se para funções específicas, e portanto, levando a uma dependência mútua — já que os heterocistos precisam dos produtos da respiração, e as células aeróbias que fornecem esses produtos precisam do nitrogênio fixado pelos heterocistos. Assim, em miniatura, temos um organismo.

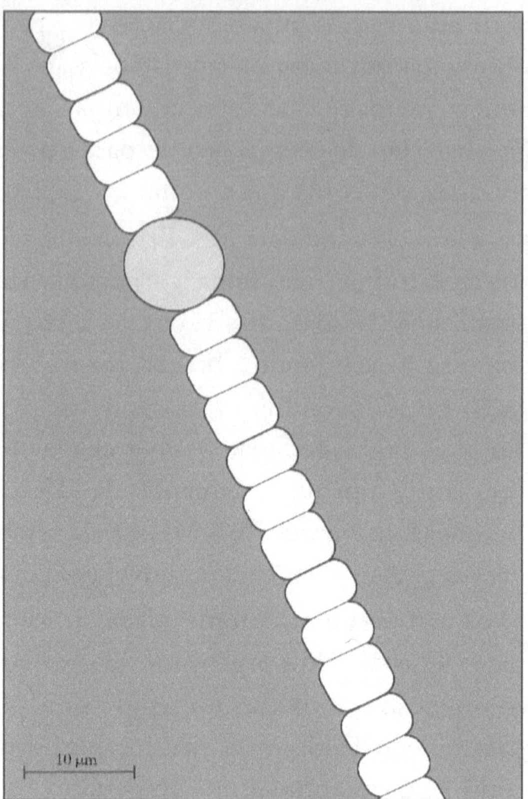

Figura 1: Ilustração da estrutura filamentosa de uma ciano-
bactéria. O círculo na parte central representa o heterocisto,
que está unido às demais células.

Estas células comunicam-se mediante mecanismos de retroalimentação para decidir qual delas será o heterocisto (um processo irreversível).
Algumas células podem se diferenciar em formas diminutas e invasivas
chamadas hormogônios, com propriedades surpreendentes que lhes permitem propagar-se longe do "organismo" que as formou. É muito similar à reprodução dos organismos superiores (apesar de não haver sexo
envolvido), mas provavelmente seja uma forma de escapar da destruição
iminente, já que as pequenas células de hormogônios voltam a ser células
normais de cianobactérias quando estão em um entorno adequado. Veremos outros exemplos em que células cooperam até a morte para assegurar
a sobrevivência de seus descendentes.

Então, a estrutura filamentosa embainhada das cianobactérias é simplesmente uma colônia de células? Uma vez que a diferenciação é essencial

para o fornecimento do nitrogênio biodisponível necessário, o heterocisto age como um órgão; se desaparecer, todas as células unidas por uma bainha comum morrerão (a menos que outra se transforme em heterocisto o suficientemente rápido). Assim, a imagem criada é a de uma estrutura de ordem superior. Uma célula (se não for o heterocisto) pode morrer, mas isso é simplesmente um dano, já que as outras células permanecem intactas. Porém, se o heterocisto for a célula que morre, todas as células do filamento morrem. Portanto, o filamento é um organismo composto por células bacterianas, *já que o destino do organismo pode ser diferente do destino de suas células.*

As mixobactérias são outro exemplo ainda melhor que é quase o equivalente exato de um "mofo celular" eucarionte. Em determinadas condições (duras, podem ter certeza), as mixobactérias individuais se reúnem para formar um talo e um corpo frutífero, já que algumas bactérias se diferenciam em células formadoras de talos, e outras nos esporângios globulares cheios de esporos em que se diferenciam outras mixobactérias.

Agora, pacientes leitores, vocês devem estar se perguntando por que os levo a lugares tão estranhos, e a razão é que quero que vejam a diferença entre uma célula e um organismo, e como a morte de uma célula pode beneficiar um organismo.

Porém, primeiro, voltaremos à história, desta vez história mais moderna, para ver o caminho que seguiram os cientistas do século XX, que se baseou em "teorias" fundamentadas em especulação, autoridade, falsas suposições e senso comum, que — como a noção igualmente razoável e de senso comum de que o Sol dá uma volta na Terra a cada dia — estavam erradas. Apesar desse caminho não ter levado ao prêmio esperado — a imortalidade biológica — produziu algumas observações interessantes e úteis. Mais à frente, voltaremos para trás e concluiremos que essas suposições básicas eram, de fato, razoáveis, mas errôneas, e veremos que seguir uma série de pistas baseadas inteiramente em provas confirmadas e "aceitas" resultou em colocar-nos no caminho correto, terminando na descoberta de um tesouro mais além de todos os tesouros.

3

Alguns veem "a luz"

Você era um "tonto ou um louco" se não acreditava que Deus, Jesus e o Espírito Santo tinham a mesma autoridade? Sim, você era, e por ordem imperial e da Santa Igreja Católica Romana quando o Império Romano cooptou o cristianismo por volta do século V (nesse momento, governado pelo mencionado triunvirato de imperadores) como uma ferramenta para governar, com a cenoura e o chicote, tanto reis quanto camponeses de todo o mundo romano. Inclusive as antigas festividades romanas e as práticas pagãs populares foram reinventadas em formatos cristãos, de modo que a cerimônia do solstício de inverno transformou-se no Natal, e o equinócio de primavera começou a ser celebrado como a Páscoa. A vestais, importantes lideranças para afazeres femininos, tornaram-se as Irmãs Religiosas e suas Madres Superiores, comprometidas com seu matrimônio "sem pecado" com Jesus.

De fato, a Igreja transformou-se na imagem e modelo das hierarquias mundanas (ou vice-versa), com um papa, seguido de cardeais (príncipes da Igreja), arcebispos (os "duques" da Igreja), etc. Outra linha de suboficiais estava encabeçada pelo monsenhor, uma espécie de sargento maior que mantinha a tropa — os irmãos — alinhados. Organizados para serem governados, a maioria dos fiéis da Igreja acreditavam no que lhes era dito, já que os textos sagrados em si não estavam ao alcance dos leigos ao estarem escritos na língua universal das elites, o latim (e também em grego e hebraico para os eruditos).

O Renascimento

A *Yersinia pestis* é uma bactéria gram-negativa um pouco mais complexa que as bactérias gram-positivas das quais falamos. A coloração de Gram mede a grossura da camada de peptidoglicano. Se a camada for grossa, a mancha permanece visível nela inclusive depois da lavagem; se a camada for fina, ou inexistente, isso não acontece, e tais bactérias são *gram-negativas*. Mas as bactérias gram-negativas têm algo melhor — têm duas membranas celulares e, entre elas, um "espaço periplasmático" revestido por uma fina camada de peptidoglicano. A membrana celular externa tem lipopolissacarídeos protetores (que às vezes são letais aos humanos, porque causam a "síndrome do choque tóxico"), e poros formados a partir da proteína porina que ajudam a célula a pré-selecionar o que entra em seu espaço periplasmático, e isso dá à membrana plasmática interna a oportunidade de selecionar novamente (enquanto enzimas defensivas do espaço periplasmático destroem as moléculas não desejadas que entram).

Entretanto, estas bactérias não se diferenciam fundamentalmente de nossas fábricas que fazem fábricas; talvez sejam mais sofisticadas, mas na melhor das hipóteses só podem fabricar mais de si mesmas. Então, por que estou falando disso aqui? Porque foi a causa da peste bubônica na Itália (e depois na Europa), que eu e outros acreditamos que foi a possível causa do Renascimento, da Revolução Científica e das revoluções sociais que definem a cultura moderna. Que uma peste possa fazer isso pode não parecer tão surpreendente a muitos leitores de hoje em dia.

A intervenção das práticas religiosas foi totalmente ineficaz nessa época, e os monges em particular morriam em grande número, já que viviam em condições propícias à propagação da bactéria *Yersinia pestis* — que se propagava pela picada de pulgas infectadas pela bactéria, e as pulgas eram transportadas por ratos infectados pela bactéria. As pulgas abandonavam o rato morto e se estabeleciam nos humanos para sugar seu sangre, mas acontecia algo estranho; a bactéria tinha formado uma película viscosa que impedia que o alimento chegasse ao intestino da pulga — e quando ela bebia sangue, não podia engoli-lo (a entrada de seu intestino estava bloqueada), e ao invés disso desprendia a película bacteriana e a vomitava na corrente sanguínea do hospedeiro.

A yersinia vive em muitos hospedeiros diferentes e tem adaptações para todos eles. Sua virulência nos humanos e em muitos de nossos animais domésticos deve-se em parte a dois minicromossomos relativamente pequenos que contêm só uns poucos genes, moléculas circulares de DNA, chamadas *plasmídeos*. Os plasmídeos são o que a torna mortal, já que cada um deles possui genes para evitar que os glóbulos brancos comam e digiram as células bacterianas, e permitam-lhes fazer o que fazem às pulgas. De fato, essas bactérias podem penetrar e depois se reproduzir dentro das células imunológicas humanas chamadas monócitos, que supostamente deveriam matá-las, e que depois as ajudam traiçoeiramente a se propagar por todo o corpo.

É por isso que os gânglios linfáticos ficam proeminentes no pescoço e na virilha, já que ocorrem infecções nas regiões drenadas pelos vasos linfáticos e exércitos de glóbulos brancos começam a se reproduzir. Os gânglios linfáticos são uma espécie de "quartel" para as células imunológicas que lutam contra invasores externos. Estes gânglios incham à medida que aumenta o número de glóbulos brancos dentro deles para lutar contra infecções iminentes. Quando são infectados com *Yersinia pestis*, grandes populações de monócitos destes gânglios linfáticos são infectadas e os gânglios começam a inchar, já que os próprios monócitos tornam-se fábricas de produção da bactéria que deveriam combater. Consequentemente, os gânglios linfáticos podem crescer até alcançar tamanhos enormes (tão grandes quanto maçãs, segundo os relatos da época) na axila e na virilha e, finalmente, ficam pretos e estouram, dolorosamente, exsudando pus e sangue. A morte, então, não demora para chegar.

Entretanto, agora a ciência moderna pode nos curar deste "Flagelo de Deus" com algumas injeções — então, a medicina e a ciência vão contra a vontade de Deus? Tentem descobrir quantos sacerdotes, mulás e gurus doentes rezam pela morte quando estão doentes e se negam a consultar um médico. Suponho que muito poucos, mas todos eles criam grandes desculpas para justificar sua necessidade de fazer tal consulta (pelo bem de seus paroquianos, sem dúvida), quando tudo o que qualquer um deveria precisar é viver uma boa vida, seguindo os mandamentos que seu(s) Senhor(es) tenha(m) dado, como o de "acolher os desconhecidos", e morrer o antes possível. Essa lógica funciona com os atacantes suicidas que usam bombas.

Mesmo agora (2021), nas zonas rurais dos Estados Unidos, o Iluminismo não chegou, com pastores, ignorantes dos conhecimentos adquiridos nos últimos dois mil anos, entrando em estados psicóticos nos quais balbuciam incoerentemente (falando diferentes línguas, ou fingindo fazê-lo), e periodicamente predizendo o fim do mundo da forma como lhes foi revelado por Deus. Evidentemente, isso nunca ocorre, mas seus seguidores sabem que houve uma falha técnica, um pequeno erro de cálculo, e o pastor então prediz alguma data futura, com alguma razão biblicamente válida (suponho que Deus se enganou ou não se comunicou com muita clareza), mas esse dia também não chega nunca. Minha opinião é que os "fiéis" dão muito quando sabem que o fim está próximo ("não podemos levar isso conosco"). As pessoas repentinamente tornam-se religiosas depois de um comovente sermão que lhes diz que o mundo vai acabar em breve.

Lamentavelmente, com a humanidade estando em um só mundo (como apontou o físico Stephen Hawking), um asteroide que destruísse a Terra seria definitivamente o fim da história, ou talvez a história da humanidade seja uma tese de doutorado em outro mundo. Pode ser que sejamos as únicas formas de vida inteligentes no universo alcançável e o que era um universo de nossas percepções e nossas mentes, de estrelas, planetas e nebulosas, torne-se algo morto, uma árvore que caiu no bosque sem ser ouvida, rochas sem vida e gases incandescentes. A resposta, é claro, é espalhar-se pelo espaço — e encontrar ou criar formas de viver lá. Uma juventude muito prolongada que dure séculos é um pré-requisito para uma civilização que se espalhe pelas estrelas, onde teremos "espaço suficiente, e tempo".

A peste negra

Doze navios entraram no porto da cidade de Messina, na Sicília, em outubro de 1347, e quando atracaram, os habitantes da cidade surpreenderam-se ao ver os barcos cheios de marinheiros mortos, e os que continuavam vivos estavam muito doentes e cobertos de furúnculos sangrentos. Estes "navios da morte" foram mandados embora, mas já era tarde demais — a peste já tinha se espalhado em Messina. Rapidamente, Marselha, na França, tornou-se um foco da doença, e a peste espalhou-se por toda a Europa ao longo das rotas comerciais. Primeiro nas grandes cidades, depois nas menores, nos povoados e nas aldeias — apesar de que nunca de forma tão mortal quanto nas grandes cidades. Milão, por exemplo, perdeu metade de sua população, e no total 20 milhões de europeus morreram da peste bubônica (ou "peste negra"), aproximadamente um terço de toda a Europa nessa época. Era um ramo da Grande Peste que se espalhava pelo Oriente Próximo e o Extremo Oriente ao mesmo tempo.

Entretanto, as pessoas daquela época não viam a situação como vemos agora; causa e efeito não existiam para fenômenos como epidemias ou eventos celestes. Tudo aquilo que ocorria era a vontade de Deus, de modo que se Deus castigava o cristianismo, devia ser porque Deus estava bravo com os cristãos (pessoalmente não posso contradizer isso). Portanto, as pessoas deviam parar de pecar. Mas isso não era suficiente; os hereges e os judeus, os não crentes em meio a eles, foram os primeiros em quem se pensou quanto ao motivo da ira de Deus (sempre há um maior lucro quando se atacam comunidades pequenas, ricas e vulneráveis — é relevante que eu diga, meus pais eram judeus).

Milhares e milhares de judeus foram assassinados; eram acusados de propagar a peste e às vezes confessavam — sob tortura, é claro. Havia um conjunto de técnicas e tecnologias (o "cavalete de tortura" era uma delas, e a "Dama de Ferro" era uma particularmente depravada, mas havia outras piores) desenvolvidas pela Igreja aparentemente para demonstrar à humanidade a desumanidade das pessoas. As torturas para as mulheres eram mais horríveis e costumavam focar-se em suas partes femininas — uma educação para os monges (voluntariamente) celibatos. Não é de se estranhar que, diante de tais incentivos, judeus "de vontade fraca" admitissem ter envenenado os poços para propagar a peste. Eu sugeriria não os criticar sem ter antes passado um tempo no cavalete de tortura.

Agora que conhecemos a causa (e a cura) dessa doença, temos que entender que todas as acusações e todas as confissões eram simplesmente mentiras, porque a doença propaga-se pela mordida de um rato infectado ou a picada de uma pulga infectada — ou em sua forma pneumônica, a mais mortal, pela simples inalação do ar da expiração, da fala ou da tosse de um doente. Milhares de pessoas inocentes morreram por nada. Outras, frequentemente pessoas de alta classe, juntavam-se para expiar seus pecados, e talvez os de seu público, quando iam a um povoado e açoitavam-se a si mesmas e umas às outras com pesados cintos de couro cravejados de metais afiados. Faziam isso três vezes por dia, durante 33 dias e meio, e depois partiam rumo a outra cidade.

Entretanto, apesar da atitude destes "flageladores" ("fustigadores") fazer as pessoas se sentirem melhor, não detinha a peste. De fato, a Igreja preocupou-se com a crescente influência desses "irregulares" autoflageladores, e proibiu a prática, apesar de que na realidade, a própria Igreja foi especialmente afetada, sobretudo os monges, que (como já foi mencionado) viviam em condições propícias à propagação da doença. Para manter o número de monges necessários para atender seus "rebanhos", a Igreja foi obrigada a escolher como monges e freiras pessoas que não eram aptas à profissão, e como descrevem o *Decameron* de Boccaccio e os *Contos de Canterbury* de Chaucer, as obscenidades e a corrupção do clero eram amplamente conhecidas.

No início, a estratégia consistiu em uma adesão extrema à doutrina religiosa, e em respostas extremistas baseadas na crença de que os ensinamentos da Igreja salvariam as pessoas, mas depois de um tempo ficou claro que a Igreja não tinha poder para fazer frente à peste e que seus líderes não eram mais santos que uma pessoa qualquer. De repente, abriram-se fendas na visão global do mundo que a Igreja tinha, de modo que foi possível entrar um pouco de luz.

As enormes perdas de população abriram oportunidades para as pessoas comuns, já que os nobres, ricos em terras, sofreram com o barateamento da terra e a elevação dos salários, razão pela qual os servos puderam comprar sua liberdade, e comprar suas terras. Os camponeses transformaram-se em comerciantes e os comerciantes em nobres. De fato, o contrário ocorreu no sul da Itália, onde os nobres exerceram um controle ainda maior sobre os servos que restaram. Porém, em geral, na maior parte da Europa, a servidão desapareceu e desenvolveu-se a indústria — foram inventadas máquinas para substituir o trabalho humano perdido.

As artes prosperaram à medida que os novos ricos, muito conscientes de sua falta de "linhagem" (ricas famílias industriais como os Médici e os Sforza), demonstravam sua contribuição à alta cultura patrocinando alguns dos mais relevantes artistas da história. E as artes gráficas também mudaram, já que a ascética arte "cristã", simbólica e pouco natural, foi substituída por cenas e estátuas realistas que frequentemente mostravam curvilíneos nus femininos que representavam cenas imaginadas das mitologias grega e romana (e bastante pele).

Muito antes do Renascimento começar na Itália no século XV, houve outros Renascimentos; um, resultado direto do rei Carlos Magno, especialmente nas áreas de aprendizagem e educação, no século IX; outro ocorreu por conta do reinado ilustrado de Otão I, rei dos saxões e imperador do Sacro Império Romano-Germânico, cujas tarefas eclesiásticas colocaram-no em contato com o melhor e mais avançado de seu reino. Entretanto, tratava-se de mudanças "de cima para baixo" e, portanto, temporárias, dependendo de quem estava no poder.

Mais significativas foram talvez as Cruzadas, em que os cristãos europeus, por ordem do papa (*Deus volte!* — "Deus quer!") tentaram expulsar os muçulmanos da "Terra Santa", o que é o atual Israel (ao chegar a Jerusalém, os cristãos europeus massacraram imediatamente os cristãos árabes que foram recebê-los, de modo que já então era uma questão racial; outro exemplo disso é que também assassinaram judeus europeus como preparação).

Quando a Sicília foi reconquistada dos árabes no século XI, e a Europa lidou, tanto pacificamente quanto não pacificamente, com o Califado Omíada na Espanha, o intercâmbio de conhecimento foi em um só sentido, já que os eruditos muçulmanos (tanto árabes quanto persas) e inclusive judeus conservaram muitas das obras da ciência grega e do direito romano que tinham sido esquecidas ou perdidas na Europa. Estas culturas inclusive ampliaram os conhecimentos científicos gregos, especialmente em matemática, ótica, astronomia e medicina. Porém, os europeus não viam as coisas dessa forma. Horrorizavam-se com a permissão da Espanha de que muçulmanos e judeus praticassem abertamente sua religião. Os europeus pensavam que a Espanha era repugnante, que a Europa era para os cristãos!

Em 1492, a rainha Isabel exilou "seus judeus" (já que os judeus pertenciam aos reis e rainhas) com a aclamação da Europa, mas isso não foi suficiente para os "santos" Thomas Morus ou Martinho Lutero, que chamavam os espanhóis de "judeus sem fé e mouros batizados". Dessa forma, os judeus conversos (muitos dos quais tinham como sua crença o cristianismo) e os mouriscos (muçulmanos conversos, muitos dos quais continuavam sendo muçulmanos) também foram expulsos. Um proeminente nórdico comparou-os com ratos.

Portanto, nunca se deve duvidar do racismo que há por trás da militância supostamente "cristã". Os cruzados não queriam enviar seus adversários árabes ao céu, mas ao inferno. No mesmo ano em que a Espanha expulsou seus judeus, Cristóvão Colombo descobriu um "Novo Mundo", cheio de riquezas, e um mundo que a Bíblia nunca mencionou. De fato, o conhecimento e o poder deslocaram-se para a Europa, com essa descoberta.

Entretanto, os intercâmbios com a avançada civilização islâmica e a restauração de muitos manuscritos gregos e romanos por pessoas como Petrarca começaram a mudar o pensamento europeu de forma profunda. Francesco Petrarca foi um poeta que descobriu muitos manuscritos antigos e perdidos em grego e latim (em capelas e monastérios). Ele foi um dos primeiros a utilizar o termo "Idade das Trevas" no sentido entendido por nós hoje, quando em 1638 percebeu que estava vivendo numa Idade das Trevas, mesmo sendo comum naquela época considerar-se a Antiguidade, os tempos anteriores ao cristianismo, a "Idade das Trevas".

Assim como Dante, um contemporâneo, que tinha seu amor idealizado em Beatriz, uma mulher real que se casou com outro homem, Petrarca também tinha sua "Laura". Não tenho certeza do que isso significa, mas talvez ter um modelo "real" do potencial de realização humano era então necessário (apesar de afastar-se da realidade das mulheres em si — talvez se Dante e Petrarca tivessem casado respectivamente com Beatriz e Laura, grande parte do Renascimento nunca teria ocorrido). Talvez as velhas imagens de uma santa ou da Santa Mãe já não bastavam para comover o coração das pessoas; nessa época já estavam "fora de moda", pelo menos entre alguns dos homens e mulheres mais inteligentes e cultos da época.

Entretanto, Petrarca considerava-se um bom católico e nunca acreditou que a fé religiosa e as conquistas humanas fossem mutuamente excludentes. Apesar de ser um poeta renomado, a principal contribuição de Petrarca foi encontrar e popularizar clássicos antigos (encontrando textos em latim em antigos monastérios e traduzindo o grego ao latim para dar aos textos gregos um maior número de leitores), e, como podemos ver na arte do Renascimento, o mundo interessou-se enormemente por eles. Com o latim tornando-se a língua universal das pessoas cultas, os intelectuais não podiam evitar introduzir algo de grego em seus escritos para mostrar sua sofisticação.

Então, de novo, estou levando vocês a uma viagem através da história, mas na verdade através da história das ideias, e isso é o que estamos buscando — de onde poderiam vir as ideias que poderiam conduzir à imortalidade biológica. Sabemos que não podem vir de um mundo em que o pensamento limita-se às crenças das elites baseadas unicamente em sua palavra. Para a "alma", concebida como uma parte de nós não corpórea e imortal que sobrevive à morte, não se tem absolutamente nenhuma prova. Como vimos, nem sequer há para isso a autoridade de Jesus, que como um judeu de seu tempo não acreditava numa "alma" imortal, mas na ressurreição dos mortos em corpos perfeitos.

A suposta "sabedoria" dos filósofos gregos sobre as almas imortais (apesar de na verdade serem impessoais, encontrando novos corpos quando seus possuidores morrem — segundo a opinião de Platão [Sócrates] e da Igreja em seus tempos iniciais) implementou-se como uma alternativa mais adequada à ressurreição que se ajustava ao pensamento "avançado" da época. Mas para que as pessoas realmente acreditassem na imortalidade prometida, esta não podia carecer de fundamento, mas devia basear-se em provas e evidências. Acontece que alguns cristãos não acreditam em almas imortais, e o próprio Martinho Lutero refutou isso (condicionalismo cristão), sendo os ressuscitados rechaçados simplesmente queimados — a morte definitiva — e não torturados eternamente (aniquilacionismo). Dessa forma, apesar de não ser a opinião da Igreja, a existência de uma alma imortal não é uma obrigação para o cristianismo.

A título pessoal: como se pode crer em uma pessoa que diz que se fizer o que ela manda, você será recompensado depois de morto, e depois ela tira dinheiro de você para garantir isso? No judaísmo medieval, não era permitido que um *rabino* ("mestre") ganhasse dinheiro com suas obrigações religiosas, ele tinha que ter um trabalho de tempo integral não associado a ser rabino — um bom sistema, acredito.

Para mim, a alma imortal não só "resolve" o problema da morte, mas também mantém uma enorme infraestrutura que dá suporte a essa "alma imortal", proporcionando as regras a seguir, os professores que as ensinam, os pregadores que as pregam, os rituais necessários e os presentes esperados para que as almas imortais encontrem a vida eterna no melhor dos mundos. Essa era a promessa dos sacerdotes egípcios quando começaram a mumificar os que não eram da realeza. Na época em que Alexandria era uma das cidades mais relevantes do mundo, os egípcios ricos aprendiam o "Livro dos Mortos" e memorizavam exatamente o que devia ser dito a cada um dos 40 deuses guardiães que os confrontariam (na verdade, confrontariam seus corpos preservados, ou seja, as "múmias", criadas através de um processo custoso, mas absolutamente necessário para a imortalidade) e pelos quais precisariam passar no caminho rumo ao paraíso. Porém, vocês realmente acham que seus cadáveres preservados (com o cérebro e outros órgãos extirpados) estão aproveitando o seu céu? Desperdiçou-se muito dinheiro e talento em uma busca inútil.

Figura 2: Representação do inferno de Bosch em seu quadro *O Jardim das Delícias Terrenas* (Museu do Prado em Madri, c. 1495-1505).

Entretanto, essa é a promessa de todos os mulás, padres e gurus, e assim é como ganham a vida e conservam seu poder. Todos eles têm diferentes crenças e requisitos — se você for cristão e não tiver jurado que Alá é o Deus único e Maomé é seu profeta (em árabe), não importa o quão bom você tenha sido (como cristão ou mesmo como pessoa), você seguirá indo ao inferno segundo as normas islâmicas, e o contrário também se aplica. Então, o que está correto? Sua alma imortal depende disso — se é que você tem uma. Na época medieval, dava-se como certa a supremacia intelectual dos filósofos gregos, com sua avançada ideia de uma alma imortal que substituía a primitiva ideia hebraica de ressurreição, mas essa supremacia não existe há muito tempo, já que agora sabemos muito mais do que eles. E como verão, isso faz uma grande diferença.

Um pouco de luz

Primeiro, chegaram novas formas de pensar sobre o mundo do passado (a época clássica), e depois sobre o mundo do presente (o presente de então). As obras literárias, científicas e matemáticas da Grécia e de Roma (o que sobreviveu delas) foram trazidas à luz pela redescoberta dos clássicos, e espalharam-se e ficaram amplamente conhecidas, pelo menos no âmbito da alta sociedade. Em uma interessante reviravolta da história, primeiro a linda lógica de Aristóteles derrotou a estranha noção de Aristarco de que a Terra gira ao redor do Sol, em vez do que é obviamente correto que o Sol gira ao redor da Terra (podemos vê-lo com nossos próprios olhos). A teoria que Aristarco promovia também requeria que a Terra girasse sobre seu próprio eixo norte-sul para produzir o dia e a noite. Se fosse aplicada a Navalha de Ockham (o princípio de resolução de problemas segundo o qual a explicação mais simples costuma ser a melhor) à teoria de Aristarco do Sol no centro (heliocêntrica), que compete com a astronomia com a Terra no centro (geocêntrica) de Ptolomeu (cujos cálculos, em seu *Almagesto*, estiveram bastante corretos durante 1.500 anos), fica muito claro que a teoria geocêntrica, mais simples, ao não ter que propor uma Terra giratória que ninguém pode sentir girando, é a clara vencedora.

Além disso, Aristóteles postulou que se fosse correto que a Terra gira ao redor do Sol (a uma grande distância), as posições das estrelas mais próximas se deslocariam em comparação com as estrelas mais distantes "fixas" (que não se movem), já que o ponto de observação no verão estaria a milhões de quilômetros (segundo seus cálculos) de seu ponto de observação no inverno, a seis meses de distância e no outro "extremo" de sua órbita (isso se chama paralaxe) — na verdade, está a 300 milhões de quilômetros da sua posição no verão. Como nunca tinha sido notada nenhuma diferença (as estrelas mudando sua posição relativa do verão para o inverno), Aristóteles concluiu, tanto pelas evidências quanto pela lógica, que Aristarco estava errado. Evidentemente, Aristarco tinha razão. A resposta de Aristarco a esta última afirmação sobre o deslocamento das estrelas foi que as estrelas estavam tão longe que não podiam ser notados os pequenos deslocamentos que apenas 300 milhões de quilômetros causam. Mas foi necessário recorrer ao telescópio e à fotografia para demonstrar que Aristarco tinha toda a razão, por muito "fraca" que parecesse sua resposta aos antigos; as novas tecnologias revelaram que ele tinha razão mesmo em relação a sua "fraca" desculpa.

Nicolau Copérnico refletiu sobre a teoria heliocêntrica de Aristarco e percebeu que, apesar de que a "ciência" da astronomia daquela época, com seus "epiciclos" e "equantes", fazia um maravilhoso trabalho de predição dos movimentos dos planetas, do Sol e da Lua (de novo, o *Almagesto* de Ptolomeu, um livro com tabelas de fenômenos celestes, foi utilizado durante 1.500 anos), e os estranhos e complexos movimentos ("círculos dentro de círculos") dos modelos mecânicos e matemáticos produziam resultados precisos, NÃO FAZIAM SENTIDO. Por isso foram designados "anjos" para manter os planetas em suas órbitas. O que obrigava os planetas a fazer este movimento incrivelmente complexo (com epiciclos dentro de epiciclos)? A "teoria" do universo geocêntrico produzia predições precisas, mas a teoria heliocêntrica produzia uma imagem racional de todos os planetas orbitando o Sol, sem necessidade de epiciclos e equantes.

Agora podíamos nos perguntar simplesmente que força mantém todos os planetas em órbita ao redor do Sol, em vez das misteriosas forças que restringem os planetas às órbitas circulares ao redor de pontos imaginários que por sua vez podem estar viajando em círculos (mais círculos, mais precisão!). No modelo heliocêntrico, uma força central emanando do Sol podia explicar tudo. Um grande problema era que os mapas — os novos mapas baseados no heliocentrismo produzidos por Copérnico — não funcionavam muito bem. Mas a ciência estava agora mais perto da verdade, e Copérnico aproximou-se mais do que ninguém. Porém, ele nunca permitiu que seu trabalho fosse publicado durante sua vida (ele fazia parte da estrutura burocrática da Igreja, como foi mencionado), e em um prefácio a sua obra póstuma afirma que nunca pretendeu dar a entender (Deus nos livre!) que seu modelo heliocêntrico representava a realidade, era só um modelo matemático que simplificava o cálculo.

E assim foi como ressurgiu o modelo heliocêntrico, apesar de só dar respostas aproximadas; entretanto, quando Kepler descobriu que as órbitas reais dos planetas eram elipses e não círculos perfeitos como acreditava Copérnico (era uma boa conjetura — explicava um fenômeno, e proporcionava uma narrativa em vez de uma simples predição), e posteriormente com as adições de Newton, pudemos usá-lo para predizer o movimento de planetas a milhares de milhões de quilômetros de distância, com séculos de antecipação.

Também quero mencionar o nobre dinamarquês Tycho Brahe, que teve como brilhante ajudante Johannes Kepler; trabalhando em conjunto (e sem o uso de um telescópio), eles traçaram a órbita de Marte e descobriram que, assim como as órbitas de outros planetas, não era um círculo, mas uma elipse, e com essa informação — que os planetas viajam em órbitas elípticas com o Sol sendo um dos focos — os cálculos heliocêntricos funcionaram perfeitamente.

Os pontos principais dessa história são: em vez de seguir o que afirmava a autoridade, Copérnico teve a temeridade de questionar as opiniões da maior autoridade da Igreja sobre o mundo físico, Aristóteles, e mais tarde demonstrou-se que tinha razão através da observação. E posteriormente, Brahe e Kepler mediram efetivamente as órbitas dos planetas em vez de se basear nas noções bem documentadas e universalmente aceitas das autoridades. Queriam explicações compreensíveis para o mundo real em que viviam. "É a vontade de Deus" já não era a resposta para todas as perguntas.

Neste ponto, Galileu entra em cena para demonstrar como a instrumentação (seu aperfeiçoamento do telescópio) — para não falar da sua genialidade — significou uma nova dificuldade para a Igreja (apesar de Galileu considerar-se um bom cristão). Galileu foi um homem brilhante que ficou muito rico graças a seu ímpeto e engenhosidade — foi o Elon Musk de sua época e mais. Quando o telescópio chegou pela primeira vez a Florença, Galileu perdeu a oportunidade de vê-lo, mas baseando-se na descrição e na própria experiência de Galileu em ótica, rapidamente teve em mãos um instrumento que funcionava. O telescópio não era então o instrumento de um astrônomo, mas uma luneta, útil para observar os movimentos do inimigo desde uma distância segura, ou para ver um navio carregado que estava chegando ao porto desde uma distância suficiente para comprar quotas dele antes que outros soubessem que estava chegando ao cais. Como a navegação era um negócio arriscado e muitos barcos que partiam nunca regressavam, tanto o risco quanto o rendimento do investimento eram elevados! O telescópio reduzia o risco para os que sabiam que um navio atracaria antes dos demais e podiam comprar quotas a um preço baixo.

Antes disso, pensava-se no céu como o "céu", a esfera celeste com Deus e sua hierarquia de seres superiores (anjos, arcanjos, poderes, domínios, serafins, querubins, virtudes e outras criaturas fantásticas — "círculos dentro de círculos"), que se inspiravam em histórias bíblicas. Investiu-se muito esforço em organizar esta hierarquia celestial (saberemos alguma vez se estavam certos?). Tenho que admitir que ler sobre as diversas propriedades e aparências destas criaturas celestiais me faz pensar nos "antigos astronautas". Os querubins, por exemplo, não eram como bebês alados gordinhos, mas monstros com quatro cabeças — humana, de boi, de leão e de águia — com corpo de leão, cascos de boi e quatro asas unidas cobertas de olhos. E por que não? O céu lá em cima — a origem dos antigos astronautas — era então o "céu", onde residiam Deus e suas hostes e para onde eram enviadas as "almas" boas.

Entretanto, quando Galileu observou os céus com seu telescópio, não encontrou a perfeição celestial — com todas as coisas celestiais compostas por una "quinta-essência" imperecível (o "quinto elemento", sendo os outros quatro a terra, o ar, a água e o fogo). Diferentemente, Galileu descobriu que a Lua era um mundo rochoso, com montanhas e vales — ele até podia medir a altura dessas montanhas lunares pelas sombras que projetavam. Descobriu manchas na superfície supostamente perfeita do Sol, e que Júpiter não tinha uma, mas quatro luas dando voltas ao seu redor (quatro de 62 luas conhecidas; ainda são chamadas de luas galileanas: Europa, Io, Ganimedes e Calisto). Além disso, sua descrição das fases de Vênus confirmou completamente as teorias de Copérnico e Kepler, já que tais fases não poderiam ocorrer dessa maneira se o Sol desse voltas ao redor da Terra.

A Igreja não podia tolerar tanta luz. Galileu (de quem se dizia que tinha a língua mais afiada da Itália) era amigo de um cardeal quando eram jovens, e quando este cardeal tornou-se um papa linha dura, esperou que Galileu tivesse 70 anos e estivesse doente e fez com que se retratasse de sua teoria heliocêntrica, com instrumentos de tortura medieval dispostos diante dele. Galileu então "admitiu" que a Terra não se move (há o rumor de que murmurou "e, entretanto, se move" depois de sua retratação), e foi confinado pelo resto da vida em prisão domiciliar até morrer em 1642, o ano em que nasceu Isaac Newton. Durante o resto de sua vida em prisão domiciliar (como eu estive durante 2020 devido à pandemia de COVID-19), continuou pesquisando e produziu o primeiro texto de física, que foi utilizado durante séculos.

A coincidência entre o ano da morte de Galileu e o do nascimento de Newton é seguramente só isso, e não vou dedicar muito tempo a este excêntrico cavalheiro inglês (apesar de que valeria a pena dedicar-lhe muitos volumes), porque este não é nosso objetivo — buscamos ao menos prolongar nossa vida para evitar a morte e talvez alcançar a eterna juventude, e essa é a razão pela qual vocês estão lendo isso. Mas nessa época passada, apesar das obras clássicas serem proeminentes e todo europeu culto poder conversar em latim, a Igreja dominava o pensamento.

Newton era cristão, mas muito pouco ortodoxo (por isso recusou uma cátedra, já que naquela época isso tinha requisitos eclesiásticos). Ele utilizou sua grande capacidade de raciocínio para tentar extrair mensagens "ocultas" na Bíblia. Também trabalhou com alquimia, e não conseguiu nada nesses dois âmbitos, mas realizou importantes melhorias em instrumentação (inventando o telescópio refletor), e definiu um pequeno conjunto de três leis do movimento (bom, as duas primeiras vinham de Galileu), e a lei da gravidade, que em conjunto davam sentido a todas as leis de Kepler sobre o movimento planetário. A natureza agora podia ser entendida. Quatro leis simples definiam o movimento das estrelas e dos planetas.

Baseando-se nas leis da gravidade e do movimento, foram explicadas todas as órbitas de todos os planetas (e mais tarde foram descobertos novos planetas ao serem observados pequenos desvios das órbitas previstas). Podia-se até mesmo predizer a trajetória de um cometa e sua frequência de aparição (como fez Haley), e este presságio de desastre (*des* [mau], *astre* [estrela], etimologicamente) tornou-se só outro objeto celeste predizível. Mesmo hoje, as leis de Newton são suficientemente precisas para que possamos aterrizar nossos astromóveis em Marte.

Mas assim como o mistério dos epiciclos e equantes de Ptolomeu desapareceu quando se compreendeu bem o movimento celeste, a força à distância desapareceu quando Einstein compreendeu apropriadamente a gravidade, apesar de que para a maioria das finalidades práticas atuais, as leis de Newton seguem servindo-nos bem (porém, tanto a lei da relatividade especial quanto a geral de Einstein são necessárias para nossos sistemas de geoposicionamento baseados em satélites de rápida circunvolução — GPS).

A invenção de uma ferramenta tão importante na matemática quanto o cálculo deveria ter sido a maior conquista de Newton — mas a invenção do cálculo também é reivindicada pelo brilhante polímata Gottfried Leibniz (o filósofo francês Diderot disse que, ao se comparar com Leibniz, tudo o que queria era jogar fora seus livros, enfiar-se em algum canto tranquilo e morrer). Os historiadores afirmam hoje em dia que Newton descobriu primeiro o cálculo, mas que Leibniz publicou primeiro. Newton insistia em que quando Leibniz o visitou na Inglaterra, roubou suas ideias (de Newton) sobre o cálculo e Leibniz nunca pôde livrar-se dessa acusação e não teria estado seguro na Inglaterra (uma terra que adorou Newton durante sua vida e acreditava que Leibniz era um ladrão). A disputa nunca terminou e Leibniz manteve uma longa e amarga correspondência com Newton durante o final de sua vida.

Esta batalha pessoal teve graves repercussões para a Inglaterra, já que os britânicos estavam tão indignados pelo suposto roubo que se isolaram da matemática europeia, e a Grã-Bretanha ficou atrasada em matemática durante 100 anos, enquanto os matemáticos da França e da Alemanha avançavam massivamente na matemática baseados no cálculo de Leibniz (ainda utilizamos a notação de Leibniz, "dx/dy", em vez da notação de Newton [um x com um ponto em cima], exceto quando falamos de derivadas em relação ao tempo).

Aqui também há muitas lições. O nacionalismo e o endeusamento do homem Newton (um homem muito pouco comum que se vangloriava de sua virgindade, era muito paranoico e diz-se que gostava de enforcar ele mesmo os falsificadores quando foi nomeado diretor da Casa da Moeda) levaram a uma mal-humorada e obstinada ignorância por parte da Inglaterra que a prejudicou durante um século.

Aqui vemos uma coisa muito interessante da ciência, que é o aumento progressivo tanto da precisão das medições quanto da simplicidade da descrição. Os complexos cálculos de Ptolomeu produziam números precisos, mas sem entender-se por que esses números eram como eram. Copérnico produziu números que não eram totalmente corretos (porque ele manteve a noção medieval de que as órbitas planetárias eram círculos perfeitos — o que foi "endireitado" por Kepler e Brahe), mas sua teoria heliocêntrica acabou vencendo. Por quê? Porque as órbitas heliocêntricas criaram um modelo mais simples e compreensível da realidade, uma narrativa inteligível que acabou produzindo resultados melhores e até mais precisos que os de Ptolomeu, porque a compreensão real produz resultados reais.

Kepler imaginava que uma força emanava do Sol e arrastava os planetas ao longo de suas órbitas. Newton explicou isso então como uma força de atração que todos os corpos massivos exercem igualmente e de forma oposta entre si. Uma força proporcional ao produto (multiplicação) das massas e inversamente proporcional à distância entre seus centros ao quadrado ($F_g = Gm_1m_2/r^2$, onde G é uma constante, a constante gravitacional universal, válida em qualquer lugar do universo, pelo que sabemos), sendo o Sol o mais massivo dos objetos do sistema solar. Mais tarde descobrimos que a teoria da gravidade de Einstein substitui a de Newton e explica a aparente ação à distância explorando como a massa molda o espaço-tempo — como o espaço e o tempo, inseparáveis, determinam o movimento. Essa teoria é bastante diferente da de Newton, mas no caso de corpos que viajam a velocidades consideravelmente inferiores à da luz, a teoria de Newton é uma excelente aproximação à verdade — e deu-nos a capacidade de navegar pelo espaço interplanetário.

Entretanto, a teoria de Einstein também não é completa, já que não explica o mundo quântico (mas isso está fora do nosso alcance por enquanto). Apesar da descrição de como funciona o universo em uma pequena escala não ser simples de entender (a menos que se aceite a hipótese do multiverso), na verdade pode ser escrita em algumas linhas (que requereriam volumes para serem explicadas), de forma que nesse sentido Einstein continuou a tradição iniciada por Copérnico, Galileu e Newton mostrando que umas poucas leis simples determinam o complexo comportamento do universo físico.

Podemos chegar a "saber tudo"? Isso depende em grande medida da capacidade do cérebro humano, e como se diz que afirmou o grande bioquímico J. B. S. Haldane, "o universo não só é mais estranho do que imaginamos; ele é mais estranho do que podemos imaginar". Também Einstein ofereceu um caminho para a imortalidade; à medida que você se aproxima da velocidade da luz, seus relógios desaceleram, aproximando-se de zero à medida que você se aproxima desta velocidade — e, se você for o suficientemente rápido, passarão mil anos na Terra enquanto você toma seu café da manhã, mas subjetivamente, você envelhecerá e morrerá normalmente. Dessa forma, isso não é um caminho real.

Darwin explica a evolução

Em 1858, Charles Darwin e Alfred Russel Wallace publicaram sua *teoria da origem das espécies por meio da seleção natural*. A teoria teve um profundo impacto, não só na ciência, mas também na religião e na política. É mais um exemplo da humanidade observando o mundo "real" e não o das arraigadas doutrinas da Igreja. Jean-Baptiste Lamarck já havia proposto uma teoria completa da evolução baseada na herança de características adquiridas (as protogirafas tentam alcançar as folhas mais altas e por isso sua descendência tem o pescoço mais comprido), mas não se conhecia nenhum mecanismo para isso e não havia evidências para apoiar essa suposição — já que as atividades do animal, através de secreções celulares desconhecidas, teriam que afetar seu "plasma germinal".*

A resolução desta questão fundamental por parte de Darwin baseou-se em provas fósseis, em suas próprias descobertas e na constatação — através dos escritos do erudito inglês Thomas Malthus — de que a Terra tem uma capacidade de suporte limitada, reforçando as conhecidas descobertas do naturalista francês Georges Cuvier (1809) em relação a que diferentes espécies que viveram no passado já não estão vivas. Wallace também fez uma importante contribuição, ao constatar que as novas espécies de borboletas (ele era um caçador profissional de borboletas) sempre são encontradas perto de espécies muito parecidas, possivelmente adaptadas de forma mais seletiva a seu habitat.

A ciência física e a matemática prosperaram durante os séculos XVI e XVII, com as descobertas de Copérnico, Kepler e Brahe, Newton e Leibniz, que transformaram a visão de mundo dos europeus cultos. Assim como os geômetras gregos, como Euclides, eles pegaram um tema complexo e o transformaram em um diminuto conjunto de regras ou *axiomas* (aceitos automaticamente como afirmações lógicas de fatos, como por exemplo, dois pontos determinam uma linha) que podiam ser utilizados para compreender, de forma abstrata, a natureza de objetos do mundo real. Assim, os físicos e astrônomos puderam solucionar todo o universo, os movimentos de planetas, cometas, galáxias e luas, baseando-se em quatro leis simples. O desejo de aplicar o mesmo tipo de análise a outros campos da pesquisa humana tornou-se óbvio para muitos.

Charles Darwin não inventou a evolução. A evolução, da forma como é utilizada atualmente em biologia, refere-se a mudanças nas espécies, e não é um conceito novo. Os atomistas gregos já tinham decidido que o mundo era formado por átomos e vazio, e que os átomos combinavam-se e recombinavam-se para criar as estruturas deste mundo. Leucipo e Demócrito (por volta de 500 a.C.) são os expoentes mais conhecidos desta filosofia. Sua filosofia foi contemporânea à de Aristóteles, mas o atomismo não foi tão

---

* O plasma germinal é um conceito biológico que afirma que a informação hereditária transmite-se apenas pelas células germinais das gônadas (ovários e testículos), e não pelas células somáticas.

popular. Aristóteles dominou o mundo da filosofia grega, de forma que as opiniões atomistas não eram aceitas. A lição aqui é que a popularidade de uma "teoria" (conjetura) tem pouco a ver com sua veracidade; como um filme, uma teoria é popular se levar a um final dramático (muito bom ou ruim).

Que Aristóteles era um grande gênio não há dúvida, mas ao ser exaltado como o máximo possuidor da verdade, suas palavras impediram o progresso do conhecimento. O que estava certo — as regras aristotélicas da lógica, por exemplo — continua estando certo, mas quase toda a sua biologia estava errada, estando baseada na ideia platônica de que cada criatura era uma representação pobre de seu modelo perfeito. Na biologia aristotélica, não havia evolução, cada espécie permanecia igual para sempre. Em termos informáticos, cada indivíduo era uma implementação específica de uma classe. O que era necessário era um sistema capaz de distinguir o que era verdadeiro do que não era. Mas isso teve que esperar até a época do Renascimento para ser incluído de forma teórica pelo lorde chanceler da Inglaterra (algo equivalente ao presidente da Suprema Corte dos Estados Unidos, mas com mais autoridade) Francis Bacon, cujos escritos foram a inspiração do método científico. De fato, tudo o que se requer de uma "teoria" científica é que cumpra as regras da evidência — como no direito, as evidências são utilizadas para decidir o que é verdadeiro ou falso.

Apesar de que em geral acreditava-se que a matéria podia ser dividida indefinidamente, os atomistas afirmavam que se fosse assim — se a matéria fosse infinitamente divisível — não haveria possibilidade de movimento ou de mudança, de forma que tinha que existir um espaço ou vazio. Assim, o mundo foi concebido como composto por partículas básicas não divisíveis, chamadas *átomos* (que literalmente significa "não divisível"), e um espaço, o vazio, que as separava, e imaginou-se que os átomos estavam em constante movimento, quicando uns nos outros.

Apesar dos atomistas poderem utilizar sua hipótese para explicar alguns fenômenos como a evaporação, esse não era seu propósito. E a vida, na opinião dos atomistas, surgiu de processos naturais. Os atomistas pré-socráticos acreditavam que a vida era o resultado de um caos infinito de átomos que, seguindo as leis naturais e processos não dirigidos, produziram a vida, de forma muito similar a nossas opiniões modernas. E, apesar de seus escritos originais terem se perdido, suas ideias foram recolhidas pelo poeta latino Tito Lucrécio em sua obra de cinco volumes *Sobre a natureza das coisas* (redescoberta e reeditada em 1417, de forma que estava disponível na época do Renascimento).

Os atomistas acreditavam que a natureza (não um demiurgo, como acreditava Platão, ou mais tarde, uma "psique" interna — a causa mais fundamental de toda a vida segundo Aristóteles — mas leis naturais não dirigidas e o acaso operando sobre os átomos) produzia novas espécies "mediante um processo não dirigido que selecionava as formas melhor adaptadas e eliminava as que não se adaptavam a suas condições".[10] Com essa descrição, os antigos atomistas não só explicavam a evolução à maneira moderna (apesar de omitir os detalhes), mas também anteciparam-se em 1.900 anos em relação à "sobrevivência do mais apto" ou "seleção natural" de Darwin e Wallace como mecanismo da evolução. Entretanto, há uma grande diferença: as conclusões de Darwin e Wallace basearam-se em evidências.

Apesar dos atomistas terem se aproximado da teoria atômica moderna e de que as coisas que as pessoas acreditavam que fossem substâncias, como o calor e a secura, eram na verdade sensações causadas por átomos, as explicações, mesmo sendo lógicas (todos os filósofos gregos tendiam a ser lógicos), eram só palavras sem provas; não havia forma de distinguir uma explicação verdadeira de uma falsa, a não ser pela lógica. Nossos computadores, entretanto, têm uma lógica perfeita (quando eu trabalhava como programador, tinha um cartaz na minha mesa que dizia "O compilador nunca erra."), mas todos os programadores conhecem a expressão "Lixo entra, lixo sai". Os gregos acreditavam que a verdade fundamental podia ser derivada do puro pensamento, e Aristóteles foi o mestre disso (ainda hoje utilizamos a lógica aristotélica). Mas não é assim.

Se os antigos cristãos não tivessem destruído os avanços tecnológicos da civilização helênica em Alexandria, por considerá-los pouco importantes, quem sabe o que poderia ter ocorrido. Mas parece que sempre são as diferenças étnicas, religiosas e raciais as que são utilizadas pelos tiranos para separar as pessoas e ganhar poder. Entretanto, vimos que quando diferentes criaturas cooperam, podem fazer mais juntas do que a soma do que poderiam fazer separadas.

Curiosamente, a mesma discussão sobre se a vida pôde ter surgido por acaso, dada sua complexidade inerente, ou se foi produzida por um Criador ou um Planejador, também ocorreu na antiga Grécia. Tanto Platão quanto Aristóteles (que, como foi mencionado, voltou a se destacar mais tarde na história da Igreja medieval como seu guia secular), como é de se esperar, acreditavam em almas não materiais (só podemos defini-las como objetos abstratos, e sem persistência de memória e personalidade, apesar do catecismo católico moderno dizer que conserva esses atributos).

Além disso, Aristóteles era pouco preciso quanto à imortalidade da alma. Acreditava que a "alma" era tripartite; duas partes (as relacionadas às emoções e aos desejos) morriam com o corpo, mas a parte responsável pela lógica era imortal. Um cientista moderno que visse essas conjeturas sobre as propriedades da "alma" perceberia que Aristóteles estava falando do cérebro humano e do sistema endócrino. E sim, os pensamentos, e portanto a mente, são imateriais, mas têm uma base material nos neurônios e na glia do cérebro. Retirem os dois milímetros superiores do córtex e vejam quanta capacidade lógica resta (nenhuma).

Porém, essas opiniões dos gregos foram aceitas pela Igreja, mas as de Jesus, rejeitadas. As opiniões dos atomistas, como as de Aristarco anteriormente, foram rechaçadas, mas foi isso feito com base na verdade? É evidente que não, já que Aristarco e os atomistas estavam certos. Mais tarde, a filosofia da alma de Aristóteles foi fortalecida por (São) Tomás de Aquino, segundo William Anderson Gittens em seu livro *The Soul Of Culture Vol.1*, ao falar da opinião de Aquino descrita em sua obra *Quaestiones Disputatae de Veritate*: "Em relação à alma humana, sua teoria epistemológica requeria que, dado que o conhecedor se torna o que conhece, a alma definitivamente não é corpórea — se fosse corpórea, quando conhecesse o que é alguma coisa corpórea, essa coisa viria a fazer parte dela."[11]

Isso é incorreto; meu computador (que acredito que "não tem alma" — ou não... mmm...) "sabe" (pode listar seu conteúdo) qual é minha base de dados, mas só mostra minha base de dados quando eu quero que mostre. Ou seja, mostra uma imagem temporária de minha base de dados (que eu posso ter introduzido como um objeto material, por exemplo, uma folha de cálculo, de papel, que é escaneada). A informação não é corpórea, mas deve ter um substrato corpóreo para seu armazenamento e manipulação, seja na folha de papel original, seja em sua representação digital em matrizes de semicondutores. Se a alma é o cérebro, contém uma representação da realidade, não a realidade em si — podemos "conhecer" um objeto físico? Só indiretamente, com os limitados sentidos e capacidades que temos. Entretanto, *sabemos* que nosso cérebro faz tudo o que Aristóteles atribuía à alma.

Apesar de ter sido a primeira tentativa da humanidade de compreender e controlar a realidade física mundana, grande parte desta "filosofia" grega inicial foi a aplicação de um refinado raciocínio a suposições incorretas ou inexatas, axiomas que simplesmente tinham pouco ou nada a ver com a realidade. A própria ideia de uma alma imortal é uma suposição cuja base são só sonhos, desejos e lendas. As pessoas gostam de ouvir que vão viver eternamente. Para mim, e suponho que para a maioria dos meus leitores, minha alma é o que quero dizer quando digo "eu". Mesmo se eu perder a memória da minha vida anterior, ter amnésia não é o mesmo que morrer. Mas quando se lê o que Platão e Aristóteles escreveram sobre a alma, fica claro que Platão refere-se a um céu abstrato e a uma alma abstrata, nenhum dos quais parece ter nada a ver com "eu" (de fato, desfazer-se desse "eu" é o caminho budista para a salvação; o que ocorre depois da morte nunca foi discutido pelo Buda, Sidarta Gautama).

A alma, como é defendida em parte pela Igreja e confirmada e reforça-da pelos Padres da Igreja, não tem nem a autoridade de Jesus, em cujo nome foi criada a Igreja, nem a autoridade do conhecimento e compreensão da ciência atual. Os antigos gregos sabiam muito pouco, e muito do que acreditavam saber estava errado. Do que Aristóteles estava falando na verdade era das propriedades do cérebro, e não há dúvida de que o cérebro não é imortal — inclusive o córtex cerebral, o centro do pensamento e da razão, deteriora-se como toda a carne.

Levando tudo em conta, os gregos foram os primeiros a contemplar este mundo e tentar compreendê-lo em termos de lógica e leis, da mesma forma que sua geometria estava baseada em axiomas, conectados pela lógi-ca para explicar o mundo das formas geométricas, um mundo que Platão acreditava que existia de verdade, um metamundo de formas puras ideais, do qual nosso mundo era uma aproximação mal feita — se não, de onde pode-riam vir as ideias? Resposta: das experiências, das analogias e da capacidade de generalizá-las (e frequentemente de generalizá-las excessivamente).

Em resumo, como os gregos "clássicos" sabiam muito pouco do mun-do, seus refinados raciocínios baseavam-se em axiomas falsos, e os resultados nunca foram checados pelo método científico, já que este não havia sido de-senvolvido. Quando os "Padres da Igreja", como São Tomás de Aquino, enfa-tizaram a natureza não corpórea da alma (um equivalente moderno seria a di-ferença entre "mente" e "cérebro"), o corpo passou a ser como uma máquina, animada por um espírito. Como esses dedos imateriais podiam controlar os "interruptores" do corpo, e como esse fantasma podia perceber a luz — pois a luz passaria sem perturbação por seus olhos invisíveis — eram perguntas que nunca foram respondidas, mas supunha-se que as respostas chegariam. Entre-tanto, sabemos que as ações da mente (mesmo não sendo corpóreas) residem nas ações das células do cérebro, que certamente morrem.

A Igreja pegou conclusões humanas equivocadas baseadas em concep-ções inexatas e incorretas e as transformou em dogma. Hoje em dia, as autoridades da Igreja continuam convencendo um bilhão de pessoas contando-lhes histórias, e pegam seu dinheiro para manter uma enorme e rica burocracia. Mas veremos antes de que este livro termine que, apesar do caminho da Igreja para a imortalidade através de almas imortais não ser mais que um conto de fadas baseado na incompreensão, o establishment científico seguiu o mesmo caminho de incorporar falsidades e desejos fervorosos a um "dogma" oficial que não tem mais chances de nos trazer a imortalidade biológica (ou melhor, juventude, durante todo o tempo que quisermos) que a fictícia alma imortal.

A resposta definitiva ao dualismo mente-corpo de Descartes (sua teoria sobre a separação entre mente e corpo) é que se trata, como explicou Gilbert Ryle (o filósofo britânico da mente), de um erro fundamental que não pode ser corrigido com pequenas alterações. Ryle refere-se à dualidade mente-corpo como "o espírito na máquina". A ideia de que os seres humanos são compostos por duas substâncias (corpo e mente), como sugere Ryle em seu ensaio *Descartes' Myth* (*O mito de Descartes* na tradução em português),[12] é um erro categórico, já que o corpo e a mente não são "substâncias"; não são o mesmo tipo de coisa, mas pertencem a categorias diferentes — do mesmo modo que "romance" e "escrita" pertencem a duas categorias diferentes, ou "mão" e "lavagem", ou "programa" e "computador" (Quanto pesa esse programa?), como sugeri antes. "Tenho duas mãos e duas lavagens" não faz sentido, é muito pior do que comparar maçãs com laranjas. Pelo menos as maçãs e as laranjas estão na categoria de frutas.

Os mal-entendidos medievais seguem sendo o que bilhões de pessoas acreditam, dando seu dinheiro para manter uma enorme estrutura construída para defender o pensamento medieval e a ignorância medieval. Entretanto, os seres humanos são (até onde sabemos) únicos na compreensão de que envelheceremos e morreremos, e por isso talvez seja melhor ter esperanças de que todo o trabalho e os esforços dedicados a obedecer às leis religiosas geralmente morais darão seus frutos em forma de vida após a morte, do que aceitar a morte como algo definitivo e, portanto, saber que qualquer crime que se cometa de cuja punição possa-se livrar não terá mais consequências. Porém, quando morei no Japão (durante oito anos), as pessoas em geral diziam que os japoneses não acreditam em Deus, e entretanto a delinquência é muito menor, e a civilidade muito maior no Japão que nas nações cristãs, de forma que não defendo o medo ao castigo eterno como um elemento dissuasor do crime; pelo que sei, os chefes da máfia vão à igreja todos os domingos.

Vamos voltar a falar um pouco mais de biologia, porque parece o lugar apropriado para buscar um enfoque mais científico para a prolongamento da vida. Teremos que recorrer de novo ao princípio de Feynman — o princípio pelo qual avançam todas as ciências, que posto em fraseologia inversa (porque é logicamente correto) é que você saberá que a hipótese que você escolheu está errada se ela não "funcionar". Isso se chama "rejeitar a hipótese"; neste universo infinito nunca se pode saber que algo é correto em todos os casos, em todos os lugares, de forma que nunca se pode confirmar realmente uma hipótese mediante um experimento, mas qualquer caso em que uma predição baseada em sua hipótese não funcionar é suficiente para "rechaçar" essa hipótese e desqualificá-la para sempre sem necessidade de mais provas.

A ciência é muito conservadora nesse sentido, apesar de que podem existir muitas maneiras de que um princípio (axioma, lei, conjetura) seja errôneo e mesmo assim produza bons resultados (como vimos no caso do "universo" geocêntrico de Ptolomeu em oposição ao universo heliocêntrico de Copérnico). Mas um só caso, em que Galileo mostrou as fases de Vênus (somente visíveis graças a seu aperfeiçoamento do telescópio), foi em si mesmo suficiente para rechaçar a hipótese de que Vênus e o Sol davam voltas ao redor da Terra.

Na verdade, Brahe idealizou outro modelo segundo o qual o Sol continuava orbitando a Terra, mas os planetas mais internos orbitavam o Sol. Essa teoria também poderia ter funcionado, mas introduziria mais confusão. Assumir a heliocentricidade e calcular as órbitas elípticas dos planetas ao redor do Sol, estando este em um foco dessa órbita, esclareceu tudo e levou a novos avanços, especialmente por parte de Galileu e posteriormente de Newton. Aqui há dois fatos contraintuitivos: que melhores hipóteses não proporcionam necessariamente melhores resultados e que a chamada Navalha de Ockham, a insistência em que a explicação mais simples é a melhor, nem sempre é a maneira mais adequada de proceder, já que o Sol não orbita a Terra todos os dias.

4

Começa a biologia

A ciência física, da forma como se originou com Galileu e Newton, e inclusive a astronomia, pareciam simples no início; se meras quatro leis podem descrever e predizer as órbitas dos corpos celestes, então eram simples por definição. Evidentemente, a física da época referia-se a pontos de massa — um planeta podia ser representado simplesmente por um único ponto com massa e velocidade submetido às forças provenientes do Sol e de outros planetas, e utilizando as leis do movimento e da gravitação de Newton, seus movimentos podiam ser determinados até o fim dos tempos (acreditava-se). Entretanto, estender a física aos "corpos extensos", como os planetas "reais", era uma coisa para o futuro; o "ponto de massa" e as "forças" eram tudo o que era necessário para o físico ou o astrônomo. Mas a biologia era diferente — sua complexidade tornava difícil saber sequer por onde começar; quais eram os equivalentes das órbitas e quais eram os "pontos de massa" da biologia? Como ponto de partida, sabia-se que os seres vivos eram diferentes, animados por um *élan vital** próprio dos seres vivos.

---

* Élan vital, "impulso vital" ou "força vital", é uma explicação hipotética para a evolução e o desenvolvimento dos organismos.

Apesar da disciplina da *biologia* só ter se iniciado no século XIX, ela têm suas raízes, como grande parte da ciência, na antiga filosofia grega, cujo espírito indagador alcançou um ponto alto (houve muitos) com Galeno (Aelius Galenus) no século II d. C. Galeno foi médico do imperador romano Marco Aurélio e, mais tarde, de seu filho, o imperador Cômodo (vejam o filme *Gladiador* para ter uma visão extremamente enviesada de Cômodo, mas os historiadores concordam majoritariamente em que ele acabou com o Império Romano do Oriente como uma força no mundo).

Galeno era um empirista que queria estudar o corpo humano para melhorar seus conhecimentos de medicina, e como a vivissecção e a dissecação humanas foram declaradas ilegais em Roma no ano 150 a. C., dissecou e vivisseccionou macacos. Mais adiante contarei sobre outros experimentos, tão cruéis que seria difícil imaginar que algum "Comitê de Ética" os justificasse, mas alguns deles levaram à descoberta de pontos fundamentais para a imortalidade biológica de mamíferos. Para falar a verdade, o próprio Galeno incomodava-se com as expressões humanas nos rostos de seus macacos, e voltou-se para outros animais, principalmente porcos. Galeno escreveu um tratado, aparentemente enaltecendo seu próprio enfoque, intitulado apropriadamente *O melhor médico é também um filósofo* (na tradução em português), já que Galeno era tanto médico quanto filósofo, e era reconhecido como proeminente em ambos os campos nada menos que pelo próprio Marco Aurélio.

A parte boa da pesquisa de Galeno consistiu em dissecações detalhadas, com funções inferidas das diversas partes. A anatomia de Galeno sobreviveu até o século XIII em terras árabes, quando Ibn al-Nafis demonstrou a circulação pulmonar (o pulmão não "comia" o sangue bombeado para ele — o sangue era recuperado na circulação arterial),[13] e na Europa até o século XVI quando Vesálio, um anatomista e médico flamengo, utilizou a dissecação de cadáveres humanos (permitida na Europa cristã, mas proibida na Roma pagã — não é o que eu esperaria) para demonstrar que muitas das descrições anatômicas de Galeno baseadas em macacos não coincidiam com as dos humanos.

A filosofia de Galeno baseava-se na filosofia de Aristóteles e dos platonistas, incluindo uma alma de três partes (uma alma apetitiva, uma alma espiritual [referente a "espírito", como no "sopro" hebreu, que significa uma força animadora, não um "fantasma"] e a parte racional [a parte que Aristóteles acreditava ser imortal]). Entretanto, mediante a experimentação, Galeno acreditou ter determinado a localização destas três "almas". A alma apetitiva residia no fígado, que fabricava o sangue "escuro" e o enviava aos órgãos onde era consumido. A alma "espiritual" residia no coração, que fabricava sangue "claro" que o coração bombeava aos órgãos onde era consumido. E apesar de Galeno distinguir entre sangue "claro" e "escuro", ele nunca fez a conexão entre os sistemas venoso e arterial, de forma que em ambos os casos o sangue era produzido sob a direção dessas duas almas mortais (apetitiva e espiritual) em uma viagem de ida — o coração e o fígado faziam o sangue, os outros órgãos o consumiam, e então o coração e o fígado faziam mais e o ciclo continuava. Entretanto, a alma racional estava no cérebro. O importante não foi tanto o conhecimento adquirido, mas a ideia de "localização de função", o conceito de que diferentes órgãos tinham diferentes funções.

Então, aqui o conceito grego de *pneuma* era quase idêntico ao conceito hebreu de *neshamah* ou "sopro" — esse espírito animador que os estoicos (a seita filosófica da qual Marco Aurélio foi o exemplo mais famoso) acreditavam que estava no sangue (recordemos, "o sangue é a vida de todos os seres vivos"). Porém, a medicina de Galeno baseava-se nos conceitos do médico grego Hipócrates, que acreditava que a saúde consistia no equilíbrio dos quatro humores — sangue, bílis negra, bílis amarela e fleuma — de forma que sangrias para reestabelecer o equilíbrio faziam parte da tradição hipocrática (a propósito, doar sangue associa-se a uma maior longevidade). O processo de sangramento como tratamento para quase qualquer doença continuou até pleno século XX. Recordo pessoalmente o jogo de taças que minha mãe tinha para a terapia com ventosas, uma variante posterior da sangria.

A sangria parece ser uma forma de eliminar do corpo certas moléculas que promovem o envelhecimento que aparentemente se acumulam com a idade, como a eotaxina (mais adiante direi mais sobre isso). Ao retirar uma quantidade suficiente de sangue, podiam ser diluídos efetivamente fatores promotores do envelhecimento (pró-envelhecimento) presentes no sangue; dado que o corpo compensará rapidamente o volume perdido com a água consumida, os fatores pró-envelhecimento devem voltar a se acumular, mas a sangria regular poderia reduzir a idade aparente dos tecidos, já que se demonstrou que a diluição de tais fatores com a substituição parcial por uma solução salina e albumina exibe tais efeitos antienvelhecimento,[14] exceto pelo fato de que a albumina jovem demonstrou-se posteriormente ter efeitos antienvelhecimento por si só, o que coloca em dúvida a diluição dos fatores de envelhecimento como "causa" do rejuvenescimento.[15]

Entretanto, Galeno foi o limite da medicina até o Renascimento, quando o renovado interesse pelo mundo real, o *empirismo*, e a aparição de antigos textos latinos e gregos (anotados por eruditos islâmicos) trouxeram muitas novas perguntas e o método científico proporcionou respostas verificadas.

O Renascimento foi uma época em que uma nova filosofia suplantou a antiga ideia do mundo como um organismo e a substituiu pelo mundo como um mecanismo. Provavelmente não seja por acaso que também tenham sido inventados mecanismos, já que o paradigma científico da biologia costuma depender da tecnologia da época — de modo que no século XX, o computador tornou-se o modelo do cérebro e vice-versa (redes neurais, IA, etc.).

Diz-se que os fabricantes de lentes holandeses, Lippershey e Janssen, não só fabricaram os primeiros telescópios, mas também os primeiros microscópios. E, assim como ocorreu com o telescópio, Galileu melhorou o microscópio. Depois de Galileu, foi o microscópio de Robert Hooke o que mais se pareceu ao instrumento moderno (Newton era um grande inimigo de Hooke e especulou-se que o discurso de Newton sobre enxergar mais longe porque "estava sobre os ombros de gigantes", era um insulto indireto a Hooke, que era baixo). Finalmente, Hooke compilou todos os seus desenhos microscópicos de objetos comuns altamente ampliados, como pulgas, piolhos, flores e outras partes de plantas, no que agora chamaríamos de um "livro de mesa de centro", *Micrographia*, que continha um desenho de uma rolha altamente ampliado que mostrava que a cortiça de baixa densidade era composta por "pequenos aposentos" vazios, como as celas de um monastério, que é a origem da palavra "célula", que agora se utiliza para identificar o que poderia considerar-se o "ponto de massa" da vida (e sua progressão ao longo do tempo, sua "trajetória" ou "órbita").

Não foram cientistas profissionais, entretanto, os que descobriram o mundo da célula, mas um entusiasta, um amador, Anton van Leeuwenhoek. Com a dedicação de quem trabalha por amor ao que faz, Leeuwenhoek aplicou seu entusiasmo para satisfazer sua própria curiosidade, mas durante o processo, descobriu um mundo até então invisível de seres vivos desconhecidos e insuspeitos que finalmente levaram a nossa concepção atual da célula e de grande parte da nossa biologia moderna.

Utilizando uma técnica que usava os diminutos espessamentos no fundo de vidro soprado, acredita-se que ele eliminou o resto do vidro deixando uma pequena lente que colocou entre placas de latão (com buracos para a lente). Apesar dos microscópios desenvolvidos por Hook e outros serem muito mais sofisticados, nenhum tinha a potência de aumento (mais de 250 vezes) nem a resolução (0,001 mm) das maravilhosas lentes de Leeuwenhoek. Este comerciante de produtos têxteis, sem educação formal, fabricou centenas de microscópios (todos tinham um sistema de parafusos, de maneira que a amostra era colocada num apoio que podia ser subido ou descido em relação à lente).

Leeuwenhoek não só observou tudo com seu maravilhoso microscópio; ele também compartilhou suas descobertas com a Royal Society britânica (mesmo em uma época em que os Países Baixos e a Inglaterra estavam em guerra) e tornou-se membro da mesma. Ele foi a primeira pessoa a descrever os espermatozoides, e quando observou a água de sua cidade natal, Delft, descobriu que a água que bebia estava repleta de uma miríade de estranhas e graciosas criaturas que hoje em dia chamamos de protozoários. Ao observar amostras do hálito e de raspagens dos dentes de seu vizinho, que estavam em muito mau estado, pôde ver as bactérias parecidas com cobras que se moviam pelo tártaro e postulou que doenças poderiam ser causadas pelas criaturas invisíveis que descobriu.

Penso que devo mencionar também os grandes pesquisadores alemães Matthias Schleiden e Theodor Schwann. Schleiden era botânico, e Schwann, zoólogo. Trabalhando no mesmo laboratório, tornaram-se amigos e colaboradores na *teoria celular*, que propunha, baseando-se em suas evidências, que todos os seres vivos estavam compostos por células. As "células" originais de cortiça estavam agora cheias de líquido; as células vegetais tinham grossas paredes celulares de celulose, como na cortiça, mas estavam cheias de líquidos ou géis. Também os tecidos de animais, examinados no microscópio, estavam compostos por células, mas estas não tinham paredes celulares — podia-se deduzir que uma fina membrana englobava seu conteúdo líquido.

Então, agora temos nosso equivalente biológico para um ponto de massa, a célula. Mas de onde procedem as células? No início, pensava-se que estas "células" eram um líquido chamado *blastema*, já que as células, como a levedura, produziam bolhas pelo processamento fermentativo de alimentos. Mas quando o célebre médico Rudolf Virchow anunciou sua famosa máxima "Omnis cellula e cellula" (todas as células procedem de células preexistentes), ela foi aceita pelos biólogos (embora Robert Remak tivesse feito a mesma proposta antes, uma autoridade eminente como Virchow, ao declará-la, deu-lhe crédito). Então, a questão da procedência de nossas células tem como resposta que tudo o que somos é um clone de um único óvulo fecundado.

Vamos examinar mais de perto a célula, vendo que este "ponto de massa" da biologia tem uma extensão definida, para depois ver sua trajetória vital, e observar de perto as células individuais que são ao mesmo tempo organismos vivos independentes — os "infusórios" que tanto fascinaram Leeuwenhoek (protozoários) — e ver por que, como e quando a morte chegou à vida.

A célula eucarionte

Ninguém sabe realmente como era o Último Ancestral Comum Eucarionte (LECA, na sigla em inglês) nem como surgiu (não confundir com LUCA, o Último Ancestral Comum Universal, na sigla em inglês), mas nossa recente capacidade de sequenciar facilmente o DNA de qualquer organismo nos permitiu seguir a ascendência dos animais e elaborar uma nova classificação dos seres vivos baseada em seus genomas. Na Figura 3 mostra-se um exemplo:

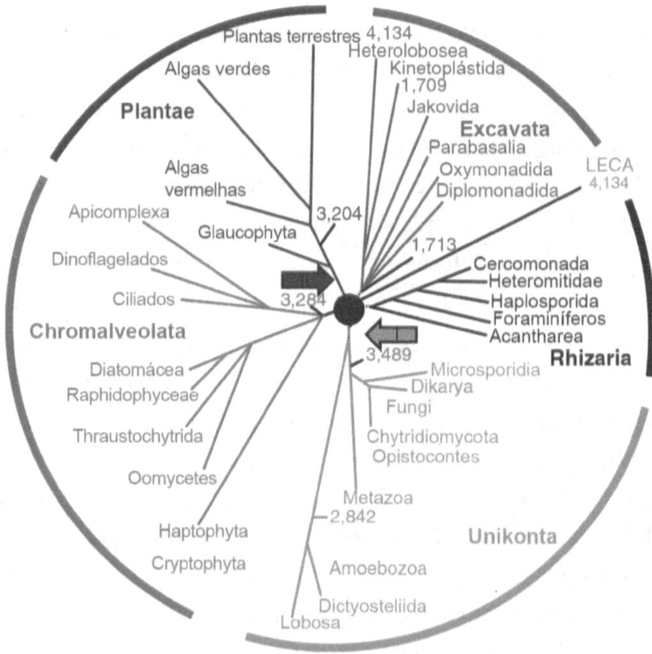

Figura 3: Evolução dos eucariontes. A relação entre os cinco supergrupos de eucariontes — Excavata, Rhizaria, Unikont, Chromalveolata e Plantae — é mostrada como uma filogenia em estrela com o LECA colocado no centro.[16]

tica, ou seja, originou-se a partir de uma única espécie ancestral) que pertencem a cada grupo. Porém, para nossos fins, dividiremos eles de uma forma um pouco diferente.

As células imortais não têm nenhuma forma de reprodução sexual, de forma que seu único meio de reprodução é vegetativo — limitam-se a reproduzir a si mesmas com uma precisão incrível, de maneira que esses animais têm estado vivos por bilhões de anos! Mas nesse caso, trata-se da imortalidade de linhas celulares, não células individuais. Naturalmente, no caso desses protozoários assexuados, os membros de uma determinada espécie são basicamente intercambiáveis, como outras coisas intercambiáveis (como notas de dólar, pode-se trocar uma por outra). De fato, ocorrem mutações, danos e falhas no reparo do DNA e acumulam-se mudanças, que adaptam esses organismos ao seu entorno — de modo que a evolução ocorre, mas lentamente, já que a "catraca de Muller" limita a mudança.

A "catraca" de Herman Muller é o conceito de que os seres vivos que se reproduzem assexuadamente e que têm uma disposição estática de genes em seus cromossomos (que representam um único "grupo de ligamento") sofrerão danos irreversíveis, já que seus descendentes receberão os mesmos danos que tinham seus pais e só poderão aumentá-los. O processo sexual de reprodução inclui o que se chama recombinação genética, um processo pelo qual os genes defeituosos podem ser eliminados de pelo menos uma parte da descendência (isso costuma ser apresentado como uma vantagem da reprodução sexual). Curiosamente, em experimentos com a bactéria *Escherichia coli* e a levedura *Schizosaccharomyces pombe*, que se dividem simetricamente, as células eram imortais, e não mostravam sinais de envelhecimento (medido com base na taxa de divisão), mas passavam a mostrar envelhecimento quando eram criadas em um entorno estressante. Podemos supor que há um "limite" para o que estes organismos podem suportar? Um limite para o que podem combater?

Amor e morte entre os protozoários

Sejamos sinceros, não estamos falando de amor aqui; o amor parece estar restrito aos mamíferos e talvez às aves — estamos falando de reprodução sexuada.

A reprodução sexuada, a princípio, teve início antes mesmo dos eucariontes; começou como uma doença bacteriana. Um plasmídeo é um vetor genético móvel, um pequeno círculo de DNA que contém várias dezenas de genes, de modo que é muito menor que o DNA bacteriano ("cromossomo"), que também é um círculo. Quando um plasmídeo indutor de sexo entra em uma célula, impede a entrada de outros plasmídeos similares, de forma que cada célula contém no máximo um destes plasmídeos. Alguns destes plasmídeos podem passar a fazer parte do DNA do hospedeiro, integrando-se sem problemas ao círculo de DNA do hospedeiro (a bactéria) como uma molécula linear, e a bactéria transmite esses vírus "integrados" como se fossem seus próprios genes — a enzima que duplica o DNA, a *DNA polimerase*, não consegue perceber a diferença, DNA é DNA.

Na bastante estudada bactéria *E. coli* (não há nada para se assustar aqui; aproximadamente 1/6 de seu cocô é *E. coli*), esse plasmídeo chama-se plasmídeo F. Quando ele entra numa célula de *E. coli*, modifica essa bactéria, já que agora tem um "sexo", de modo que a bactéria passa a chamar-se bactéria F^+. Alguns dos genes do plasmídeo F são utilizados para formar uma projeção parecida a um pênis, chamada pilus (embora o DNA não passe por ele), que se adere a qualquer bactéria F^- (uma bactéria que não tenha um plasmídeo F) que encontra; corta a si mesmo, e então duplica um só filamento de seu próprio DNA e envia essa cópia de um só filamento de seu próprio DNA à célula F^-, que agora se transforma em F^+ (poderia-se considerar que F^+ é macho e F^- é fêmea, por analogia, mas neste caso os machos transformam as fêmeas em machos — ou os não portadores em portadores de plasmídeos F). Mas se esse plasmídeo F estiver inserido (integrado) no DNA do hospedeiro (*E. coli* F^+), no momento em que ocorrer todo esse processo, quando o pilus conectar a bactéria F^+ com uma bactéria F^-, em vez de se limitar a produzir uma cópia de um só filamento de seu próprio DNA do plasmídeo F para transferi-lo à célula F^-, transferirá uma cópia de um só filamento tanto de seu DNA do plasmídeo F quanto de todo o cromossomo bacteriano F^+! Se tiver tempo suficiente, a transferência total dura horas.

Entretanto, não é realmente sexo, já que não há gametas e não se forma um organismo totalmente novo, mas transferem-se genes de uma bactéria (a F^+) a outra (a F^-) da mesma espécie e, às vezes, esses genes não autóctones podem ser bastante úteis para a bactéria (há várias doenças humanas que se devem aos genes que os plasmídeos carregam, de modo que bactérias letais seriam inofensivas sem eles). Inclusive a *E. coli* pode produzir enterotoxinas (venenos que danificam o intestino) quando é infectada com o plasmídeo "certo", e isso causa a reação de horror ao ouvir-se *E. coli*.

Então, não chamemos de sexo; normalmente denomina-se *transferência horizontal de genes*. As bactérias também podem captar DNA de seu entorno e adicioná-lo a seu próprio DNA, o que se denomina *transformação*, ou ter pequenos pedaços de DNA não autóctone transportados para dentro delas por vírus bacterianos que podem integrar-se em seu DNA, o que se denomina *transdução* — mas como estes modos não implicam o contato direto entre indivíduos, não se parece com sexo. Talvez se pareça com sexo no futuro, como no romance de ficção científica *O sol desvelado*, de Isaac Asimov, em que os habitantes de mundos coloniais longínquos horrorizam-se de estar realmente com alguém de carne e osso, em vez do equivalente do Facetime do século XXV (será que algum dia a reprodução sexuada será realizada mediante o envio de esperma por correio espacial?)[18]

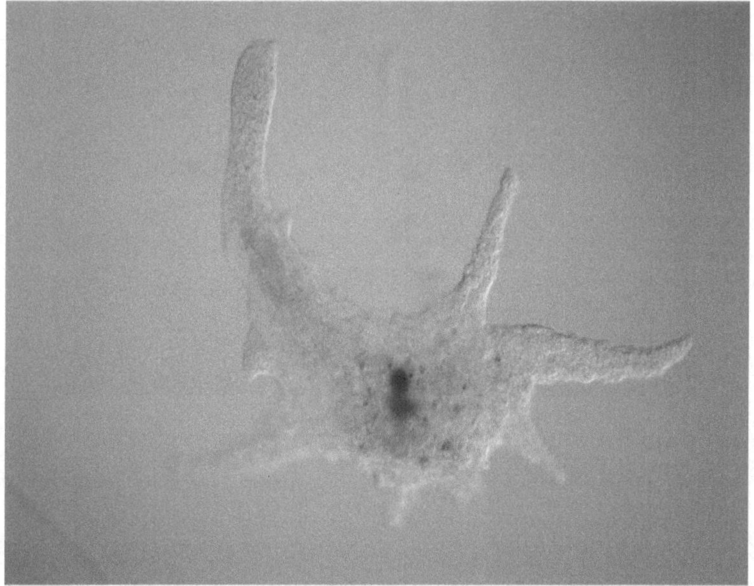

Figura 4: Protozoário ameba *Chaos carolinense*. Imagem de dr. Tsukii Yuuji, CC BY-SA 2.5 https://creativecommons.org/licenses/by-sa/2.5, via Wikimedia Commons.

Nas criaturas que se reproduzem sexuadamente, cada cromossomo contém genes com diferentes funções, por exemplo, genes para a cor dos olhos, um gene para fabricar uma molécula de hemoglobina ou genes que determinam as defesas das células. Todos os organismos que se reproduzem sexuadamente têm dois de cada tipo de cromossomo; eles têm os mesmos genes — para a cor dos olhos, por exemplo — mas como são dois, apesar de ambos portarem genes da cor dos olhos, podem carregar genes para diferentes cores de olhos (alelos), de maneira que se uma pessoa herda um gene para olhos azuis e outro para castanhos, olhos avelã ou cinzas seriam possíveis fenótipos. Os organismos que contêm dois de cada variedade de cromossomos chamam-se *diploides*, e só eles podem ter reprodução sexual. Os animais que só têm um de cada tipo chamam-se *haploides*.

Assim, entre os animais unicelulares mais simples, a ameba representada na Figura 4 é um bom exemplo. Estes animais unicelulares são imortais, assim como muitos outros protozoários unicelulares. A Figura 5 mostra uma tetrahymena, que segue sendo um protozoário unicelular, mas com uma diferença: é mortal.

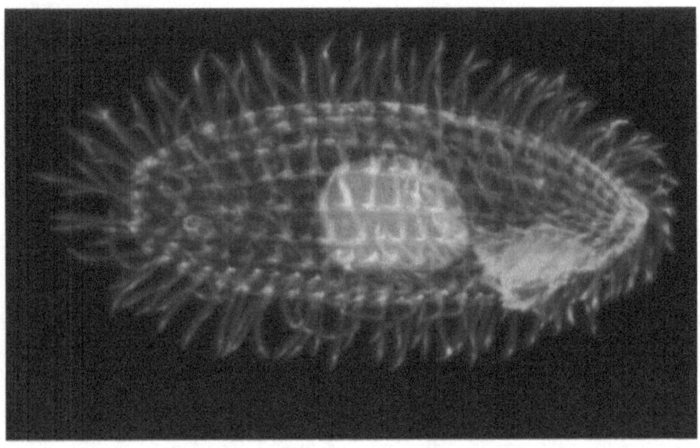

Figura 5: Protozoário ciliado *Tetrahymena thermophila*. Imagem de Richard Robinson.[19]

E essa é a distinção que quero fazer entre os protozoários — não a qual supergrupo pertencem, mas se são mortais ou imortais, que para nós é a distinção mais importante. Na ilustração da Figura 5, a grande zona central cinza claro do interior da célula é o *macronúcleo*, mas se tratar-se de uma cepa mortal (cerca de 25% das tetrahymenas observadas na natureza são imortais), há outro núcleo muito menor chamado *micronúcleo* que é transcripcionalmente inativo, exceto durante a união sexual (chamada *conjugação* em protozoários e bactérias). O micronúcleo é um núcleo germinal, o equivalente aos tecidos germinais que formam os gametas, os espermatozoides e os óvulos, nos animais superiores. Ele contém o genoma diploide completo do ciliado — no caso da *T. thermophila*, representada na Figura 5, cinco cromossomos.

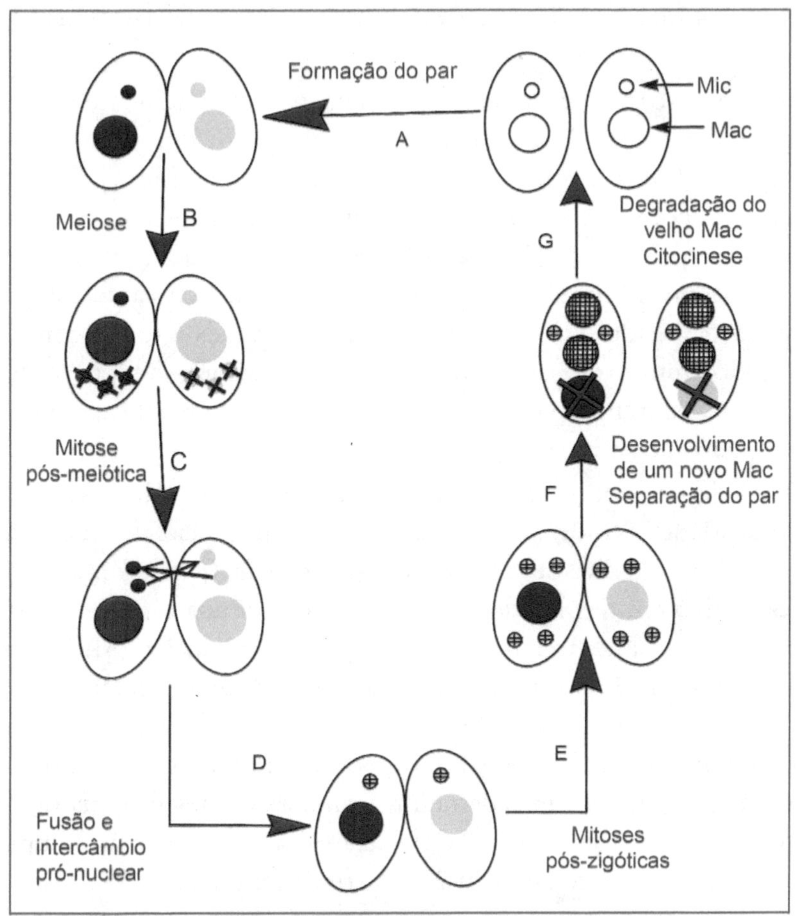

Figura 6: Conjugação da tetrahymena. Imagem de Chaya5260, CC BY-SA 3.0 https://creativecommons.org/licenses/by--sa/3.0, via Wikimedia Commons.

Durante as divisões celulares vegetativas normais, a tetrahymena divide-se por mitose, quando cópias exatas são feitas e distribuídas aos dois conjugantes (o processo no macronúcleo é muito mais aleatório, as divisões são não mitóticas e inexatas). Entretanto, durante a conjugação, o micronúcleo divide-se por meiose, formando quatro núcleos haploides de gametas, como as células que produzem nossos espermatozoides ou óvulos. Três destes núcleos de gametas são eliminados e o núcleo escolhido divide-se por mitose, e os conjugantes passam reciprocamente um de cada par de núcleos haploides de gametas ao outro, que se unem. Dessa forma, agora, ambas as células são diferentes de qualquer um dos "pais", em relação a seus micronúcleos; são criaturas totalmente novas mas idênticas entre si (vejam a Figura 6).

No processo, o macronúcleo que cuida do funcionamento normal deste organismo é destruído e cria-se um novo a partir dos genes de um dos novos micronúcleos híbridos. Um dos micronúcleos diferencia-se em um macronúcleo, com um amplo reordenamento de genes e a eliminação de milhares de sequências de DNA específicas de micronúcleo, finalmente quebrando-se os cinco cromossomos da tetrahymena em cerca de 200 pedaços, cada "pedaço" sendo duplicado por volta de 45 vezes e todos com os telômeros unidos (um processo no qual intervém a enzima de reparo de DNA Ku80), após a eliminação das sequências de DNA específicas de micronúcleo no macronúcleo recém-formado.

O ato da reprodução sexuada (ou a autogamia — "auto-sexo") zera o "relógio da idade" dos organismos; agora têm o potencial de viver durante o número máximo de divisões celulares dessa espécie. O macronúcleo (Mac) é o que está ativo em termos de transcrição e determina o fenótipo da célula (aspecto, comportamento e forma de agir). O micronúcleo (Mic) é ativo em termos de transcrição só durante a conjugação. O macronúcleo é o verdadeiro núcleo somático do ciliado, já que contém todos os genes necessários para o funcionamento do animal. Esta população majoritária de tetrahymenas que se reproduzem sexuadamente forma os clones mortais de tetrahymena. Este processo sexuado, a conjugação, é um pouco mais complexo do que descrevi, mas chega à conclusão mostrada na Figura 6.

O ciclo de vida de um protozoário ciliado

Não obstante, quando escolhi a tetrahymena para analisar, não o fiz aleatoriamente. A maioria dos ciliados são seres unicelulares mortais que se reproduzem sexuadamente. Mas diferentemente de outros ciliados, cerca de 50% dos indivíduos da espécie da tetrahymena carece de micronúcleo (são *amicronucleados*) e, portanto, reproduzem-se assexuadamente — e são imortais! Entretanto, no laboratório, a retirada do micronúcleo não ocasiona amicronucleados viáveis, com exceção de um caso conhecido no qual as sequências do micronúcleo, que normalmente são eliminadas ao formar-se o macronúcleo, são conservadas nesse clone de *Tetrahymena thermophila* amicronucleado viável produzido em laboratório. Uma coisa interessante deste amicronucleado é que não tenta acasalar, apesar de aparentemente ser geneticamente capaz de acasalar, já que tem os tipos de genes de acasalamento (MAT) necessários.[20] Isso pode ser feito mediante um processo chamado exclusão nuclear — se um amicronucleado acasala com um animal que contém micronúcleo, este servirá a ambos os animais.

Uma hipótese de por que estes mutantes não acasalam é que se encontram em um estado de permanente imaturidade. Normalmente, as cepas de laboratório de *T. thermophila* precisam de 40 a 60 divisões após a conjugação antes de poder acasalar, e a *T. thermophila* que não é de laboratório pode ser imatura até chegar a 120 divisões após a conjugação. Talvez seja surpreendente ver que esta pequena e simples criatura tem etapas de vida, incluindo uma fase imatura e sem sexo, uma fase reprodutiva e uma fase senescente, de uma forma muito parecida conosco.

No transcurso de sua vida como ciliado micronucleado "normal", o macronúcleo da tetrahymena perde funcionalidade à medida que o organismo envelhece (onde a "idade" calcula-se como o número de divisões celulares desde a fecundação), precisando finalmente ser substituído mediante o acasalamento com outra tetrahymena para reconstruir um macronúcleo funcional. Após o acasalamento, nenhum dos genomas dos organismos originais sobrevive intacto, só o genoma híbrido formado pela união sexual, e portanto um macronúcleo híbrido derivado de um dos micronúcleos se diferencia a partir destes genes misturados.

Poderia dizer-se que, como o macronúcleo determina o fenótipo, os organismos originais (que diferentemente dos protozoários imortais não são intercambiáveis) desapareceram; após a conjugação formam-se dois animais novos (apesar de idênticos), de modo que seria possível dizer que os dois ciliados originais morreram no processo de reprodução sexual, o que equivale ao modo de reprodução de semelparidade, em que plantas anuais, polvos e, mais conhecidamente, salmões, cigarras de 17 anos e efeméridas, vivem longas vidas em estados imaturos para depois reproduzir-se e morrer quase imediatamente. Mas os clones da tetrahymena sobrevivem — a cepa sobrevive à custa dos indivíduos.

No momento da conjugação, o velho macronúcleo degenera-se na tetrahymena que contém micronúcleo, a menos que ocorra a conjugação para reformar e criar um macronúcleo "inédito" (e um novo animal). Entretanto, as espécies amicronucleadas são imortais, e estima-se que alguns clados têm dezenas de milhões de anos, de forma que é evidente que os mesmos processos que causam o desgaste final do macronúcleo nas tetrahymenas com micronúcleos não ocorrem nas tetrahymenas amicronucleadas!

Então, seria possível que impedir a progressão rumo à maturidade sexual, que poderia requerer a participação dos micronúcleos, detivesse a acumulação de danos genômicos que afetam os macronúcleos de envelhecimento normal das tetrahymenas que contém micronúcleos? Poderia o micronúcleo controlar o desenvolvimento na tetrahymena, ou poderia o micronúcleo suprimir o reparo dos danos no DNA do macronúcleo durante o envelhecimento? Sabe-se, por exemplo, que as secreções dos óvulos do nematódeo *Caenorhabditis elegans*[*] encurtam a vida dele, de modo que se forem eliminados esses óvulos, o nematódeo vive significativamente mais.

Uma resposta parcial a estas perguntas foi dada pelos trabalhos de Joan Smith-Sonneborn na década de 1970 com seu estudo de outro ciliado, o conhecido gênero *Paramecium*, da espécie *tetraurelia*, mostrada na Figura 7. Esta espécie tem um período de imaturidade, um período de maturidade sexual, um período de senescência e, finalmente, morre, a menos que o paramécio acasale com outro paramécio do tipo de acasalamento apropriado (há nove "sexos" no *P. tetraurelia*, que determinam quem pode acasalar com quem), ou consigo mesmo — um processo chamado autogamia, com o micronúcleo do paramécio submetendo-se a meiose e autofecundação que resulta em um macronúcleo recém-formado. A autogamia parece-se com a conjugação em relação a que cria um novo macronúcleo, mas se diferencia da conjugação em relação a que um gene ausente ou mutado não tem a possibilidade de ser complementado por uma cópia bem feita desse gene de seu par, de modo que as mutações recessivas fatais, as perdas ou lesões no DNA cromossômico do micronúcleo seguem sendo fatais e provocam a morte depois da autogamia.

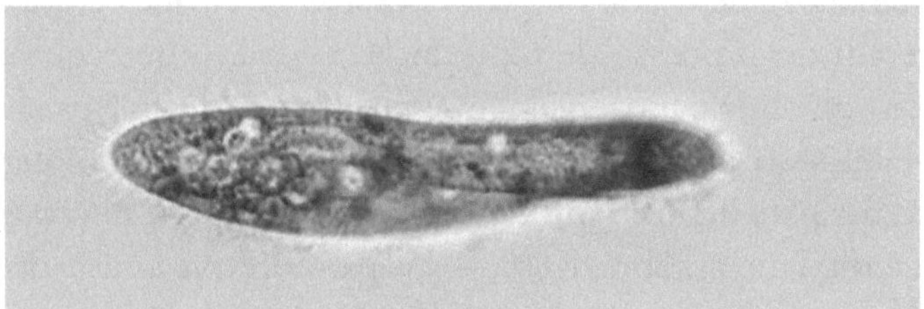

Figura 7: *Paramecium tetraurelia* (aproximadamente 100 μm de comprimento, quase invisível a olho nu). Imagem de DavidpBowman, CC BY-SA 4.0 https://creativecommons. org/licenses/by-sa/4.0, via Wikimedia Commons.

---

[*] *C. elegans*, um nematódeo muito elegante e transparente que se utiliza em muitos estudos sobre o envelhecimento, já que só vive algumas semanas.

Não percamos de vista o que vemos aqui (e no caso dos ciliados em geral): estes organismos envelhecem, não em termos de anos, mas de número de divisões celulares, e além disso têm uma vida dividida em etapas vitais segundo a idade (em divisões celulares). A vida dos paramécios em cultura é, segundo Leonard Hayflick (o descobridor do triste fato de que as células de fibroblastos humanos em cultura têm uma vida finita em termos de seu número de divisões celulares possíveis — um tempo de vida muito variável, mas com um limite superior), muito similar à das células humanas em cultura. Mas há uma diferença, certo? Os fibroblastos humanos em cultura são intercambiáveis, substituíveis; as tetrahymenas em cultura, ao menos as que têm micronúcleos, são organismos independentes e não intercambiáveis. Não se lhes dá opção, morrem (perdem sua identidade) por reprodução sexuada, ou morrem por falta de reprodução sexuada por perda de funcionalidade macronuclear — apesar de que poderiam ter vivido mais tempo se deixassem que a senescência as matasse, já que pelo menos a metade das espécies de tetrahymena tem micronúcleos e todos os paramécios têm.

A perda da imortalidade em favor da reprodução sexuada foi uma tendência vencedora. A imensa maioria dos animais e plantas multicelulares a adotaram. Entretanto, ainda há animais, como por exemplo os cnidários comuns, como medusas, anêmonas, corais, a *Hydra vulgaris* (*vulgaris* significa "comum"), platelmintos e esponjas que são imortais ou quase isso — já calculou-se que uma esponja comum tinha 11 mil anos.[21] A perda voluntária de identidade mediante a reprodução sexuada é contrabalançada pela melhora da espécie no caso das espécies de tetrahymena, e ambas as formas de reprodução parecem funcionar bem para este organismo, já que metade de todas as espécies são amicronucleadas sem um ancestral que claramente tenha possuído micronúcleo.

Porém, as tetrahymenas são uma exceção entre os ciliados; os ciliados que se reproduzem assexuadamente são raros, e no caso dos paramécios, dos quais quero falar a seguir, não há imortais amicronucleados, e o tempo de vida dá-se como uma variação no número de divisões celulares após a fecundação (mas com um máximo para a espécie como observado nos organismos superiores). A vida dos indivíduos mortais que se reproduzem sexuadamente divide-se de forma similar, em uma etapa sexualmente imatura, uma etapa sexualmente madura e uma etapa senescente se não ocorrer a união sexual — de forma muita parecida conosco, apesar de que em geral o sexo não acaba com a nossa vida.

Voltando aos experimentos de Joan Smith-Sonneborn sobre o envelhecimento no *Paramecium tetraurelia*, o primeiro que fez foi observar que se ocorrem danos no DNA micronuclear, a autogamia provoca a morte de ambos os conjugados. Um resultado final do estudo é mostrado na Figura 8.

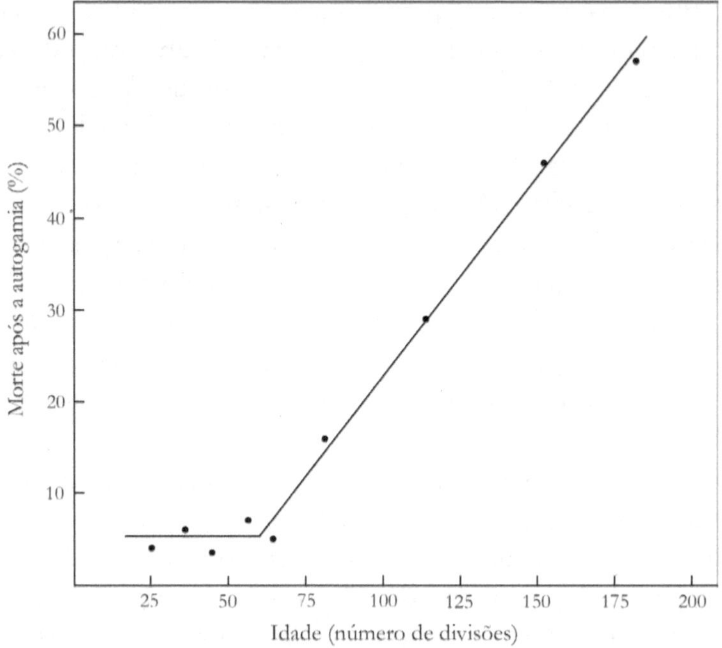

Figura 8: Morte depois da autogamia em função da idade no *Paramecium tetraurelia*. Redesenhado.[22] Autogamia significa "auto-acasalamento", mas assim como o acasalamento, zera o relógio dos quatro indivíduos emergentes. A taxa de mortalidade aumenta linearmente com o número de divisões celulares do *Paramecium tetraurelia*, depois de cerca de 60 divisões celulares. Isso corresponde a um período de imaturidade?

Na Figura 8, vê-se claramente que desde a fecundação até aproximadamente a 60ª geração após a fecundação, a viabilidade das células após a autogamia mantém-se em cerca de 100%. E a partir daí, ocorre uma diminuição linear da viabilidade após a autogamia, de forma que na 220ª divisão celular, segundo os trabalhos de Sonneborn e Schneller,[23] a taxa de sobrevivência é zero — já que este número de divisões celulares é a idade máxima da espécie (em termos de divisões celulares) entre reprodução sexual ou autogamia. Além disso, o aumento da morte na autogamia após a irradiação com luz

UV acima do observado no grupo de controle de mesma idade demonstrou que o "reparo escuro" diminuía com a idade.[22] "Reparo escuro" era um termo (utilizado naquela época de desconhecimento dos processos de lesão e reparo de DNA) que incluía todos os processos de reparo de DNA que não envolviam luz. O quê? Processos de reparo de DNA que utilizavam luz?

É realmente muito simples. Quando se irradia o DNA com luz ultravioleta, faz-se com que as bases adjacentes de um determinado tipo (*pirimidinas*, citosina e/ou timina — os outros tipos são *purinas*, adenina e guanina) unam-se para formar o que se denomina um dímero (duas moléculas unidas quimicamente), como se mostra na Figura 9.

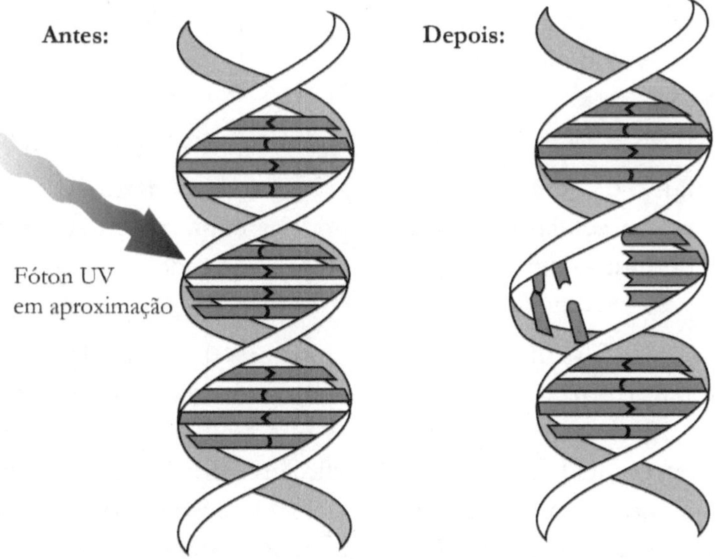

Figura 9: Efeito da luz UV na formação do dímero de timina.

Esses "dímeros de pirimidina" são o principal tipo de dano produzido pela irradiação do DNA (em um organismo) com radiação UV, mas há muitos outros tipos de danos (de fato, caracterizei alguns deles no início da minha carreira). Mas a questão é a seguinte — a simples luz azul pode "desdimerizar" estes dímeros de pirimidina por si mesma. Em geral, recebe a ajuda de um tipo de enzima chamado *enzima fotorreativa* que acelera a reação (mas continua sendo necessária luz azul).

Segundo Rodermeli e Smith-Sonneborn, a irradiação com luz UV aumentou a taxa de mortalidade do *Paramecium tetraurelia* depois da autogamia, mas foi realmente o dano ao DNA o que causou o aumento? Sim, porque quando se expôs os paramécios a uma luz azul fotorreativa depois da irradiação com UV — um processo que se demonstrou que elimina os dímeros de pirimidina, e que deve ter eliminado a maioria das lesões do DNA — o efeito mortífero da irradiação UV antes da autogamia desapareceu.[22]

Os autores formularam várias conclusões e hipóteses,[22] entre elas as seguintes:

1. O envelhecimento (em termos de geração de danos letais no DNA micronuclear por causa da luz UV) começou entre 50 e 80 divisões celulares após a fecundação (significa isso um reparo perfeito no período imaturo?)
2. A. O envelhecimento no micronúcleo foi o resultado de um citoplasma velho, já que núcleos jovens colocados no mesmo citoplasma velho não sobreviveram.

    Ou

    B. Dado que danos ou mutações letais no DNA são o resultado tanto da geração de danos quanto de seu reparo, "a perda de reparo em células envelhecidas poderia explicar um aumento abrupto de mutações a certa idade, ou seja, quando a taxa de mutação supera a capacidade de reparo".

A hipótese 2A foi resultado dos trabalhos do sogro de Joan, o famoso fundador da protozoologia experimental, Tracy Sonneborn, mas a segunda suposição, 2B, fruto dos experimentos que realizou a própria Joan Smith-Sonneborn, coincide com resultados similares nas células de animais "superiores". Além disso, o fato de que o envelhecimento ocorre quando a taxa de danos no DNA supera a capacidade inata de reparar esses danos explicaria os resultados obtidos nas células "imortais" que se dividem simetricamente de *E. coli* e *S. pombe* mencionadas anteriormente. Estes organismos não envelhecem em um entorno amigável, mas só em um estressante. Neste caso, o "entorno" eleva os níveis de estresse, e a indução do reparo de danos nas células imortais é limitada, superando-se em algum momento sua capacidade de reparar esses danos.

Por outro lado, esse aumento abrupto da capacidade da radiação UV de provocar mudanças letais no micronúcleo depois de cerca de 70 ou 80 divisões celulares continua com a idade, e Smith-Sonneborn atribui-o à diminuição do reparo sem erros relacionada à idade, e não a um fator citoplasmático — e entretanto, estas duas explicações não se excluem mutuamente; poderia muito bem haver fatores citoplasmáticos, possivelmente produzidos pelo macronúcleo ou pelo próprio micronúcleo supostamente inativo, que poderiam reduzir ou desativar a produção de enzimas de reparo. A explicação da própria Smith-Sonneborn para o experimento foi: "A explicação mais simples do estudo descrito seria que 'impactos' estocásticos mutam o micronúcleo e o organismo está programado para perder o reparo sem erros".[22] Não há como fugir de um envelhecimento "programado" ou "relacionado ao desenvolvimento" quanto a este organismo.

Estas são suposições que fazem sentido se realmente o envelhecimento for, em parte, resultado de danos ao DNA induzidos pela luz UV. Mas como podemos saber isso realmente? Poderíamos voltar à advertência de Feynman de que se você realmente entende um fenômeno, pode "construí-lo". Dessa forma, se de fato as lesões induzidas pelos raios UV forem uma das causas do envelhecimento, ao serem eliminadas essas lesões de alguma maneira deveria-se pelo menos retardar ou possivelmente reverter o processo de envelhecimento.

O meio para eliminar essas lesões já era evidente desde a primeira série de experimentos de Smith-Sonneborn; a luz azul fotorreativadora. Descobriu-se que quando os paramécios eram irradiados com UV, tinham uma vida clonal mais curta (o número de divisões até que a probabilidade de reprodução vegetativa [assexuada] bem-sucedida fosse zero). Porém, quando a irradiação UV era seguida por um tratamento com luz fotorreativadora (e não ao contrário), ocorria um aumento observável do tempo de vida em termos de divisões celulares e taxas de sobrevivência "dependentes da idade", e se o processo era repetido, ocorria um rejuvenescimento ainda mais significativo do animal, ou um prolongamento de seu tempo de vida — são coisas diferentes (vejam a Figura 10).[24]

Na Figura 10, podemos ver que o clone controle não tratado (quadrados brancos) tem um "tempo de vida" máximo de cerca de 180 divisões celulares, enquanto que um único tratamento de UV/fotorreativação administrado quando das 80 divisões aumentou esse tempo em 10% aproximadamente, e um segundo tratamento, administrado a uma fração do grupo tratado, ampliou o tempo de vida a mais de 240 divisões, um aumento de 33%. No caso de humanos, que vivem uma média de 80 anos, o tempo de vida médio alcançaria os 107 anos se o mesmo funcionasse conosco.

Não se analisou o prolongamento do tempo de vida (ou o rejuvenescimento) mediante tratamentos adicionais. O que efetivamente foi analisado, entretanto, foi que o uso de luz UV seguido pelo procedimento de fotorreativação em células mais jovens (com menos de "80 divisões de idade") não produziu nenhum efeito no tempo de vida clonal e, o que é mais importante, quando se inverteu o tratamento, de maneira que o tratamento com UV realizou-se após a fotorreativação, o resultado foi um tempo de vida clonal mais curto, como se esperava (a fotorreativação por si só não produziu uma mudança significativa na longevidade clonal).

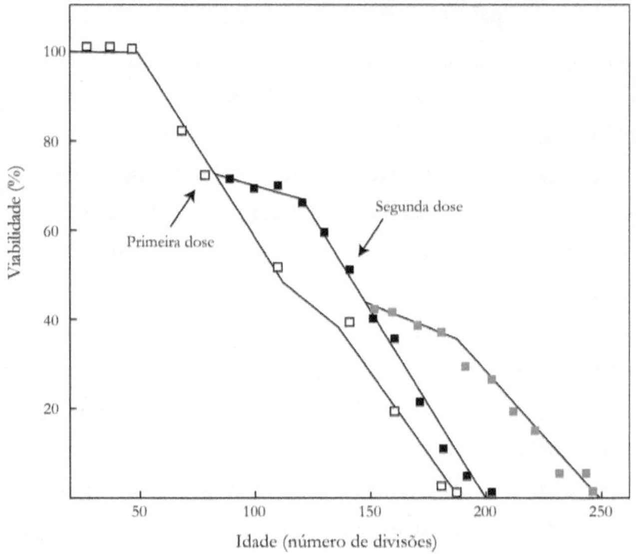

Figura 10: Tempo de vida do *Paramecium tetraurelia* em número de divisões após duas doses de irradiação com UV mais tratamento de luz reativadora. Redesenhado.[24]

Evidentemente, Smith-Sonneborn seguiu o raciocínio da época, mas ficou claro por seu trabalho, e o trabalho relacionado que analisamos, que:

1) Ciliados mortais têm um tempo de vida limitado por um tempo de vida máximo além do qual nenhum continua vivo.

2) A vida divide-se em etapas vitais marcadas, entre outras características, por taxas de mortalidade específicas para a idade (específicas para o número de divisões celulares), de maneira que durante as primeiras 80 divisões aproximadamente (o número de divisões para que o *P. tetraurelia* amadureça sexualmente), não há envelhecimento nem necessidade de induzir enzimas de reparo, de forma que a UV/fotorreativação não prolonga o tempo de vida (poderíamos considerar uma reparação perfeita, já que, como vimos no primeiro conjunto de experimentos, também não há um aumento de mortali-

dade após a autogamia a essas idades). Depois dessa etapa de "imaturidade", que parece ser um período anterior ao início dos processos de envelhecimento (pelo menos no que se refere à redução da capacidade de "reparo escuro"), ocorre um aumento constante do acúmulo de danos que Smith-Sonneborn atribui a uma diminuição do reparo sem erros mais que a um aumento dos danos.

A interpretação de Smith-Sonneborn e a minha própria é que os extensos e potencialmente letais danos produzidos pela radiação UV induziram a produção de enzimas de reparo de DNA, que após liberadas de sua responsabilidade de eliminar os dímeros de pirimidina (que foram eliminados pela fotorreativação), ficaram então livres para reparar os danos acumulados e, como mostra a Figura 10, reparar os novos danos (já que a curva descendente da sobrevivência é menos acentuada depois dos tratamentos de UV/fotorreativação porque o crescimento dos danos é mais lento, como nas fases imaturas e pré-sexuais).

Observem que a inclinação da curva após a primeira aplicação de UV/fotorreativação mantém-se quase nivelada durante cerca de 50 divisões, o que indica um amplo reparo de danos, de modo que se o dano acumulado no DNA for um marcador de tempo (e uma causa) importante do envelhecimento, a idade do paramécio reduziu-se quase à metade como resultado do tratamento (mas há uma ampla margem de números de divisões para alcançar-se a senescência à medida que avança o tempo).

Então, parece que os ciliados, como as tetrahymenas micronucleadas e os paramécios, têm um tempo de vida predeterminado, e dois modos de reprodução: o primeiro é um modo de reprodução vegetativo e requer meiose dos micronúcleos, e uma forma rude de divisão nuclear nos macronúcleos junto com mudanças destrutivas em ambos os núcleos, com cada divisão celular mais além da "imaturidade" reduzindo a capacidade da célula de sobreviver à autogamia; o outro é a reprodução sexuada por conjugação em que os dois ex-conjugantes são agora ambos geneticamente idênticos mas cada um é diferente de qualquer um dos pais — um novo organismo com sua vida começando novamente, agora permitindo-se aproximadamente 180 divisões celulares a cada indivíduo (no caso do *P. tetraurelia*).

E, entretanto, a forma amicronucleada das espécies de tetrahymena (que sabemos que em um caso têm sequências de DNA micronuclear que não estão normalmente presentes nos macronúcleos) são imortais e só têm uma forma primitiva de divisão nuclear, mas aparentemente são capazes de realizar um reparo sem erros de seu DNA. Todos os genes necessários para a conjugação estão presentes nessas espécies de tetrahymena amicronucleares e a razão pela qual não se conjugam deve ser que esses genes nunca se ativam — que é o efeito observado da imaturidade, uma falta de mutações ou lesões letais que provocam a morte após a autogamia. Estamos falando de 50 a 80 fissões (divisões celulares) com um reparo relativamente livre de erros durante esta etapa da vida em tetrahymenas mortais e com reprodução sexuada (ou seja, depois da fecundação e antes da maturidade sexual), e também em paramécios.

Vemos nesse caso, como veremos na vida de todos os vertebrados terrestres (nosso interesse egoísta) e talvez todos aqueles com simetria bilateral (e todos os ciliados?) que há uma relação constante entre a idade de maturidade sexual e a duração da vida (em número de divisões, dias ou anos) depois da maturidade — e portanto uma relação constante entre a idade de maturidade sexual e o tempo de vida total. Como a relação é de aproximadamente 65/200 = 37,5%, o período de imaturidade é aproximadamente 1/3 do tempo de vida total (em mamíferos terrestres não voadores). Depois do período imaturo, o acúmulo de mutações potencialmente mortais ocorre a um ritmo aparentemente constante, e demonstrou-se que isso é resultado da perda de capacidade de reparo em organismos envelhecidos não intercambiáveis que contêm micronúcleo e se reproduzem sexuadamente. A ordem da natureza é clara aqui: reproduzir-se sexuadamente e morrer (já que o organismo original já não existirá, só sua "descendência"), ou assexuadamente e simplesmente morrer (já que, nesse ponto, a reprodução assexuada falhará e o organismo morrerá sem produzir uma "descendência").

Como eu disse, isso é logicamente equivalente a uma estratégia de reprodução de semelparidade, como no salmão e no polvo, onde a reprodução equivale à morte — algo comum na natureza, como as efeméridas, que passam a vida produtiva como larvas sob a água, transformam-se em sua forma sexuada (sem sequer as partes bucais necessárias para se nutrir), vivem durante um dia, acasalam, botam ovos e morrem. O "propósito" final de suas vidas é a reprodução.

Entretanto, passemos da biologia à história para explicar como a combinação do princípio darwiniano da seleção natural com a genética mendeliana chegou a formar a chamada "Síntese Moderna" que dominou a teoria evolutiva clássica e foi responsável pela moderna e incorreta compreensão do envelhecimento. Isso é interessante do ponto de vista filosófico, psicológico e político, já que esta teoria representa uma asserção importante na batalha entre a ciência e a religião, e penso que está errada.

5

A origem das espécies

O que Darwin (assim como Alfred North Wallace) escreveu em 1859, com o título *A origem das espécies por meio da seleção natural*, propôs-se originalmente ter o título *A origem das espécies por meio da sobrevivência do mais apto*, mas Darwin considerou-o radical demais. Não obstante, ele representa a simples lógica silogística de que aqueles que proporcionam a descendência mais viável e capaz de se reproduzir terão uma maior porção da composição genética das gerações futuras. Isso supõe que as populações são limitadas, uma ideia que Darwin recebeu do famoso trabalho de Malthus, que conheço principalmente como que *a população aumenta em progressão geométrica (ou seja, exponencialmente) e a disponibilidade de alimentos aumenta em progressão aritmética* — o que teria sido desastroso se não fosse pela ciência e engenhosidade humanas. Também existe a suposição de que a variação sempre existirá nas populações naturais (grande parte da informação derivou-se da correspondência com criadores de animais) e que havia um "princípio da divergência", segundo o qual os membros mais divergentes de uma espécie terão menos probabilidade de compartilhar um nicho comum (habitat, lugares de nidificação, preferências alimentares), e portanto haverá menos competição intraespécie. Então, a seleção natural tende a favorecer a divergência.

Desta forma, a seleção natural, ou sobrevivência do mais apto, propunha um mecanismo em que a variação natural provocava a adaptação de uma espécie a seu entorno — isso aperfeiçoaria e refinaria uma espécie, acentuando os extremos, que é uma forma de selecionar os indivíduos superiores ao normal e de eliminar os inferiores ao normal. Mas trata-se realmente da criação de novas espécies? O próprio Darwin declarou em seu prefácio à última edição de *A origem das espécies* que ele acreditava que a "seleção natural" era só uma das formas de funcionamento da evolução, e sentiu-se decepcionado quanto a que esta precaução não fosse notada no entusiasmo geral por esta ideia de "sobrevivência do mais forte". De fato, esta ideia foi adotada rapidamente por um entusiasmado público que deu forma ao movimento eugenista, ao racismo "científico" e ao nazismo. Ela dá autoridade às afirmações racistas de superioridade e inferioridade, feitas por pessoas ignorantes da história ou do funcionamento da ciência.

A sobrevivência do mais apto não é uma prova de "superioridade"; é simplesmente um critério baseado em quais indivíduos terão sua progênie com maior participação no futuro da espécie. Apesar do filme *Ao Sul do Pacífico* ter nos dito que o racismo, para existir, "tem que ser cuidadosamente ensinado", penso que as evidências demonstram que é uma parte básica da natureza humana suspeitar daqueles que não se parecem conosco e com as pessoas que nos cercam. É habitual que a nível tribal os membros chamem-se a si mesmos "as pessoas" (em seu idioma) e aos demais como não-pessoas, sendo considerados inferiores ou malvados. Neste momento nos EUA e em toda a Europa podemos vê-lo como a "supremacia branca" — no próximo século pode ser a "supremacia han", especialmente se os EUA se dirigirem à superstição, à corrupção e ao governo das turbas ignorantes comandadas por pregadores, enquanto a China continuar a fazer ciência.

O que ocorre é que a ciência se desvia às vezes por suposições de senso comum e falsas suposições de figuras de autoridade e inclusive da política. Acredito que é este último componente fantástico o que criou a oposição entre darwinistas e autoridades religiosas que se opunham à teoria evolutiva, principalmente as igrejas protestantes, especialmente as "evangélicas". As igrejas católica e episcopal acabaram aceitando as montanhas de evidências da evolução com a advertência de que era Deus quem controlava a evolução — um "argumento teleológico" utilizado pelo padre Teilhard de Chardin para terminar de convencer a Igreja (com risco de excomunhão, que para os fiéis católicos é, literalmente, "um destino pior do que a morte").

O argumento é que Deus utilizou a evolução para criar a humanidade — a evolução foi a ferramenta de Deus. Padres inteligentes são mais a regra que a exceção; penso que a imposição do celibato ao clero católico foi uma forma de impedir que os indivíduos mais brilhantes tivessem filhos — deliberadamente ou não, deve ter tido esse efeito. Naturalmente, nas altas esferas da Igreja medieval, ter filhos ilegítimos (a família Médici é um exemplo) não era raro.

Entretanto, ainda havia uma batalha entre religião e ciência: segundo a Bíblia, a totalidade da criação realizou-se em seis dias. Todos os animais, pássaros e coisas que rastejam foram feitos nesses seis dias. Assim, ocorreram discussões acadêmicas sobre se os "dias" mencionados na Bíblia são os dias de 24 horas de hoje, ou dias milenares, antes da criação do sol (que ocorreu no terceiro dia da criação). A medida de nossos dias é o nascer do sol no leste e o pôr-do-sol no oeste. O que poderia constituir um dia mais além da duração do sol no céu? Mesmo poucas décadas depois da morte de Darwin, suspeitava-se amplamente que a Terra tinha milhões de anos devido à datação radioativa dos estratos geológicos.

Então, aparentemente, era estar de acordo ou em desacordo com a Bíblia o que decidia a veracidade de uma teoria científica? A verdadeira questão é: por que um texto da Idade do Ferro deveria dominar nossa compreensão do universo, já que sabemos muito mais do que se sabia há dois mil anos? Galileu afirmou que "Deus escreveu o manual dos céus e está escrito na linguagem da matemática". Também disse que "A Bíblia mostra o caminho para ir ao céu, não como funciona o céu". Se temos que negar a realidade para aceitar uma religião, nosso primeiro ato nessa religião é uma mentira. Darwin e o próprio darwinismo tornaram-se uma espécie de religião, com regras estritas baseadas na autoridade. Agora deixaremos Darwin (apesar de que vale a pena dedicar-lhe tempo) e veremos como sua teoria, restringida por devotos seguidores da seleção individual, afetou a maioria das teorias modernas do envelhecimento, já que isso é o que nos interessa. O que diz o darwinismo sobre a evolução do tempo de vida?

Fatores que influenciam a evolução

Em primeiro lugar, antes de aceitar a "seleção natural" como mecanismo da evolução, consideremos outros fatores que têm mais probabilidade de criar novas espécies que de aperfeiçoar as existentes. Como apontou o Dr. David Neill (do qual falaremos), a seleção natural explica a microevolução, mas não as mudanças a mais longo prazo a nível de espécie nem as mudanças nos táxons superiores (como gênero, família, classe e ordem). Uma parte do pensamento de Darwin que o fez decidir que a evolução ocorria em pequenos passos ao longo de gerações foi a analogia entre as variedades de animais exóticos produzidas por criadores de animais — como as pombas "de luxo" que divergem muito do comum, mas devemos considerar que seguem sendo reconhecíveis como pombas.

Há fatores diferentes da "seleção natural" que influenciam a evolução:

1. **Extinções em massa:** durante a evolução da vida na Terra ocorreram várias extinções em massa que determinaram a trajetória da vida na Terra.

2. **Monstros potenciais:** mutações de um único gene com efeitos pleiotrópicos podem ter efeitos significativos nas populações.

3. **Deriva genética:** é importante em populações pequenas, onde acontecimentos aleatórios podem eliminar alelos raros, que poderiam ser comuns em populações maiores. Isso é particularmente evidente quando ilhas estão povoadas por uma escassez de espécies (como as famosas Ilhas Galápagos, onde Darwin viu uma clara evidência dos esforços da evolução para adaptar uma população a seu entorno). Populações fundadoras são um exemplo extremo, em que os fundadores de uma população geograficamente nova são tão poucos e, portanto, tão limitados em diversidade, que sua descendência será limitada geneticamente aos alelos (variantes genéticas — por exemplo, olhos pretos em vez de azuis) que portavam os fundadores, que podem não ser representativos das populações maiores das quais se derivaram.

4. **Fluxo genético:** genes são intercambiados por populações que têm alelos diferentes entre si.

5. **Epigenética (e o enfoque evo-devo):** quando surgiu a "síntese moderna" da teoria evolutiva e a genética mendeliana (uma referência ao título de um livro, *Evolução: a síntese moderna*, de Julian Huxley de 1942 — de forma que é mais "moderna" que o "art nouveau"), ela não deu quase nenhuma atenção à relação entre embriologia e desenvolvimento. O "ponto de vista embriológico" de que "a ontogenia recapitula a filogenia" — ou seja, que o desenvolvimento do organismo desde o zigoto (óvulo fecundado) até o

nascimento é uma recapitulação (por assim dizer) do desenvolvimento da espécie a partir de ancestrais mais simples — foi deixado de lado em favor de estudos matemáticos de sistemas simplificados demais, mas não por isso deixou de estar certo, como mostraram estudos como o de Dobzhansky em genética de populações. Os princípios da evo-devo serão discutidos mais adiante, mas por enquanto apenas observemos que a natureza não é desperdiçadora, mas mantém o que funciona ao longo das eras, conservando conjuntos funcionais de genes e seus produtos, como redes reguladoras de genes multicomponentes (GRNs), ao longo de grandes trechos de distância evolutiva (em alguns casos — como o controle da energia celular por um sistema que começa com o receptor de insulina e termina com o domínio das proteínas mTOR ou FOXO — desde os nematódeos até os humanos). Também vemos que as mesmas GRNs controlam a progressão da idade celular desde os nematódeos até os humanos.

6. **Seleção de grupo:** o primeiro exemplo de seleção de grupo foi dado pelo próprio Darwin em seu livro *A origem do homem e a seleção sexual*, onde escreve: "Se um homem de uma tribo (...) inventasse uma nova armadilha ou arma, a tribo aumentaria em número, se espalharia e superaria outras tribos. Em uma tribo que ficasse assim mais numerosa, sempre haveria mais chances de que nascessem outros membros superiores e inventivos".[25] Entretanto, muito antes da década de 1960, a teoria evolutiva já não aceitava a seleção de grupo como um mecanismo importante da evolução, a não ser no caso dos insetos sociais, em que a "seleção de parentesco" era o mecanismo aceitável para o autor de *O gene egoísta*, Richard Dawkins, cuja tese era que a seleção ocorre não só no nível do indivíduo, mas no nível do gene. Nesta concepção, os seres humanos são meras mulas para transportar seus genes (Dawkins foi também o criador da palavra e do conceito de *meme* — uma entidade mental que se autopropaga). De fato, o que parece ser representativo do pensamento desta época é sua afirmação de que "a seleção de grupo no nível de espécie é algo infundado porque é difícil ver como se aplicariam pressões seletivas a indivíduos competidores ou não cooperadores".[26]
    Para mim este é outro exemplo de "argumento por falta de imaginação". Penso que esta restrição fundamental da "seleção natural"

à seleção individual transformou a ciência do envelhecimento num jogo de salão intelectual em vez de uma busca da verdade. Está claro que o objetivo da biologia é produzir a imortalidade, e até agora, só a religião pode reivindicar isso, apesar de que sem evidências. Quando deixamos de lado nossos preconceitos, os limites da nossa própria mente, podemos ver que a biologia pode alcançar esses objetivos que as religiões reivindicam, mas com evidências, abundantes evidências.

A teoria evolutiva e o significado do envelhecimento

Em uma proposta muito interessante, David Neill escreveu o artigo *A evolução do tempo de vida* (na tradução em português do original em inglês).[27] O próprio nome de seu artigo deveria ser um contrassenso, já que, segundo as autoridades que desenvolveram a teoria moderna do envelhecimento — a "síntese moderna" — o envelhecimento não é uma característica sobre a qual a seleção natural possa operar. Mas por que isso? Porque o envelhecimento, ao ocorrer durante o período pós-reprodutivo de um animal, não pode ser objeto de seleção: ao ser pós-reprodutivo, não deveria influenciar na contribuição de um indivíduo para o futuro. O artigo do Dr. Neill apresenta claramente o problema ao citar John Maynard-Smith em relação à teoria de August Weismann — um dos biólogos mais importantes de sua época, quem, em seu livro de 1882 *Über die Dauer des Lebens*, disse que um processo de envelhecimento seria útil para eliminar uma geração parental e liberar recursos para sua descendência mais apta. "A teoria de Weismann, entretanto, ao implicar a seleção em nível de espécie e não em nível individual, não se considera aplicável de forma geral", disse John Maynard-Smith em 1976. Observem que Maynard-Smith era matemático, não biólogo, e reduziu a teoria da evolução a modelos simplistas em que só a "aptidão" e a seleção individual em modelos de brinquedos determinavam as regras do processo.

A ideia subjacente é que para limitar o tempo de vida adulto, os indivíduos teriam que sacrificar seu próprio tempo de vida e a produção contínua de sua própria progênie pelo bem do grupo, e que os genes desse comportamento altruísta para com indivíduos da mesma espécie não relacionados diretamente e que competem ativamente se perderiam, já que a competição individual por recursos e produção de progênie eliminaria aqueles com "genes altruístas" ao longo do tempo. Este raciocínio considerou-se suficiente para eliminar a seleção de grupo como mecanismo legítimo, e o jogo passou a ser como limitar o tempo de vida sem invocar a seleção de grupo.

Evidentemente, um organismo que vivesse mais tempo produziria mais descendência, de forma que o prolongamento da vida deveria ser possível só por seleção individual. É algo bem conhecido que espécies têm tempos de vida máximos, de modo que um ser humano pode muito ocasionalmente viver até os 120 anos, mas nunca (sem algum tipo de intervenção) chegará aos 200; uma baleia azul pode viver até os 200 anos, mas não chegará aos mil anos, etc. Também sabe-se que, dentro de uma mesma espécie, vários grupos podem ter tempos de vida diferentes, de modo que cachorros pequenos podem viver 12 anos e cachorros grandes, menos de 9 anos, enquanto que entre os golfinhos as fêmeas vivem o dobro que os machos (mais de 60 anos). Também é conhecido o fato de que o tempo de vida tem correspondência com a taxa de predação em muitos animais — camundongos, que têm uma alta taxa de mortalidade por predação, têm vidas curtas e tornam-se sexualmente maduros muito, muito jovens, enquanto que animais com baixa predação, como os esquilos, têm vidas muito mais longas e se reproduzem mais tarde. Discutiremos mais a fundo isso, especialmente no que diz respeito à observação do naturalista Ricklefs de que "nenhum padrão da vida, incluindo desenvolvimento, maturidade e envelhecimento, deixa de variar entre as espécies de vertebrados só por expansão ou contração de uma escala de tempo comum".[28]

Voltaremos a falar das ideias inovadoras de David Neill quando tenhamos analisado a origem de muitas das "teorias" modernas sobre o envelhecimento, mas é interessante que Neill tentou resolver dois problemas com uma só solução:

1. Por que a proporção da idade de maturidade sexual é sempre uma fração do tempo de vida total, sendo essa fração específica para todos os membros de uma classe de vertebrados terrestres (anfíbios, répteis, mamíferos ou aves), com a proporção entre idade de maturidade sexual e tempo de vida (médio ou máximo, já que também são proporcionais) aumentando nessa mesma ordem das classes de vertebrados, de maneira que as aves têm a maior relação entre tempo de vida e idade de maturidade sexual (parece que entre os ciliados obtém-se o mesmo — uma relação definida entre idade, em divisões celulares na maturidade sexual, e tempo de vida clonal total, também em divisões celulares).

2.   Que a evolução, ao menos da forma como se define pela variação natural e a seleção natural, ou seja, a evolução darwiniana, não deveria ter nenhum mecanismo para criar a crescente complexidade e o desenvolvimento da inteligência que vemos evoluir através do tempo evolutivo. A evolução para se adaptar a um entorno tem a opção de mais complexidade ou menos complexidade e não há nenhuma razão para mais complexidade — de fato é o contrário.

Como eu disse, analisaremos a teoria do Dr. Neill, que penso que tem alguns raciocínios importantes e explica alguns aspectos do envelhecimento, mas como o Dr. Neill acreditou na ideia de que uma programação do envelhecimento requereria a seleção de grupos e portanto não seria aplicável em geral, isso fez com que fosse, como tantos outros, na direção errada.

O jogo do envelhecimento

Lamentavelmente, chamar o "estudo" do envelhecimento de um jogo quando se aprendeu muitíssimo sobre os mecanismos da vida celular é um pouco injusto. Entretanto, se fosse mais que um jogo, teria proporcionado resultados, e não fez isso — ao menos não significativos, como seria um aumento integral e não meramente fracionário da duração da vida. Porém, nosso grupo (Nugenics Research/Yuvan Research) produziu resultados significativos, com o potencial de proporcionar imortalidade, ao não acreditar na "sabedoria" que se acumulou desde o momento em que a "programação do envelhecimento" postulada por August Weismann (em 1882) foi rejeitada pela ciência convencional, baseando-se não em evidências, mas na falta de imaginação e talvez em um profundo temor a uma morte programada. Isso foi realmente uma mostra de incrível arrogância, já que no final do século XIX a ciência convencional não sabia quase nada sobre a base da vida. Para mim, isso é descartar um argumento porque não se consegue conceber que possa ocorrer como se sugere — prova por falta de imaginação.

Penso que esta é a razão pela qual a Igreja escolheu a hipótese razoável elaborada por Platão e depois por Aristóteles, de que a alma não era física — e como eu disse, quase todas as descrições das propriedades da "alma" de Aristóteles descrevem o funcionamento dos sistemas nervoso e endócrino — e a única parte que Aristóteles considerava não material, a capacidade de raciocinar, a equipararíamos à "mente"; à afirmação da mente ser "imortal" (apesar de sem sentimentos, só pura razão) não se dá nenhuma justificativa. Platão pensava que a mente imortal viajava de volta ao mundo das ideias para renovar-se e reencarnar em outro corpo (de modo que você nem sequer possui sua alma). Que esse algo invisível — sua "parte pensante" — era imortal e abandonava o corpo para habitar um céu criado por Deus, como recompensa eterna por ser obediente na Terra ou para sofrer um castigo eterno por desobediência, não era uma crença que Jesus tenha compartilhado em algum momento, mas a "reencarnação", inclusive dos cadáveres decompostos era algo que estava mais além da lógica e da compreensão, como se o universo estivesse limitado pela capacidade da humanidade de entendê-lo.

A "alma" era uma antiga réplica (apesar de mal definida e muito limitada) de um ser humano. A vida no mundo das profundezas era, portanto, uma forma muito restrita da vida na Terra. Os filósofos gregos mantiveram essa ideia, mas por quê? Será que eles também não queriam morrer? As ideias de castigo eterno e de felicidade eterna vêm da religião persa zoroastriana. Dessa forma, na verdade, a Igreja dos primeiros tempos parece ter sido bastante eclética ao escolher o melhor das mitologias para formar uma religião que dava à Igreja o controle total de uma pessoa, tanto durante a vida quanto na vida após a morte. Se você ouvisse e fizesse o que te diziam (em geral eram boas recomendações — não me entendam mal, Jesus e mesmo alguns "Padres da Igreja" tinham muitas coisas boas a dizer [e muitas ruins também]), podia esperar a felicidade eterna, mas se você fizesse as coisas que os mandamentos bíblicos e a lei da Igreja diziam que não fizesse, supondo que fossem o suficientemente más, o castigo era duro (Dante, por exemplo, classificava os pecados e os pecadores dignos do Inferno — estes últimos costumavam ser seus inimigos políticos).

Voltemos ao raciocínio. Inicialmente, os grandes geneticistas e evolucionistas Haldane, Hamilton e Fisher fizeram a observação de que os animais mais velhos produziam menos progênie, e que a fertilidade diminuía com a idade. Depois, durante uma conferência em 1951, Peter Medawar propôs que a velhice era o resultado de mutações acumuladas na linha germinal que só agiam na vida posterior, pós-reprodutiva, e que portanto eram resistentes à seleção. Entretanto, embora aparentemente não se tenha notado, esta explicação era um raciocínio circular: a proposta era que a velhice ocorria porque mutações deletérias que aconteciam ao longo do tempo evolutivo não eram barradas pela seleção porque só ocorriam no final da vida e, portanto, eram resistentes às pressões de seleção porque a capacidade reprodutiva diminuía, mas também afirmava-se que a velhice e o período pós-reprodutivo aconteciam por causa das mesmas mutações, as que provocam a redução da capacidade de reprodução, que não eram barradas pela evolução porque só se manifestavam na velhice (pós-reprodutivamente). Neste raciocínio, os genes que causavam o envelhecimento decorriam do envelhecimento, já que a perda de potencial reprodutivo com a idade é parte do envelhecimento. Além disso, como explicaria isso o tempo de vida fixo dos animais (ou das plantas — muitos fungos parecem ser imortais, inclusive os multicelulares grandes)?

Em 1957, George Williams ofereceu outra explicação denominada "pleiotropia antagonista", que poderia explicar melhor o envelhecimento e a morte.[29] Nesse caso, a "teoria" de Williams baseava-se no conhecimento, naquele então recentemente adquirido, de que as proteínas podem ter várias funções bastante diferentes para uma mesma molécula; uma molécula que é uma enzima metabólica no citoplasma pode ser um fator de transcrição (uma molécula que controla a produção de outras moléculas no nível da transcrição [usar a informação do DNA como base para produzir o RNA que se traduzirá em uma proteína]) no núcleo. O que ocorreria, pensou George Williams, se durante a juventude uma proteína mostrasse suas funções pleiotrópicas "boas", de modo que aumentasse a capacidade do organismo de se reproduzir de forma bem-sucedida, mas, na velhice, essa mesma proteína mostrasse sua face pleiotrópica ruim para a célula, causando danos em vez de um benefício? Segundo o raciocínio de Medawar,[30] como a proteína produzia efeitos bons durante a juventude, deveria ter a seleção a seu favor, e esses reprodutores altamente eficazes deveriam dominar as gerações seguintes, mesmo se a redução de suas capacidades após a reprodução (devido a que a face do "monstro" de suas proteínas pleiotrópicas substituiriam a face anterior benéfica do "médico" — uma referência a *O médico e o monstro*) causasse o envelhecimento e a morte.

Isso, evidentemente, supõe que tais proteínas existem, o que penso não estar correto. Mas, além disso, por que e quando essa face pleiotrópica do "monstro" "decide" de repente trocar suas atividades pelas deletérias do "monstro"? A qual idade ocorre isso e por que nesse momento? Vijg e Kennedy, em seu artigo *The Essence of Aging*, dão o que descrevem como o próprio exemplo de George Williams sobre o funcionamento da "pleiotropia antagonista": "Ele concebeu a hipótese de que um gene para rápida calcificação dos ossos durante o desenvolvimento teria a seleção a seu favor apesar de que isso também poderia leva à deposição de cálcio nas paredes arteriais, um fenótipo relacionado à idade que já é observado na meia-idade ou antes".[31] Apesar de que de fato o mesmo gene pode explicar ambos os fenômenos — a mineralização dos ossos durante o desenvolvimento ("bom") e a mineralização das veias durante o envelhecimento ("ruim") — há um mal-entendido básico sobre o funcionamento dos genes.

Apesar dos primeiros geneticistas procurarem a diferença entre o ser humano e outras espécies de mamíferos baseando-se nas diferenças entre seus genes, o fato é que, levando-se em conta os mais de 20 mil genes do genoma humano, um número aproximadamente igual de genes quase idênticos está presente em todos os demais mamíferos! Na maioria dos casos, não é a presença ou ausência de genes no genoma o que determina o fenótipo (aspecto e comportamento, etc.) de um animal, já que é o momento, o lugar, a duração e o grau de expressão desses genes (junto com o momento, o lugar, a duração, etc. de outros genes que podem interagir com eles), entre outros muitos fatores como a presença de hormônios ou células próximas, o que faz a diferença no fenótipo. Ou seja, não é a presença ou ausência dos genes em si, já que estão presentes de forma quase universal em todos os mamíferos e são em grande medida intercambiáveis. De fato, inclusive genes de organismos simples como o *C. elegans* substituem adequadamente os genes homólogos* de organismos superiores como mamíferos e vice-versa. Então, a verdadeira questão deveria ser: por que as veias ativam os genes que ocasionam sua mineralização na meia-idade e na idade avançada, e não antes, na juventude (e inversamente — e conhecemos parte da resposta — por que os ossos detêm sua mineralização a partir de certa idade)?

Então, há uma diferença de tempo e lugar (ossos jovens, veias velhas) na expressão do gene — a função (atividade pleiotrópica) não muda, o gene continua recrutando cálcio para formar depósitos, mas não ao mesmo tempo e não no mesmo lugar durante o envelhecimento que durante a juventude. Dessa forma, segundo Vijg e Kennedy, o exemplo "icônico" de Williams como acabou-se de analisar não apoia a tese de Williams de que o gene mudou seu comportamento; o comportamento continuou sendo o mesmo, mas só foi utilizado para um propósito diferente e destrutivo durante o envelhecimento. A função de um martelo não muda se você usá-lo

---

* "Genes homólogos" são genes de diferentes táxons (espécies, gêneros ou mesmo reinos e domínios) que têm uma ascendência comum e sequências similares de nucleotídeos, que codificam proteínas (no caso dos RNAm) com sequências similares de aminoácidos (ou inclusive simplesmente conformações tridimensionais similares). Os genes homólogos costumam ser descobertos procurando-se trechos longos de sequências que sejam idênticos ou quase idênticos, de modo que em diferentes organismos, estes genes frequentemente têm funções similares ou idênticas).

em um prego ou em uma cabeça humana, continua sendo aplicar muita energia cinética a uma área pequena.

Apesar da maioria dos pesquisadores aceitar a "pleiotropia antagonista", fazem-no na verdade em um sentido metafórico. Por exemplo, o produto gênico (proteína) chamado TOR contribui para o crescimento durante o desenvolvimento, mas também impede o reparo e a manutenção durante o envelhecimento, apesar da função da proteína TOR não mudar — continua promovendo os processos de crescimento e inibe o fator de transcrição FOXO (que promove a transcrição dos genes envolvidos no reparo e na manutenção). O fármaco rapamicina, isolado de um fungo encontrado na Ilha de Páscoa (onde essas gigantescas estátuas de pedra com longos lóbulos das orelhas guardam eternamente seus habitantes), chamado por seus habitantes de *Rapa Nui*, inibe especificamente a TOR (que significa "Target Of Rapamycin" [alvo da rapamicina, em português]) e permite a expressão do FOXO, razão pela qual prolonga a vida em vários modelos animais (note-se que aqui também o reparo de danos existentes aumenta o tempo de vida).

O cientista russo Blagosklonny acredita que o caminho para a longevidade humana inclui a inibição do complexo mTORC1 (complexo TOR dos mamíferos ou "mecanístico"), que está unido fisicamente ao lisossomo.[32] Mas discutiremos por que esta é uma solução insatisfatória, já que no máximo pode atrasar o inevitável. Observem que, apesar da "negação" a permitir a manutenção e o reparo por parte do mTOR (mais concretamente, do complexo mTOR-C1) poder considerar-se um mecanismo "fora de lugar" que, infelizmente, encurta o tempo de vida, também pode considerar-se um mecanismo que funciona perfeitamente para aumentar o risco de mortalidade com a idade, uma parte importante do "programa de envelhecimento" descartado pelos contemporâneos de August Weismann.

Mesmo antes de George Williams publicar sua teoria da "pleiotropia antagonista", outro mecanismo através do qual poderia ocorrer o envelhecimento foi defendido por Denham Harman, um engenheiro tão entusiasmado pelas perspectivas de entender o envelhecimento que se formou em medicina para se dedicar a isso (sua tese básica foi proposta originalmente pelo Dr. Gershman em 1954, mas era basicamente a observação de Weismann de que à medida que os organismos envelhecem tornam-se menos aptos).

Ao ser um engenheiro, Harman sabia que havia todo tipo de forças destrutivas em nosso entorno, como raios cósmicos e a radiação de fundo normal, e que, à medida que avançava o tempo, era de se esperar que este acúmulo de danos alcançasse níveis tóxicos, causando o envelhecimento. Com o conhecimento adicional por parte de outros pesquisadores de que o próprio metabolismo oxidativo da célula nas mitocôndrias produzia radicais livres tóxicos como o ânion radical superóxido (O_2^-) e o peróxido de hidrogênio (H_2O_2) (que os glóbulos brancos utilizam para matar as bactérias), proporcionando uma fonte constante para danos de oxidação macromolecular, esta ideia ficou ainda mais respaldada. Este era, além da "pleiotropia antagonista" (da forma como era entendida pela maioria), o foco principal do campo do antienvelhecimento: o envelhecimento era o resultado dos danos macromoleculares (normalmente no DNA) devido a eventos aleatórios, potencialmente destrutivos e de alta energia (como a transferência de um só elétron ao oxigênio atmosférico) que se acumulam com o tempo. Assim, considerava-se que as mutações somáticas (alterações de sequências vitais do DNA) eram o mecanismo do envelhecimento — mas não havia evidências definitivas de que isso ocorresse (apesar de que poderia ser um mecanismo do câncer).

Mais tarde, os danos do DNA mitocondrial substituíram os danos do DNA nuclear como suposta causa do envelhecimento, já que a menor eficiência mitocondrial observada nas células "envelhecidas" levava a um aumento da concentração intracelular de espécies reativas de oxigênio (conhecidas como ROS — ânion radical superóxido, peróxido de hidrogênio e diversos compostos nitrogenados como o NO) e outras espécies moleculares altamente energéticas e, portanto, destrutivas (utilizaremos ROS como termo geral para nos referir tanto às ROS quanto a essas outras espécies altamente energéticas). Assim, a concentração de ROS era mais alta nas mitocôndrias, e os sistemas de reparo do DNA mitocondrial eram piores que os sistemas nucleares.

De fato, a Fundação de Pesquisa SENS (SRF) — uma instituição muito envolvida na pesquisa sobre o envelhecimento — deslocou genes da mitocôndria para o núcleo (pois ao longo da evolução, os genes mitocondriais deslocaram-se para o núcleo sem ajuda externa) como um esforço para protegê-los dos danos causados pelas ROS. Claramente é um experimento interessante, mas é improvável que tenha algo a ver com o envelhecimento. Certamente não ajudará quem está vivo agora, mas poderia (apesar de ser pouco provável) prolongar a vida de nossos filhos se essa manipulação da evolução humana, com resultados totalmente desconhecidos e insondáveis, em algum momento for permitida (espero que não, apesar de que eu não me oporia a ver um animal inteiro [um rato, por exemplo] cujas células tivessem sido assim reconfiguradas).

Nos parágrafos anteriores mencionei o reparo do DNA e, de fato, como os danos aleatórios eram o suposto mecanismo do envelhecimento, a introdução da capacidade da célula de reparar tais danos enzimaticamente pareceria ter um efeito arrepiante em todas as teorias estocásticas do envelhecimento que supunham que o envelhecimento e a morte eram o resultado precisamente de causas como os danos acumulados: se a célula era capaz de reparar os danos macromoleculares (e os únicos danos realmente essenciais eram os do DNA, já que qualquer outra parte danificada podia ser substituída a partir das instruções existentes no DNA), o que causava as condições de degeneração nas células envelhecidas?

Uma resposta popular era que as capacidades de reparo da célula não estavam à altura da tarefa de reparar todos os tipos de danos, ou de repará-los corretamente. Assim, o tempo de vida deveria depender da eficácia do reparo dos danos no DNA; nos anos 1980, argumentos defendiam que um rato não vivia tanto quanto um humano porque sua endonuclease de reparo não era tão eficaz quanto a humana. Uma "endonuclease de reparo" é uma enzima que reconhece os danos no DNA e põe uma "marca" perto deles (uma "marca" é um corte único de um só filamento do DNA de cadeia dupla), para que outras enzimas possam reconhecê-los, eliminá-los e substituí-los por DNA corretamente sequenciado e não danificado (a enzima DNA polimerase de reparo — a enzima responsável por realizar este reparo — obtém sua informação do filamento de DNA complementar). Mas esta descrição do reparo do DNA é mais aplicável aos muito mais simples sistemas bacterianos, já que o processo de reparo do DNA é mais complexo nos eucariontes, com o DNA cercado de proteínas histônicas e não histônicas, assim como de cadeias de RNA de vários tipos.

Nessas primeiras teorias evolutivas do envelhecimento, os danos estocásticos representavam o mecanismo do envelhecimento. O meio ambiente continha suficientes fontes de moléculas e radiações danosas de alta energia para acabar danificando as biomoléculas vitais. Entretanto, com o tempo ficou claro que a natureza não era alheia a este ataque constante à integridade celular, e desenvolveu meios para contrapor-se a ele — o reparo do DNA, outras formas de reparo (as proteínas chaperonas que reformam as proteínas mal enoveladas, por exemplo) e uma série de enzimas para governar os potenciais redox dos diferentes compartimentos celulares (ou seja, núcleo, citosol [sem incluir as organelas do citoplasma], mitocôndrias, retículo endoplasmático, etc.).

De fato, o reparo do DNA era tão fundamental para a vida que até mesmo essas estranhas criaturas, os vírus, que andam na fronteira entre o vivo e o não vivo, inclusive esses vírus que atacam bactérias (e que provavelmente existiam antes das primeiras células eucariontes), tinham seus próprios sistemas de reparo do DNA, e de diferentes tipos para diferentes tipos de danos. A célula não era um "saco de pancadas da natureza" passivo, podendo responder aos danos com reparo.

Thomas Kirkwood reconheceu que a existência do reparo do DNA e de outros tipos de reparo celular modificava o argumento. Como os danos aleatórios e acumulados podiam ser a causa do envelhecimento, se esses danos podiam ser reparados pela célula? Evidentemente (como apontou pela primeira vez August Weismann), o soma (corpo) e as células da linha germinal separavam-se em uma fase inicial do desenvolvimento, e enquanto que as células da linha germinal eram capazes de um reparo quase perfeito que permitia que seu conteúdo continuasse sendo o mesmo durante milênios (as mutações notáveis eram a exceção e não a regra), as células somáticas tinham um tempo de vida limitado e, segundo as predominantes teorias estocásticas sobre o envelhecimento, uma capacidade limitada de reparar a si mesmas de forma perfeita, sendo que essa incapacidade provocava o envelhecimento e a morte. Evidências recentes demonstram que isso não está correto, que as células germinais envelhecem e que a idade dos primeiros embriões é a mesma de suas mães. Assim, a linha germinal envelhece sim, mas quando ocorre a gastrulação (uma etapa embrionária inicial), e os próprios genes do embrião começam a controlar seu desenvolvimento, as células do embrião zeram sua idade (e aparentemente realizam um reparo perfeito).[33]

Naquela época (por volta dos anos 1980), a maioria dos estudiosos da evolução tinha clareza quanto a que a imortalidade do organismo individual não era um dos objetivos da evolução, mas a imortalidade da espécie era. Mas por que não fazer o indivíduo o mais imortal possível (pelo menos reparar os defeitos de todas as suas células, somáticas e da linha germinal)? A resposta que Kirkwood deu a isso foi que na natureza, a energia disponível para qualquer organismo era escassa e tinha que ser utilizada só para as funções mais essenciais, e como a história da vida tinha mais de 3,5 bilhões de anos, era claro que a função mais importante era reproduzir-se para garantir a continuidade da espécie.

Dessa forma, o argumento da "teoria" de Kirkwood, conhecida como *soma descartável*, é que, como a natureza só proporciona uma energia limitada em média a qualquer organismo, essa energia é direcionada para a reprodução, o que permite que só as células da linha germinal, segregadas do "soma" (corpo) durante o desenvolvimento embrionário, utilizem a escassa energia disponível para realizar um reparo sem erros, já que a linha germinal deve persistir por toda a duração da espécie, enquanto que a falta de energia limita em grande medida a partilha da capacidade de reparo com a célula somática, já que o corpo individual é periférico para a sobrevivência da espécie. Ele precisava viver o suficiente para se reproduzir e, nos mamíferos e nas aves, para criar sua descendência até a autossuficiência (a fêmea dos polvos oxigenando e protegendo sua cria é algo comparável).

Então, esta "teoria" do *soma descartável* (de fato, Kirkwood não finge que é uma teoria em uma definição científica, no sentido de que não é o resultado de várias hipóteses provadas que convergem em uma maior compreensão, nem no sentido de que seja preditiva) simplesmente proporciona uma "explicação" sobre como um organismo que tem a capacidade celular, como se verifica em suas células da linha germinal, de reparar perfeitamente a si mesmo, não o faz e portanto envelhece e morre.

Essas "teorias" apresentadas anteriormente são as chamadas "teorias evolutivas do envelhecimento". As teorias de Medawar afirmam que os genes deletérios só agem no fim da vida (mediante um processo defeituoso de raciocínio circular que essencialmente diz que a velhice causa a velhice). E, entretanto, esses genes existem; por exemplo, a proteína transportadora de hormônios tireóideos, a transtirretina, produz-se em excesso no envelhecimento, apesar de já não ter a função de transportar hormônios tireóideos, e como é uma proteína formadora de amiloides, contribui para a amiloidose que se observa no envelhecimento; entretanto, não se trata de uma mutação no gene da transtirretina, mas em sua regulação. Não temos evidências de mutações que apareçam repentinamente na meia-idade ou na idade avançada, simplesmente temos fenótipos de idade diferentes em idades diferentes. Se a ideia de Medawar sobre o envelhecimento estivesse correta, e buscássemos um caminho para a imortalidade, seria conveniente para nós encontrar e corrigir essas mutações nocivas que só aparecem no final da vida, mas não existem tais mutações — de forma que não há imortalidade para ser encontrada ali.

Se a teoria de Williams estivesse certa, não haveria forma de controlar o caráter "médico" e "monstro" dos genes que são benéficos na juventude e mortais em anos posteriores. Neste modelo, não há nenhuma pista sobre quando um gene mudaria seu caráter para uma forma deletéria. Exploramos o exemplo de George Williams de um gene icônico que exibe "pleiotropia antagonista" — a proteína de fixação de cálcio que mineralizava os ossos na juventude e as veias na velhice — mas descobrimos que, longe de ser um exemplo de um gene que assume diferentes formas e funções, tratava-se na verdade de um gene utilizado de diferentes maneiras em diferentes tecidos em diferentes etapas da vida. O gene que originalmente mineralizava os ossos mediante a fixação de cálcio em uma etapa do desenvolvimento no tecido ósseo, simplesmente era utilizado para um propósito diferente em um tecido diferente (as veias) em uma etapa de desenvolvimento diferente depois da idade adulta. Se o propósito dessa mudança de uso é benigno ou nefasto não é algo decidido por essa proteína fixadora de cálcio, cujas atividades continuam sendo as que eram (fixação do cálcio), mas pelas células que a produziram.

Poderíamos nos perguntar (e teremos uma resposta) por que as células venosas iriam querer depósitos de cálcio, mas isso não deveria ser perguntado ao gene, já que não teve participação nessa decisão, mas à célula que o evocou. Um caminho para a imortalidade, ou pelo menos para um prolongamento substancial da vida, não poderia ser implementado de forma bem-sucedida se este modelo estivesse correto. Pessoalmente, não acredito que esteja correto, e o argumento pode ser expresso melhor dizendo-se que *os genes podem mudar suas funções em um espaço multidimensional que inclui o tipo de tecido, a etapa de desenvolvimento, o órgão e o entorno intercelular e intracelular.*

Por último, a mais ampla das teorias "evolutivas" estocásticas do envelhecimento (um estranho tipo de teoria evolutiva, sem biologia nem história da vida e nem sequer seleção de grupo), que permitiu a matemáticos como Thomas Kirkwood participar da conversa sobre a evolução, é a seguinte: se pudéssemos convencer as células de que sempre terão suficiente energia (não vivemos em um ambiente selvagem, e a falta de energia — calorias dos alimentos — é a menor das preocupações da maioria dos habitantes das nações industrializadas), poderiam elas começar a utilizar essa energia para reparar a si mesmas? Não há uma forma clara de fazê-lo, e tem-se a impressão de que as células continuariam se conformando com a imortalidade da linha germinal (ou de uma parte dela, pelo menos). Mas há possibilidade de imortalidade nesse caso (simplesmente modificar as condições para permitir um reparo perfeito em células que não sejam embrionárias), simplesmente mudando o momento em que as células somáticas perdem a capacidade de reparo, e basicamente é assim que funciona o E5 (o composto que usamos para rejuvenescer os ratos) — enganando a célula para que pense que é a célula de um animal jovem.

O que separa estas teorias amplamente aceitas de outra que mencionarei, depois de um breve interlúdio no mundo natural, é que em todas estas "teorias" evolutivas, o tempo de vida não tem nenhuma relação com o animal em seu entorno. A duração da vida está, segundo Medawar, determinada por mutações aleatórias pelas quais a espécie passou em sua longa história, mutações protegidas da seleção por estarem no fim da vida, que provocam o fim da vida. De forma que, aqui, se suspendemos a incredulidade, podemos supor que o tempo de vida de uma espécie é o resultado totalmente aleatório de mutações deletérias que a espécie adquiriu em sua história e que se expressam durante as etapas da vida que reconhecemos como a "velhice" da espécie. Não há nenhuma relação entre a duração da vida e o nicho — o tempo de vida deriva-se aleatoriamente.

Na versão ampliada da "pleiotropia antagonista" de George Williams, o argumento original de uma proteína pleiotrópica é substituído por um "sistema" pleiotrópico, como o yin-yang, uma eterna batalha entre o crescimento, representado pelo complexo mTORC1, e a manutenção e o reparo, representados pelo fator de transcrição FOXO (que controla a elaboração de muitos desses genes de reparo e manutenção). Sim, na juventude, o complexo mTORC1 dirigia a célula na direção correta, o crescimento, mas depois que o crescimento parou, a inibição mútua do complexo mTORC1 por parte do FOXO, e do FOXO por parte do mTORC1, junto com a ativação continuada do mTORC1, impede o reparo celular quando este é necessário. Isso é para muitos uma reivindicação da "pleiotropia antagonista", mas na verdade não é, já que a função do complexo mTORC1 continua sendo fomentar o crescimento e suprimir o reparo, mesmo se não for a melhor solução (do nosso ponto de vista) para a célula ou o organismo.

Então, talvez não seja surpreendente que o Dr. Blagosklonny acredite que a supressão do mTOR (que é o objetivo direto da rapamicina — e dos rapalogs — no caso do complexo mTORC1 mas não no do mTORC2) deveria aumentar o tempo de vida, o que de fato faz, mas só de forma ínfima e com efeitos colaterais. O verdadeiro problema, entretanto, é que como ele compreende equivocadamente o envelhecimento, Blagosklonny não percebe que a supressão do complexo mTORC1 só tem efeitos marginais nos organismos superiores. Mais uma vez, a teoria da "pleiotropia antagonista" também atribui aleatoriamente o tempo de vida a um mecanismo desconhecido que faz com que uma proteína, ou uma rede de regulação genética (GRN, na sigla em inglês), modifique-se para uma forma deletéria em alguma etapa específica do tempo de vida de um organismo sem pistas de por que ou quando isso aconteceria.

E finalmente, ao cortar a capacidade de reparo das células somáticas, o "soma descartável" limita o tempo de vida à probabilidade de que as células se inativem ou mutem com o tempo e não se dá nenhum mecanismo para determinar o tempo de vida que não seja o puro acaso.

O fato de saber que espécies têm tempos de vida máximos demonstra que o tempo de vida não está determinado pelo puro acaso. Na minha opinião, a representação caricaturesca da vida apresentada por um grupo de "evolucionistas" neodarwinistas que quer enfiar toda a ciência evolutiva em uma pequena caixinha que se sustenta inteiramente pela "variação natural" e a "seleção natural no nível do indivíduo", e lê os resultados de caricaturescos processos vitais a partir de seus modelos computacionais simplistas, não é a forma correta de basear teorias.

Em relação ao problema do prolongamento da vida no modelo do "soma descartável", se os mecanismos de reparo que supostamente conferem uma fidelidade perfeita à linha germinal (o que na verdade demonstrou-se ser falso, como indiquei anteriormente — é o embrião em uma fase inicial que zera sua idade) não podem ser invocados pelo soma, o problema pode ser resolvido então impedindo-se a criação de danos. Isso levou (em parte, junto com as ideias de Harman sobre o acúmulo de danos no envelhecimento) ao surgimento da ideia de que os compostos que impedem a formação de radicais livres e outras ROS (ou interceptam e desativam os causadores de danos) retardariam o processo de envelhecimento. Vitaminas antioxidantes e até mesmo enzimas como a superóxido dismutase (que simplesmente é digerida como qualquer outra proteína) foram tomadas em grandes quantidades com a finalidade de retardar o envelhecimento — mas não houve efeitos aparentes (apesar de que foram obtidos alguns efeitos em organismos simples e em culturas celulares), nem aumento do tempo de vida, nem (como muitos supunham) redução das taxas de câncer. De fato, experimentos que avaliavam os efeitos do antioxidante betacaroteno em fumantes de cigarros (o que seria óbvio segundo as teorias predominantes de acúmulo de danos, que causam o envelhecimento e o câncer) foram interrompidos devido à taxa excessivamente alta de câncer de pulmão naqueles aos quais foram administradas doses do antioxidante betacaroteno em comparação com os que receberam um placebo ("pílula de açúcar").[34]

Os diversos compostos antioxidantes, "armadilhas" de radicais livres feitas para neutralizar as ROS — muitos dos quais mostravam efeitos antienvelhecimento em culturas celulares e em organismos simples — não apresentaram efeitos, ou apenas efeitos limitados, em pessoas, até o ponto da Scientific American, uma revista de divulgação científica, dedicar uma edição a advertir os leitores sobre a falta de resultados comprovados do uso destes "nutracêuticos" e de outras combinações de vitaminas e minerais junto com antioxidantes vendidos sem necessidade de receita que estavam inundando o mercado à medida que a geração do *baby boom* começava a envelhecer. Nesse momento foram dadas muitas desculpas para explicar por que estes antioxidantes não funcionavam — alguns defenderam a teoria de que os antioxidantes artificiais desativavam a produção dos naturais. Mas ficou claro que o caminho para a imortalidade, ou mesmo para um prolongamento significativo da vida, não ia nessa direção. Se as ROS eram realmente as culpadas do envelhecimento, por que todos esses antioxidantes não funcionavam? Os animais tratados com eles deveriam ter suas células em um estado quase perfeito com toda essa proteção, certo? Uma pista é que funcionaram bastante bem nas culturas celulares, mas não em animais. Pode ser que o envelhecimento em células e em organismos funcione por mecanismos diferentes. A resposta curta, à qual se aplica nossa própria pesquisa, é que sim, mas não exatamente, já que existe uma retroalimentação entre as células e o organismo.

O que a vida tem a ver com isso?

Todas as teorias "evolutivas" da vida mencionadas anteriormente são, como já afirmei, o resultado de modelos matemáticos que se abstraem das realidades e complexidades da vida e de acontecimentos puramente acidentais — como as diversas extinções em massa nas quais morreram parcelas substanciais de seres vivos, modificando completamente o entorno e permitindo que novos regimes de vida substituíssem os antigos. Por exemplo, os gigantescos e rugidores dinossauros extinguiram-se, enquanto que os diminutos mamíferos, parecidos com toupeiras, que comiam seus ovos, transformaram-se em nós, após a dupla catástrofe do impacto de um asteroide na península de Iucatã, no México, e a tremenda expulsão de lava e gás na região das Armadilhas de Deccan, na Índia. Seria difícil incluir esses acontecimentos e predizer seus resultados em simples representações digitais do mundo vivo — seria como comparar o Pato Donald com um pato real.

Lembro que um artigo que li mostrava que um encurtamento da vida podia levar a uma maior densidade da população média (mais biomassa) se os animais fossem distribuídos geograficamente. Não me impressionou tanto este resultado (apesar de que foi a primeira demonstração por modelagem computacional do fato de que encurtar o tempo de vida podia ser vantajoso para a espécie — só isso foi um avanço, feito no MIT), mas sim que os modelos computacionais anteriores que os pesquisadores utilizavam para validar "teorias do envelhecimento" ("hipóteses" do envelhecimento, mais corretamente) não incluíssem a distribuição geográfica. Isso significa que estes hipotéticos animais desenvolviam-se em um mundo unidimensional? Como alguém poderia aceitar esse modelo de "seres vivos" em competição por "recursos" em um "mundo" unidimensional como evidência suficiente para fundamentar um tema tão importante quanto o tempo de vida? E, entretanto, as pessoas aceitaram-no.

Antes de deixar o tema das teorias "evolutivas" do envelhecimento, é importante mencionar que a sugestão de que a seleção de grupo não é uma força evolutiva importante está em contradição com um fenômeno que se observa amplamente no mundo atual mas que não era conhecido nem notado no período em que surgiu o darwinismo clássico, que é a introdução de espécies exóticas. Penso que quando um peixe cabeça-de-cobra asiático invade uma lagoa nos EUA, nem sequer o peixe centrárquido mais impiedoso ou a perca mais forte terão chance de vencê-lo. No leste dos EUA, o pardal inglês substituiu quase totalmente o pássaro azul oriental, e agora, a píton birmanesa está tornando-se um predador de primeira ordem nos Everglades da Flórida, competindo com sucesso contra o jacaré, e não sabemos o que será desta região à medida que subir o nível do mar.

O que quero dizer é o seguinte: eventos naturais (ou eventos causados pela humanidade, hoje em dia), incluindo a aparição de novas espécies e catástrofes (como o choque de asteroides), fizeram com que a seleção de grupo fosse uma fonte importante na mudança de populações nas regiões ao longo do tempo. A seleção de grupo pode estar na base das mudanças das espécies. Quando os fotossintetizadores produtores de oxigênio começaram a "envenenar" a atmosfera, ocorreu a primeira grande aniquilação de anaeróbios, e os poucos que sobreviveram ficaram confinados em lugares ocultos do planeta, e então os aeróbios tiveram à sua disposição uma nova e mais potente fonte de energia (a oxidação com oxigênio) se aprendessem a utilizá-la, e aprendemos.

Então, novamente, se desejam estudar o envelhecimento, querem começar com teorias matemáticas de brinquedos que mudam as predições em função da engenhosidade e da meticulosidade do criador do modelo, e não observar realmente o envelhecimento dos organismos biologicamente envelhecidos? Se fazemos isso, percebemos que há uma ampla gama de distribuições de tempo de vida; alguns protozoários e fungos são imortais, e a mortalidade dos organismos ciliados é bastante restrita (como mencionamos). Além disso, há esponjas — animais que têm uns dez tipos de células diferentes e que poderiam ser classificados como colônias de coanócitos (células unicelulares e flageladas "com colar") em que os amebócitos digerem e distribuem alimento (tanto os coanócitos quanto os amebócitos podem tornar-se gametas e gerar todos os tipos de células) — que podem viver mais de 10 mil anos, e o platelminto mais complexo também tem esse potencial. Há amêijoas de água fria que vivem 500 anos, e lagostas que vivem algumas centenas de anos (não envelhecem?). A fêmea do tubarão-da-groenlândia não é fértil até ter 150 anos, o que também indica uma vida muito longa.

Entretanto, quando chegamos aos vertebrados terrestres como nós, o tempo de vida se reduz consideravelmente. Mas o que determina o tempo de vida? Os evolucionistas nos dizem que é algo inevitável apesar de aleatório, mas isso não é o que observam os naturalistas. Há padrões no tempo de vida que são preditivos e explicativos — padrões que conectam a duração da vida com os papéis ecológicos; porém, isso não poderia existir se o tempo de vida não estivesse sujeito a seleção, se estivesse determinado por processos puramente aleatórios. Então, vamos analisar duas teorias que explicam a duração da vida como um processo não estocástico, a "teoria da taxa de vida", que explica muito, mas tem múltiplas exceções, e mais da teoria do Dr. Neill, que também explica muito, mas como indicam nossas evidências, aponta na direção errada. Veremos como algumas pequenas mudanças de perspectiva levam ao que cada vez mais é considerado o caminho para a imortalidade.

Bom, sei que estão cansados dessas teorias restringidas pelo "pensamento evolutivo" que decidem o que a vida pode fazer, mas quero me aprofundar nessas duas teorias. Não porque tenham justificativa do ponto de vista da evolução, mas porque apresentam uma interpretação totalmente diferente do tempo de vida, baseada na observação do envelhecimento em organismos. E finalmente, depois dessas duas teorias, apresentarei a minha.

A teoria da taxa de vida

Quase todo mundo está familiarizado com esta relativamente popular teoria do envelhecimento. Ela diz, em geral, algo assim: todos os animais vivem um número fixo de batimentos do coração, ou respirações. É evidente que mamíferos pequenos têm vidas curtas, com algumas exceções; amadurecem rapidamente (sexualmente) e morrem cedo. No extremo oposto, grandes mamíferos, como as baleias azuis, vivem muito mais tempo e amadurecem mais tarde. A base científica da teoria da taxa de vida começou com a observação de Max Rubner em 1908 de que animais maiores viviam mais tempo e tinham um metabolismo mais lento. Posteriormente, propôs-se uma relação entre a massa de um animal e seu metabolismo. Denominou-se Lei de Max Kleibers, segundo a qual a taxa metabólica basal (TMB) de um organismo é proporcional a seu peso à potência 3/4 (o que significa elevar ao cubo a raiz quarta — mas é próximo de 1). Dessa forma, poderíamos relacionar a taxa metabólica com o peso (massa), e portanto o tempo de vida com a taxa metabólica. A teoria da taxa de vida básica apresentou a hipótese de que existe uma relação inversa (negativa) entre o tempo de vida e o gasto de energia, como mostrado na Figura 11.

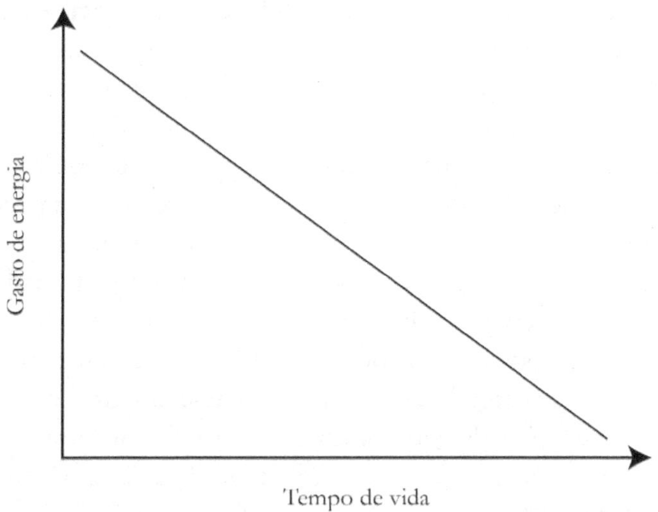

Figura 11: Representação da ideia básica da teoria da taxa de vida.

Esta teoria ficou ainda mais atrativa quando se descobriu que a geração de energia através da fosforilação oxidativa mitocondrial tinha o efeito secundário de que entre 0,1% e 3% das moléculas de oxigênio utilizadas no processo só recebiam um elétron — formando o radical livre ânion superóxido. Em termos químicos, isso significa que (pelo menos) um átomo da molécula possui um elétron "desemparelhado" (um elétron tem uma forte preferência por estar emparelhados com outro elétron de spin oposto) — com o seguinte aspecto: $O_2^{\cdot -}$, onde o ponto sobrescrito representa o elétron desemparelhado, e o hífen sobrescrito, sua única carga negativa. Dessa forma, em conjunto, temos a imagem de um organismo de "vida mais rápida" que produz mais ROS e, portanto, mais danos, o que provoca um envelhecimento mais rápido e um tempo de vida menor, já que em alguns organismos 3% das moléculas de oxigênio formam ROS no processo de síntese de ATP, em oposição aos organismos de "vida mais lenta" em que esta porcentagem é só de 0,1%. E entre os invertebrados houve vários experimentos que pareciam concordar com esta conclusão.

Raymond Pearl, em seu livro de 1928 *The Rate of Living* ("A taxa de vida", em tradução livre em português), analisa medições que concordam com as ideias de Rubner e as ampliam, utilizando animais domésticos como exemplo. Evidentemente, o problema aqui é que correlação não significa causalidade, e que apesar da correlação entre tamanho e longevidade poder refletir validamente algum grau de causalidade, a inferência de que o tempo de vida e a taxa metabólica basal são algo mais do que uma correlação não está respaldada pelos dados; quando se leva em conta o tamanho, não há relação entre a taxa metabólica basal e o tempo de vida.[35] Naturalmente, se a taxa metabólica basal é uma boa medida do gasto de energia ao longo da vida é uma questão. Um dos experimentos iniciais mais interessantes demonstrou que retirar as asas das moscas, limitando assim severamente suas necessidades energéticas (já que o voo requer uma quantidade considerável de energia), aumentava significativamente seu tempo de vida (quantas crianças terão feito isso pelas razões erradas?). No nematódeo *Caenorhabditis elegans* (um "burro de carga" da ciência do envelhecimento), Cynthia Kenyon descobriu que mutações de genes individuais podem prolongar significativamente o tempo de vida, o que levou à ideia (pelo menos na minha cabeça) de que há genes cuja função é limitar o tempo de vida.[36]

Uma das primeiras objeções à teoria da taxa de vida veio da comparação entre pequenos mamíferos e aves, em que estas superam em muito a atividade metabólica dos pequenos mamíferos e, entretanto, têm uma vida mais longa. Isso explicou-se posteriormente pela maior eficiência mitocondrial das aves em comparação com os mamíferos.[37] Talvez o mesmo se aplique aos morcegos, que são atipicamente longevos levando-se em conta o acelerado metabolismo necessário para voar. Mas há um problema básico na comparação entre diferentes classes: as mesmas capacidades de reparo não estão presentes na mesma medida nas diferentes classes de vertebrados (por exemplo), de modo que para avaliar se uma variável específica determina ou não o tempo de vida, seria necessário isolar essa variável.

O que dizem os naturalistas

O naturalista Robert Ricklefs colocou à prova certos pressupostos do envelhecimento mediante um modelo estatístico do envelhecimento que se ajustava melhor aos dados de campo dos animais. Descobriu que os animais com uma taxa de mortalidade inicial mais baixa tinham um ritmo de envelhecimento mais lento, mas que uma maior proporção de mortes nestas espécies devia-se à velhice, o que significava que ainda havia potenciais fatores de prolongamento da vida que eram selecionáveis. Isso descartou o acúmulo de mutações e a pleiotropia antagonista como causas do envelhecimento, e levou Ricklefs a concluir que o envelhecimento era resultado do "desgaste", por um lado, e de mecanismos de prevenção e reparo de danos controlados geneticamente, por outro. "Evidentemente, soluções para a extrema deterioração fisiológica na velhice não estão dentro do escopo da variação genética ou são custosas demais para serem favorecidas pela seleção",[38] foi sua conclusão — muito alinhada com o soma descartável. Aqui, apesar de Ricklefs saber que tanto o tempo até a maturidade sexual quanto o tempo de vida dependem da predação, ele não consegue encontrar nenhum mecanismo de conexão para eles. Se David Neill estiver correto, o mecanismo de conexão é a frequência de um "cronômetro de vida". Esta afirmação tem implícito o pressuposto de que são necessárias "soluções" para a deterioração fisiológica devida ao envelhecimento, apesar de que a natureza parece discordar, como pode ser visto na progressiva redução do reparo e o contínuo aumento dos níveis das citoquinas e quimiocinas destrutivas (como as citoquinas inflamatórias, e a quimiocina eotaxina).

Entretanto, Ricklefs, e mais tarde João Pedro de Magalhães (o Dr. Magalhães pesquisou quase todos os aspectos do envelhecimento e do tempo de vida), chegaram à mesma conclusão; o principal determinante do tempo de vida (acredita Magalhães que o tempo de vida é uma característica selecionável?) é a predação; portanto, a razão pela qual os animais pequenos têm um tempo de vida curto é que são mais suscetíveis à predação (animais pequenos que não estão sujeitos à predação, como o rato-toupeira-pelado, têm um tempo de vida mais longo).

Porém, Magalhães acrescentou algo mais, ao confirmar muitos estudos utilizando bases de dados muito mais amplas que no passado, concluindo que o tempo de vida médio ou máximo (eles são proporcionais) é uma função do "tempo de desenvolvimento". Magalhães escreveu, após um cuidadoso estudo de centenas de espécies de mamíferos e aves, que "em geral, estes resultados indicam que, independentemente do tamanho corporal, o tempo de desenvolvimento está fortemente associado com o tempo de vida adulto máximo."[39] De fato, Magalhães, assim como muitos outros autores, estabeleceu funções cuja entrada é o tempo até a maturidade sexual e cuja saída é o tempo de vida, tanto para mamíferos quanto para aves.

Paremos um segundo para entender esta nova observação, já que se deriva de dados e não de teoria; por "tempo de desenvolvimento" entende-se o tempo desde a fecundação até o nascimento somado ao tempo desde o nascimento até a maturidade sexual. A evidência (que tem uma longa história) de que o tempo de vida depois da maturidade sexual é uma função do período de tempo desde a fecundação até a maturidade sexual tanto em mamíferos quanto em aves é imensa, com milhares de espécies incluídas. A que será que se deve isso? Voltemos ao que pensa David Neill a respeito.

Vale a pena ler integralmente mais uma observação dos doutores Ricklefs e Wikelski: "A taxa de reprodução, a idade de maturidade e a longevidade variam muito entre as espécies. A maior parte desta variação na história de vida situa-se num espectro lento-rápido, com baixa taxa de reprodução, desenvolvimento lento e vida longa em um extremo, e as características opostas no outro. A ausência de combinações alternativas destas variáveis implica uma restrição na diversificação das histórias de vida, mas a natureza desta restrição continua sendo difícil de definir."[40]

Novamente, vamos analisar esta afirmação. O que dizem é que, apesar das amplas diferenças em idade de maturação, taxa de reprodução e longevidade dos animais (escolheram as aves devido à abundância de dados), estas características não se distribuem de forma independente, mas se agrupam, em ambos os extremos do que eles chamam o espectro rápido-lento — vivem vidas curtas, amadurecem velozmente e se reproduzem rapidamente, ou têm vidas longas, com maturação tardia e baixas taxas de reprodução (pensem em um rato e um elefante). Portanto, não temos animais de vida curta com baixas taxas de reprodução e maturação tardia, nem animais de vida longa com maturação rápida e alta taxa de reprodução. Dito de outro modo, é uma forma de dizer que existe uma proporção entre estas taxas (maturação, período de imaturidade e tempo de vida) que não tem uma explicação clara.

David Neill, parte 2

O objetivo declarado de David Neill era explicar a relação fixa (ou ao menos a dependência funcional) do tempo de vida pós-maturação com o período de desenvolvimento como se descreveu anteriormente. A forma como se resolveu isso foi bastante diferente dos pressupostos do acúmulo de mutações ou da pleiotropia antagonista, e pode explicar-se melhor observando a ilustração do processo na Figura 12.

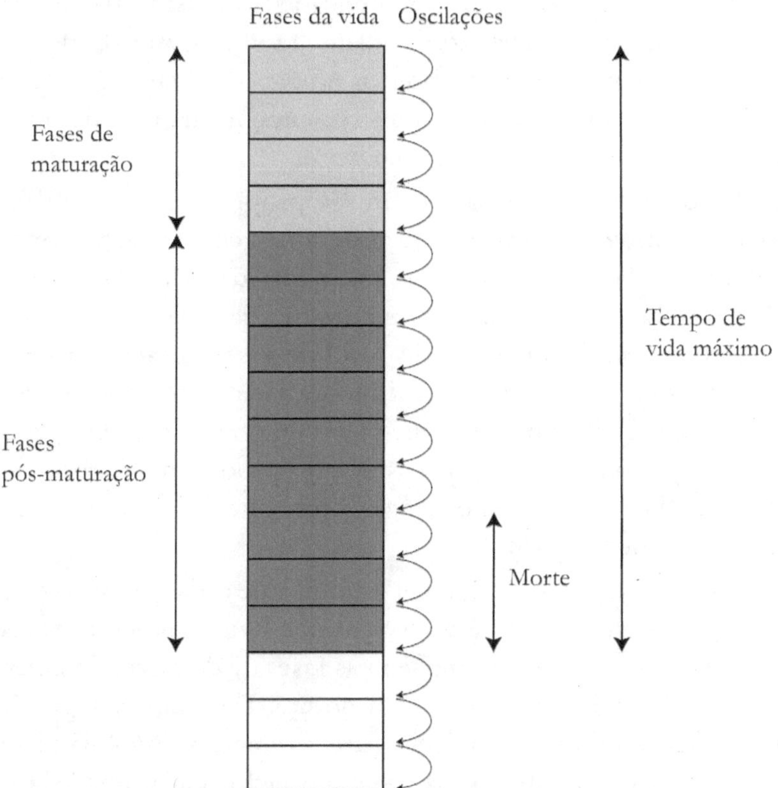

Figura 12: Representação de fases da vida impulsionadas por oscilações que conduzem à morte. Redesenhado.[27]

As três "fases" em branco no final da vida representadas na Figura 12 representam o fato de que as oscilações que produzem as fases da vida não estão restringidas em si mesmas, mas que sua cessação é o resultado da morte do organismo por falta de mais fases de desenvolvimento. Desta forma, as suposições que são feitas aqui são que o proposto "cronômetro da vida" divide a vida em fases de igual duração, e que o número de fases pré-maturação (quatro no diagrama) em relação ao número máximo de fases pós-maturação (nove no diagrama) para cada classe de vertebrados permanece fixo (embora existam exceções).

Além disso, supõe-se que o clássico "acúmulo de danos", ou seja, o "desgaste", é o fator principal para a morte — já que "durante o período PM (pós-maturação) ocorre um desinvestimento gradual na manutenção e no reparo celular", e assim o acúmulo de danos (em nível celular) leva em última instância à morte.[27] Em períodos posteriores do desenvolvimento adulto, o desinvestimento no reparo e na manutenção se intensificaria e, portanto, o acúmulo de danos se aceleraria com a idade. Isso foi demonstrado muitas vezes (como por exemplo, que a resistência ao dano por radiação diminui com a idade), mas o resultado disso — um crescimento da taxa de mortalidade com o tempo — aumenta exponencialmente.

Neill propõe isso baseando-se em seu próprio artigo de 2010, que resume assim: "Em vez de uma via ou programa genético, esta teoria propõe um cronômetro da longevidade que pode retardar a taxa de dano celular acumulativo durante o período pós-maturação da vida".[27] Assim, aqui, um "cronômetro da vida" (que segundo Neill deve ser intracelular e estar presente em todas as células) marca o ritmo da vida. São mencionados vários circuitos oscilatórios que podem funcionar como relógios, sendo que muitos deles são relógios ultradianos cujas oscilações produzem-se várias vezes por dia, e Neill também menciona o relógio circadiano, que oscila a cada 24 horas (ou mais ou menos isso).

No diagrama da Figura 12, Neill estipula que cada oscilação define uma "fase", mas o que significa fase neste sentido? Evidentemente, as fases imaturas correspondem de alguma maneira às fases de desenvolvimento: zigoto, embrião, feto (e há muitas etapas sem nome). Entretanto, supondo que o cronômetro seja o relógio circadiano (darei evidências disso) não há fases de vida de 24 horas que conheçamos (exceto o ciclo celular que está regulado pelo relógio circadiano, e seu efeito sobre o estado redox do citosol e do núcleo). E em relação às fases pós-maturação? Conhecemos alguma fase de vida pós-maturação? Abordarei este tema com mais detalhes mais adiante, mas a resposta breve é que sim — a fase adulta jovem, a meia-idade e a velhice são algumas fases da vida pós-maturação rudemente delimitadas.

No modelo de David Neill, há milhares ou dezenas de milhares de fases, mas o que significam? Para Neill, o "cronômetro da vida" (CV) controla o desenvolvimento nas fases imaturas e a deterioração dos organismos na fase pós-maturação. Como veremos, o CV controla a progressão do desenvolvimento — o envelhecimento coordenado dos órgãos não sendo mais que um fenótipo da idade que é consistente em toda a espécie (com variação individual), e que conduz à morte.

Os pesquisadores do envelhecimento e os biólogos do desenvolvimento diferenciam entre o desenvolvimento — em que, em alguns casos, mas não em todos, um animal se transforma em uma forma mais complexa e capaz — e o "envelhecimento", em que o organismo assume uma forma menos complexa e menos capaz. Entretanto, trata-se de uma distinção sem uma diferença; em muitas espécies, formas móveis complexas transformam-se em formas sésseis mais simples, animais que se alimentam por filtração que na verdade comem seu próprio cérebro para economizar energia, mas continuamos considerando que isso faz parte do desenvolvimento normal de tais espécies. Assumir que o envelhecimento é simplesmente a deterioração do adulto jovem ignora muitas características específicas da idade que não são deletérias (por exemplo, as diferentes tarefas vitais requeridas pelos animais na meia-idade em comparação com os adultos jovens, ao menos nos vertebrados superiores), e para as espécies, há muitíssimas evidências de que o tempo de vida é uma característica da espécie que se conserva e é selecionável. Por exemplo, no caso do killifish turquesa africano, sua expectativa de vida ajusta-se estreitamente ao tempo que permanecem líquidos os açudes criados durante a estação das chuvas, com a diferença em diferentes lugares da África variando em meses, e entretanto os killifish têm ciclos vitais — desde o nascimento até a reprodução e a morte por velhice — que garantem que os peixes cheguem a viver uma vida plena, reproduzam-se e morram, antes de que seus açudes transformem-se em barro duro.

A passagem pela etapa de adulto jovem, em que um organismo demonstra que é capaz de conseguir um parceiro (reprodução), a meia-idade, em que, no caso de muitos mamíferos, o adulto que se reproduz tem a responsabilidade de cuidar da subsistência de seu parceiro e sua descendência, e, finalmente, a velhice, em que o organismo já não pode competir com os jovens e cede a liderança ao seguinte na linha (apesar de que de má vontade e como resultado de uma batalha em muitos casos), é o padrão comum no tempo de vida dos mamíferos, assim como no dos invertebrados. A questão é se esse padrão está programado e se pode ser modificado.

Dados em grande escala e ideias maiores

A "lei dos grandes números" é a ideia de que quando o número de observações cresce o suficiente, revelam-se as probabilidades intrínsecas, em vez dos meros resultados estatísticos implícitos nos experimentos pequenos. Quando se utiliza um número pequeno de animais (*C. elegans*), constata-se que 50% da população morre em duas semanas; quando se utiliza um número grande (mais de 100 mil animais), a "lei dos grandes números" transforma este mesmo resultado na probabilidade de morrer em duas semanas. Por isso, foi especialmente interessante que o laboratório de Walter Fontana em Harvard (Fontana Lab), com a ajuda de um biólogo matemático, Nicholas Stroustrup, tenha descoberto a base matemática do declive relacionado à idade.

A tese era simples: Fontana, em Harvard, e seu colaborador Stroustrup desenvolveram um sistema automatizado que podia detectar a morte de cada um dos mais de 100 mil vermes *C. elegans* mantidos em vários entornos diferentes até 20 minutos após sua morte. Assim foram obtidas curvas de mortalidade com uma precisão sem precedentes. Na introdução de seu artigo, eles dizem: "Aqui, mediante a compilação de estatísticas de mortalidade de alta precisão em grandes populações, observamos que intervenções tão diversas quanto mudanças na dieta, temperatura, exposição ao estresse oxidativo e interrupção de genes, incluindo o fator de choque térmico hsf-1, o fator induzível por hipóxia hif-1 e os componentes da via da insulina/IGF-1 daf-2, age-1 e daf-16, alteram a distribuição do tempo de vida mediante um aparente esticamento ou encolhimento do tempo".[41]

Nota pessoal — quando tentei promover minha própria ideia sobre isso falando de um relógio (muito à maneira de Neill), Fontana opôs-se a que meu comentário relativo a que seus tratamentos aceleravam ou retardavam um "relógio do envelhecimento" fosse publicado na Nature e rejeitou a ideia de um relógio ou cronômetro. Um segundo grupo de editores concordou comigo, mas um terceiro disse que meu comentário, apesar de relevante, era importante demais para ficar só em um mero comentário, e sugeriu-me que eu desenvolvesse minhas ideias em um artigo (bom, isso ocorreu e está ocorrendo enquanto escrevo isso). O que realmente pensei é que só queriam calar um desconhecido em favor de um professor de Harvard — não tenho certeza de que deva culpá-los.

A evidência deste encolhimento ou esticamento do tempo (tempo biológico) é evidente e chamativa, e baseia-se no que se conhece como "curvas de sobrevivência". Estas curvas simplesmente mostram a porcentagem da população original (traçada no eixo vertical com a população começando em 100% e terminando em 0%) que resta depois de um período de tempo que começa com a eclosão (esse tempo é traçado no eixo horizontal, como se vê na Figura 13). Se observamos o gráfico superior, vemos a curva de mortalidade normal (ou seja, o grupo de controle de vermes criados em condições padrão) na linha contínua; a população começa em 100% e inclina-se para baixo, de forma parecida com um decaimento exponencial até chegar a zero. Deve-se ter em mente que o enorme número de animais, que faz com que este estudo seja tão significativo ao transformar os resultados experimentais em probabilidades sólidas de sobrevivência futura devido à "lei dos grandes números", já não se aplica no final da curva, onde o número de animais sobreviventes se reduz massivamente.

Nas outras duas curvas do gráfico de cima, os vermes são colocados em entornos, ou têm mutações, que aceleram o envelhecimento, ou seja, que encurtam a vida (vários emissores de ROS, temperaturas mais altas, interrupção dos genes de choque térmico, etc.), ou são criados em condições que prolongam a vida (temperaturas mais baixas, mutações em DAF-2 e agentes redutores como a N-acetilcisteína em seus entornos). No gráfico de baixo da ilustração, a letra grega λ é igual à duração da vida do grupo experimental dividida pelo tempo de vida do grupo de controle, supondo-se desta forma que a vida prolongada (curva tracejada na ilustração) é o dobro que a dos controles, $\lambda = 2/1 = 2$. Agora podemos criar a função $r(t) = t/\lambda$. Se então, em vez de colocar em gráfico cada sobrevivência como a porcentagem de sobrevivência em relação ao tempo desde o nascimento, dividimos esse tempo (t) desde a eclosão por λ, formando $r(t)$, vemos que todas as curvas de sobrevivência formadas desta maneira se sobrepõem!

Como se utilizou um grande número de animais, podemos escolher qualquer ponto destas curvas e definir uma mortalidade específica por idade $d(\log t)/dt$ (com uma precisão de 20 minutos) que podemos definir como uma "fase", e o ponto de inflexão em que a mortalidade começa a aumentar poderia ser uma dessas fases; parece ocorrer por volta do primeiro terço da vida total no grupo de controle — e pode-se ver que ocorre no primeiro terço do tempo de vida total em todas as diferentes condições criadas, seja encurtado pelo calor, seja prolongado por uma mutação. Quando a porcentagem de sobrevivência é traçada em comparação com $r(t)$ (em vez de "t"), todas as curvas de sobrevivência sobrepõem-se umas às outras, como se mostra no gráfico de baixo da ilustração. Disso deduz-se que, seja qual for a causa aparente da morte, a diferença com o controle não tratado é só a duração das fases de vida, já que todas as curvas de sobrevivência têm uma forma idêntica quando são traçadas em comparação com r(t). O único fator que afetou a sobrevivência destes vermes foi a proporção de seu tempo de vida pelo qual tinham passado.

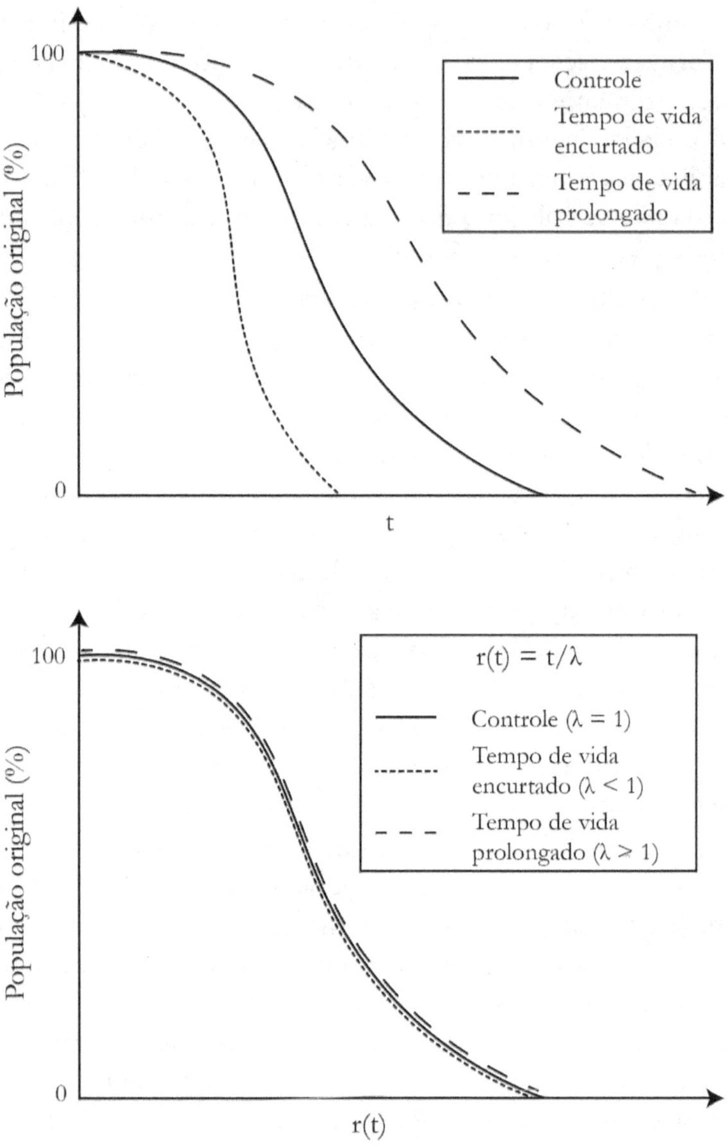

Figura 13: Curvas de sobrevivência de três populações de *C. elegans* — controle, com vida encurtada e com vida prolongada. Redesenhado.[41]

Assim, um único fator determinou a mortalidade por todas as causas. O que revelou o estudo de Stroustrup e Fontana é que o tempo de vida é uma função da "resiliência"; apesar do estudo não revelar nenhum outro mecanismo para a "resiliência", ele mostrou que a morte por todas as causas é o resultado de uma única variável associada ao tempo de vida em comparação com o tempo de vida em condições mais favoráveis.[41] Stroustrup e Fontana chamam essa variável de "resiliência" e consideram que sua perda é responsável por todas as causas de morte. A resiliência diminui com a idade, até não ser suficiente para salvar a vida de uma célula em dificuldades.

Então, é a "resiliência" simplesmente uma palavra, um conceito abstrato para a perda de algo que se define como a capacidade de sobreviver a desafios? O que então é responsável pela "resiliência"? O que é ela na verdade? Segundo David Neill (sua teoria do envelhecimento), seria a capacidade continuada do CV de prolongar a juventude, ou a perda de capacidade de superar a adversidade? E mesmo assim, o que é esse misterioso CV? Além disso, aplica-se o mesmo aos organismos superiores? Há algumas evidências que analisarei mais adiante. Se em vez de observar as curvas de sobrevivência observamos as curvas de mortalidade, vê-se o resultado representado pelo gráfico da Figura 14.

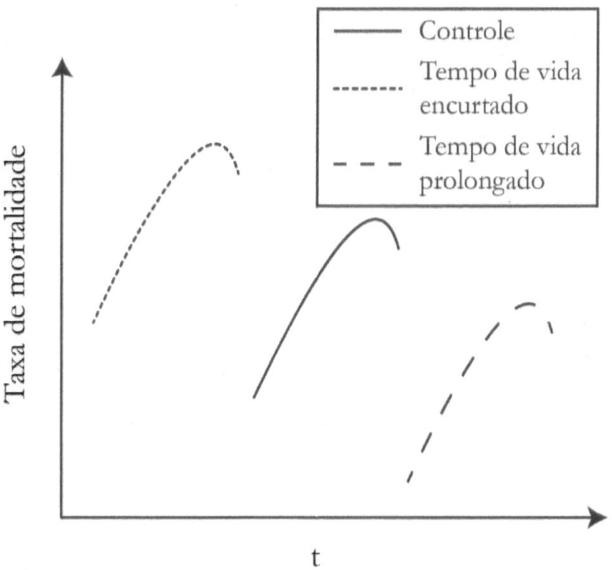

Figura 14: Taxa de mortalidade em função do tempo para três populações de *C. elegans*. Redesenhado.[41]

Vemos a similaridade dessas curvas, apesar de que na verdade o tempo de vida varia em mais de uma ordem de grandeza[41] — isso é especialmente chamativo já que se trata de um gráfico semilogarítmico; a aparente natureza linear das linhas revela um aumento exponencial da taxa de risco ao longo de suas vidas. O "gancho" descendente observado no extremo superior de cada curva pode representar uma redução da força do envelhecimento ou, dado que a maior parte das grandes populações estão mortas neste ponto, pode representar simplesmente a persistência de uma variante populacional naturalmente resistente.

6

Por que morrem as células que envelhecem?

Em todas as teorias sobre o envelhecimento que foram discutidas até agora, o envelhecimento ocasiona a perda de células, e apesar de não termos falado sobre isso ainda, ele provoca particularmente a perda de células "tronco" e "progenitoras" — células com a função de produzir as células somáticas necessárias para a continuação da vida. Em alguns casos, as células comportam-se de forma anormal, seja pelo desgaste de seus telômeros mais além de um "comprimento crítico", seja pela produção excessiva de oncogenes (genes que causam câncer quando são expressos por algumas células — a maior parte são fatores de crescimento), ou de outra maneira, as células que estão no ciclo celular tornam-se "células senescentes", tendo assim seu ciclo celular interrompido.* Estas células senescentes, que não se reproduzem e aparentemente não têm função alguma, sendo supostamente inocentes e decrépitas, tiradas do ciclo celular e aposentadas, na verdade

---

* O ciclo celular — o ciclo de divisão celular — é a série de eventos que ocorrem em uma célula que fazem com que se divida em duas células filhas.

139

não estão mortas nem morrendo, mas em vez disso são metabolicamente muito ativas e secretam substâncias (o fenômeno das células senescentes secretando substâncias potencialmente nocivas denomina-se SASP — fenótipo secretor associado à senescência, na sigla em inglês). Essas substâncias fazem com que outras células próximas tornem-se senescentes, e estas células senescentes também secretam enzimas que alteram a matriz celular (que une as células). Isso, por sua vez, permite a migração de células epiteliais que se transformaram; a EMT (transição epitélio-mesenquimal, na sigla em inglês) confere às células epiteliais (cânceres baseados em células epiteliais denominam-se *carcinomas*, o tipo de câncer mais comum em seres humanos) a capacidade de abandonar suas localizações (as células epiteliais normais morrem quando se separam das grossas lâminas unicelulares que formam) e migrar para a corrente sanguínea ou o sistema linfático (um sistema paralelo ao circulatório que se encarrega de eliminar resíduos celulares e produz células imunológicas para combater os invasores). Depois de abandonar seu lugar de origem, estas células epiteliais transformadas (agora parecem células mesenquimais, através da EMT) são capazes de estabelecer microcolônias em todo o corpo. Se estas microcolônias sobrevivem, tornam-se tumores cancerosos.

As células transformadas do câncer têm uma vantagem que não têm as demais células: não são programadas pelo organismo (as células normais obedecem às regras do corpo) e são pressionadas constantemente (frequentemente por elas mesmas) a se reproduzir. Normalmente, as células muito danificadas se autodestroem por diversos meios intrínsecos — a apoptose é o mais conhecido, a ferroptose também é bastante conhecida, assim como a simples necrose, mas as células cancerosas não o fazem.

Em 2013, López-Otín et al. escreveram um resumo, chamado *The Hallmarks of Aging*,[42] ("As características do envelhecimento", em tradução livre para o português), que a imensa maioria dos pesquisadores considera uma revisão exaustiva da literatura. Assim como seu predecessor de nome similar, *The Hallmarks of Cancer*,[43] este artigo de 2013 supostamente definiria o campo do envelhecimento. Apesar de teoricamente este documento ser um resumo do envelhecimento, acaba sendo um resumo de algumas das propriedades do envelhecimento celular. Assim, resumindo as conclusões dos autores, há três tipos de características do envelhecimento:

- Características primárias (causas dos danos): instabilidade genômica, encurtamento dos telômeros, alterações epigenéticas e perda de proteostase

- Características antagônicas (respostas aos danos): desregulação na detecção de nutrientes, disfunção mitocondrial e senescência celular
- Características integradoras (culpadas pelo fenótipo): esgotamento de células-tronco e alteração da comunicação intercelular.[42]

Isso supostamente significa que a **instabilidade genômica** — danos no DNA em todos os níveis, desde simples mutações de uma só base até a aneuploidia (ter cromossomos demais ou de menos) — é uma "causa" do envelhecimento. O **encurtamento dos telômeros** é uma parte normal do ciclo celular, e estas "pontas de cadarços" protetoras do cromossomo (telômeros) ficam mais curtas a cada divisão celular, encurtando-se um telômero nos extremos opostos de cada cromossomo de cadeia dupla em cada cromossomo, já que nunca se copiam completamente a cada vez que a célula se divide. Uma enzima, a telomerase, controla o comprimento dos telômeros, mas só está presente nas células embrionárias e nas células-tronco (apesar de sua atividade diminuir com a idade). Isso acaba não sendo um cronômetro tão seguro quanto indicavam as teorias originais, que equiparavam o encurtamento dos telômeros ao Limite de Hayflick (o número máximo de divisões que pode sofrer uma célula individual antes de deixar de ser capaz de se dividir — senescência replicativa). Antes de que Leonard Hayflick descobrisse um limite para o número de vezes que uma célula pode se dividir, Alexis Carrel, o vencedor do prêmio Nobel que desenvolveu pela primeira vez a cultura celular, "demonstrou" que as células eram imortais, mas mais tarde descobriu-se que ele alimentou continuamente a cultura celular com fibroblastos jovens, uma célula fácil de cultivar. Após este limite, as células não se dividem ou, se o fazem, uma ou as duas "filhas da divisão" (um bom nome para uma banda de garotas) morrem.

As **alterações epigenéticas** são algo ao qual dedicaremos bastante tempo, já que é generalizada a crença de que as mudanças epigenéticas estão correlacionadas com o avanço da idade (e, como acreditam alguns, com a probabilidade de uma vida de duração indefinida, como analisaremos) — mas a tese principal aqui é que o envelhecimento ocorre em nível celular: o acúmulo de lesões no DNA e o encurtamento dos telômeros, uma forma de medir a idade em termos de divisões celulares como com os paramécios que mencionamos. As variações epigenéticas das quais falamos são, em grande medida, o resultado da "deriva epigenética" que ocorre com a idade à medida que os mecanismos epigenéticos tornam-se defeituosos.

A **perda de proteostase** refere-se principalmente às proteínas não enoveladas ou incorretamente enoveladas que se acumulam com a idade.

Os efeitos letais destas proteínas observam-se principalmente na agregação de proteínas não enoveladas que produzem depósitos amiloides nos tecidos envelhecidos. Não se conhece a causa disso, mas mais adiante encontraremos uma hipótese.

As "características antagônicas" não são, como indicam os autores, "uma resposta aos danos" (que da parte da célula poderia incluir o reparo), mas os resultados imediatos dos danos. A **senescência celular** "é o resultado" do encurtamento dos telômeros (e outras formas de senescência são o resultado de outras causas, como a superexpressão de oncogenes, ou seja, de "genes do câncer". A presunção de que o **esgotamento de células-tronco** (uma das "características integradoras") é resultado do encurtamento dos telômeros é surpreendente, já que as células-tronco deveriam ser capazes de se auto-renovar e ser a fonte da maior parte dos outros tipos de células, e deveriam ter a telomerase ativa mantendo seus telômeros longos — mas elas também envelhecem e perdem essa capacidade. Algumas tornam-se senescentes ou talvez até mesmo cancerosas e morrem por apoptose, ou por alguma outra forma de suicídio celular ou mesmo por simples necrose — simplesmente morrem.

Certamente, o envelhecimento correlaciona-se com as mudanças epigenéticas, já que a idade pode ser medida, como explicaremos, pelas mudanças na metilação do DNA utilizando um "relógio" de metilação de DNA, um processo de inteligência artificial (IA) que calcula a fração de uma mostra selecionada (informativa) das dezenas de milhares de sítios no DNA dos vertebrados que incluem o dinucleotídeo CpG no qual a "C" (resíduo de citosina) tem a probabilidade de acrescentar um grupo metil adicional para formar a 5-metilcitosina, um sinal que pode bloquear a disponibilidade do DNA para os fatores de transcrição e as enzimas de reparo, mas que também pode ser positivo em alguns casos. A avaliação das proporções de determinados sítios CpG metilados "informativos" determina com precisão a idade do animal do qual se extraiu o DNA, mas falaremos disso mais adiante.

A **disfunção mitocondrial** significa basicamente que as mitocôndrias tornam-se menos eficientes na hora de converter a força motriz dos prótons (proporcionada pelo NADH) que impulsiona a máquina mitocondrial (prótons bombeados para o espaço intermembranar que tentam voltar) em ATP, de modo que diminui a produção de ATP, mas também aumenta o número de ROS produzidas para cada molécula de oxigênio consumida. Portanto, há dois problemas: menos energia produzida para cada molécula de alimento incorporada, e mais produção de ROS, com danos potenciais.

As "características integradoras" são os resultados finais das duas etapas anteriores, de modo que tanto o desgaste dos telômeros quanto a instabilidade genômica podem ocasionar a senescência celular, e ambos ou um deles podem ocasionar o **esgotamento das células-tronco**. A última categoria, a **alteração da comunicação intercelular**, tem muitos efeitos relacionados com a idade — como a descoberta de que a sinalização Wnt é defeituosa nas células satélite musculares[44] — mas ao que López-Otín et al. se referiam principalmente era a inflamação, a produção de citoquinas inflamatórias (uma ampla categoria de pequenas proteínas importantes na sinalização celular) e os efeitos que estas citoquinas têm no organismo.

Entretanto, isso nos conta muitas histórias e nos sugere muitas causas por muitos motivos, mas é possível que uma só causa seja subjacente a todas estas aparentes causas e efeitos do envelhecimento?

Já sabemos que no *C. elegans* (López-Otín et al. tratam principalmente do envelhecimento dos vertebrados) *há* uma única causa de envelhecimento por trás de todas as díspares "características", e essa causa é a perda de "resiliência" (também denominada reserva de órgãos ou vitalidade), a fonte de proteção celular de todas as causas; mas o que é essa "resiliência" e o que ocorre com ela? E o que sabemos sobre "resiliência", "reserva de órgãos" ou "vitalidade"? Está claro que "resiliência" significa a capacidade de recuperar-se rapidamente das dificuldades, a solidez, enquanto a reserva de órgãos sugere possuir-se mais que o necessário para superar as dificuldades — a vitalidade é similar. Então, ao que me refiro é que todos os membros de uma mesma população têm o mesmo entorno e os mesmos genótipos e, entretanto, alguns indivíduos sucumbem a algum dano que ocorre devido a seu entorno — devemos supor que esses indivíduos carecem de "resiliência".

A outra coisa que sabemos sobre a resiliência é que quanto mais estresse sofre um organismo ao longo do tempo, mais rapidamente perde sua resiliência, de forma que incidentes aos quais se sobrevive facilmente na juventude são letais quando a resiliência diminuiu o suficiente. As condições que diminuem o "estresse", como a introdução de antioxidantes no entorno de *C. elegans*, parecem retardar a perda de resiliência. Entretanto, talvez sejam as situações em que os sistemas de reparo estão ausentes, como a falta de proteínas de choque térmico e de DAF-16 (um fator de transcrição FOXO que quando se ativa entra no núcleo e aciona muitas funções de reparo e manutenção), as que nos digam mais.

Então, quanto mais dano, mais rapidamente perde-se a "resiliência" e mais curto é o tempo de vida, a menos que se repare esse dano. Dessa forma, para encurtar o tempo de vida, podemos aumentar o nível de danos ou reduzir o nível de reparo. Podemos supor que cada organismo receberia a mesma quantidade de danos (no caso das mutações HSP-1 e DAF-16, ambas sendo fatores de transcrição que desencadeiam o reparo), de forma que não são os danos o que ocasiona (por exemplo) um tempo de vida mais curto, mas se esses danos são reparados ou não. Então, o que pode ser esta "resiliência"? Para lidar com essa questão, outra teoria do envelhecimento se apresenta; e como veremos, esta compreensão mais básica de por que morrem as células esclarece não só o que é a resiliência, mas também como ela se relaciona com o *verdadeiro* "cronômetro da vida", que Neill adivinhou, mas depois descartou: o relógio circadiano.

A teoria redox do envelhecimento

O assunto do redox (redução e oxidação) é algo que muitos já esqueceram da química do colegial. Lá utilizávamos um acrônimo para a oxidação, LEO — Perda de Elétrons [*Loss Of Electrons*, em inglês], oxidação — ao qual eu sempre acrescentava GER — Ganho de Elétrons [*Gain Of Electrons*, em inglês], redução, já que o leão (LEO) diz "GER". Falamos basicamente disso: a fonte de energia da vida são elétrons de alta energia (elétrons que prefeririam estar em outro lugar, ou seja, instáveis) que se movem de um lugar de alta energia potencial a um lugar de baixa energia potencial — como em uma bateria, e como em uma bateria essa perda de energia potencial pode-se converter em trabalho.

Em animais aeróbios, a maior parte dos elétrons de alta energia potencial são transferidos às moléculas de oxigênio para formar água — um processo chamado fosforilação oxidativa. Este processo ocorre nas mitocôndrias e está mediado pelo receptor de íons hidreto NAD^+ que depois se transforma em NADH. O NADH é um dinucleotídeo (o que significa que são dois nucleotídeos unidos — o DNA e o RNA são polinucleotídeos, ou seja, muitos nucleotídeos unidos), mas com uma inusual ligação de difosfato que os conecta em vez de uma única ligação de fosfato (vejam a Figura 15). O NAD^+ age como grupo auxiliar (também chamado cofator) para uma classe de proteínas, em particular as *desidrogenases*, recebendo íons hidreto e passando-os finalmente a uma cadeia de quatro complexos multiproteicos (complexos I a IV) com grupos auxiliares de metal-enxofre para receber esses elétrons de alta energia e passá-los ao seguinte complexo da série. Por último, um quinto grupo, incrustado na membrana mitocondrial interna, justo na matriz mitocondrial, utiliza o potencial quimiosmótico gerado pelos quatro complexos do que se denomina *cadeia transportadora de elétrons* (CTE) para fabricar ATP a partir de fosfato inorgânico e ADP.

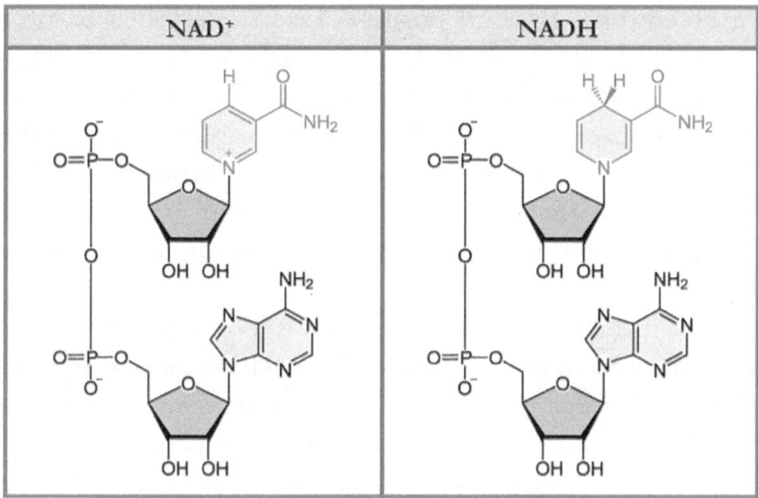

Figura 15: Neste diagrama, a adenosina é o nucleosídeo de baixo, formado por um açúcar (chamado ribose), de cor cinza escuro, e uma base, a adenina, de cor cinza claro. A parte superior é o outro nucleosídeo, também feito de ribose (cinza escuro) e outra base, chamada nicotinamida (cinza claro com linhas cinzas). Os nucleosídeos superior e inferior estão unidos por uma ligação difosfato, formando o dinucleotídeo. Adaptado de "Energy in living systems: Figure 1" de OpenStax College, Biology (CC BY 3.0), https://creativecommons.org/licenses/by/3.0/us/.

Sabemos que várias enzimas utilizam o NAD$^+$, a forma pobre em energia, para fins diferentes do transporte de elétrons, e veremos que isso pode ser um problema quando o suprimento é limitado: a função principal do NAD$^+$ é recolher íons hidreto e passar seus elétrons de alta energia e os prótons que os acompanham (o átomo de hidrogênio normal é formado por um elétron que orbita um próton, e o íon hidreto tem um próton e dois elétrons) à mitocôndria para produzir a energia que a célula precisa para todas as suas funções. A mitocôndria faz isso com uma série de proteínas coordenadas com metais (proteínas com íons metálicos em seu centro, como ferro e cobre) que formam uma série de caminhos para que elétrons de alta energia cruzem a membrana mitocondrial interna, arrastando um próton com eles, e tais prótons podem ser atraídos ao espaço intermembranar da mitocôndria contra a pressão de suas próprias cargas positivas, ficando amontoados.

Uma vez que todos estes prótons (íons de hidrogênio) estão amontoados, exercem uma pressão positiva. Dado que todos os prótons repelem-se, quanto mais perto estiverem, mais forte será a repulsão, de modo que encher a membrana mitocondrial interna com prótons é como encher um balão; se aperta-se o bico do balão pinçando-o, e depois ele é solto, desenvolve-se uma força que pode impulsioná-lo através do ambiente em que está. Inclusive, podemos imaginar que se evitarmos que ele se mova, ao soltá-lo, mantendo-se o balão fixo, ele produzirá um "vento" que pode fazer girar as pás de uma ventoinha ou de uma turbina para produzir eletricidade, certo? A energia potencial do balão cheio depende da pressão dentro do balão. Ao enchê-lo, é necessário energia, e luta-se contra a força do ar que empurra para fora. Os prótons armazenam ainda mais energia, porque todos estão carregados positivamente, de modo que exercem uma força de repulsão muito mais forte quando se tenta empurrar uns contra os outros.

Como a energia é igual à força aplicada por uma distância, empurrar os prótons para o espaço intermembranar requer uma força aplicada por uma distância — o que significa que se está armazenando energia como um gradiente de íons de hidrogênio, já que se forma uma maior concentração no espaço intermembranar que na matriz mitocondrial interna. A energia elétrica armazenada na mitocôndria, em termos de prótons concentrados no espaço intermembranar, utiliza a repulsão mútua (a "força motriz dos prótons") para impulsionar uma turbina molecular chamada ATP sintase (ela realmente gira) que acrescenta um grupo fosfato inorgânico (PO_4^{3-}) ao ADP (adenosina **di**fosfato), para produzir ATP (adenosina **tri**fosfato), um anidrido de ácido de alta energia.

O ATP é a "gasolina" que impulsiona todos os "motores" celulares — moléculas proteicas que *fazem* algo (enzimas), como os complexos de proteínas musculares (actina-miosina) que se contraem permitindo que nos movimentemos, ou algumas que agem como bombas moleculares que impulsionam o ADP, o ATP e uma série de pequenas moléculas através das membranas celulares. Assim, o ATP impulsiona nossos músculos e moléculas. Uma coisa curiosa é que se pode ver se as mitocôndrias de uma célula estão ativas ou não com a microscopia eletrônica: as ativas estão inchadas e as inativas parecem encolhidas.

A Figura 16 mostra uma ilustração da estrutura básica da mitocôndria com duas "bolsas" impermeáveis de membranas, sendo uma delas menor e muito enrugada (formando cristas — projeções da membrana em forma de dedos para aumentar a área da superfície), e a outra uma bolsa exterior lisa. O espaço que separa estas bolsas é o espaço intermembranar, e é esse espaço que se enche de prótons quando os elétrons de alta energia potencial passam pelos complexos da cadeia de transporte de elétrons (CTE) — I, II, III e IV — incrustados na membrana mitocondrial interna, perdendo energia potencial em cada passo. A energia potencial perdida é utilizada para bombear prótons ao espaço intermembranar contra o gradiente de concentração. Para cada elétron transportado ao longo da CTE, transportam-se cerca de 10 prótons ao espaço intermembranar. É ao longo desse caminho que elétrons são passados como pares às moléculas de oxigênio para formar água — mas também é quando elétrons individuais são passados a moléculas de oxigênio para formar radicais de ânion superóxido.

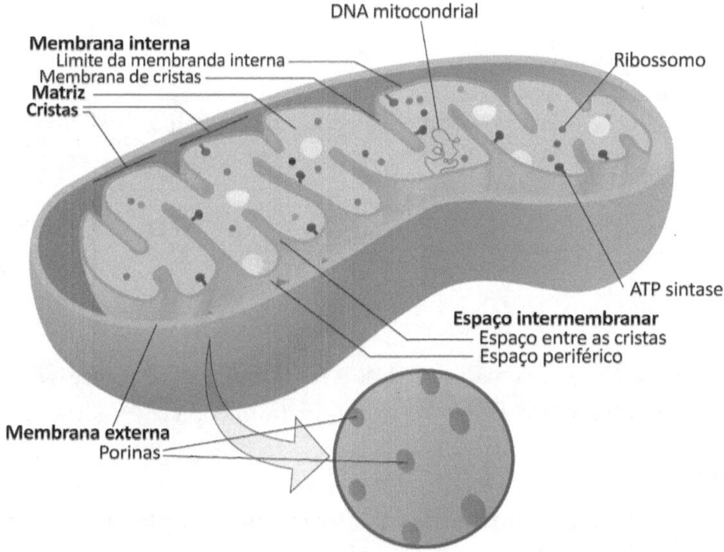

Figura 16: Estrutura da mitocôndria. Adaptado de Kelvinsong; modificado por Sowlos, CC BY-SA 3.0 <https://creativecommons.org/licenses/by-sa/3.0>, via Wikimedia Commons.

Finalmente, a força motriz dos prótons gerada pela maior concentração de íons de hidrogênio no espaço intermembranar fica o suficientemente grande para criar um fluxo de prótons que faz girar a turbina que é o complexo F_0F_1 (complexo V), chamado ATP sintase, que utiliza energia mecânica-química para juntar um íon de fosfato inorgânico (um ingrediente normal dos refrigerantes) e uma molécula de ADP para formar a ligação de anidrido de ácido de alta energia, que conecta os três grupos fosfato e assim armazena uma considerável energia potencial como ATP. O ciclo ATP/ADP é mostrado na Figura 17.

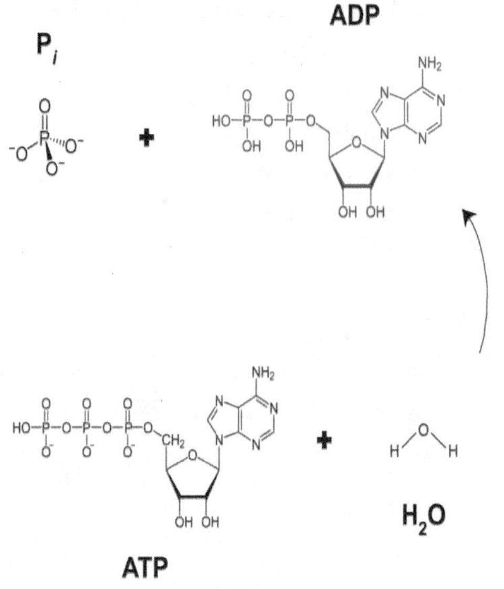

Figura 17: Conversão de ADP e fosfato em ATP e vice-versa. Adaptado de Butrboy, domínio público, via Wikimedia Commons.

Assim, a ideia é que nutrientes relativamente simples e ricos em energia são entregues à mitocôndria, que essencialmente queima-os em dióxido de carbono e água — obtendo um enorme aumento de energia em comparação com processos anaeróbios, já que cada molécula de glicose (um açúcar simples de seis carbonos) queimada pela célula anaeróbia gera duas moléculas de ATP, enquanto que essa mesma molécula de glicose, quando se metaboliza de forma aeróbia na mitocôndria produz 30 moléculas de

ATP. É uma geração de energia 15 vezes maior, de forma que está claro por que as células que incorporaram o que se acredita que eram alphaproteobacterias endossimbióticas (que deram origem às mitocôndrias atuais) tiveram tanto sucesso.

Entretanto, como ecologistas já apontaram (e também os princípios básicos da termodinâmica), "não existe almoço grátis". Como mencionei anteriormente, entre 0,1% e 3% dos átomos de oxigênio que a mitocôndria processa se transformam em ânions radicais superóxido e têm efeitos significativos no tempo de vida — e como é habitual na biologia, efeitos complicados. Porém, deve-se ter em mente que a cadeia transportadora de elétrons fica menos eficiente com o envelhecimento, produzindo menos moléculas de ATP por glicose e produzindo também mais ROS.

Então simplifiquemos um pouco tudo — o que está a seguir é uma espécie de descrição muito básica do que ocorre.

Uma célula incorpora nutrientes (e para simplificar, consideraremos só um no momento, a glicose, o açúcar de seis carbonos com o qual funcionam nossas células). Em primeiro lugar, a glicose é descomposta e oxidada, e ao final de um processo chamado glicólise, chega-se a uma molécula de três carbonos altamente oxidada chamada piruvato (ácido pirúvico) que é degradada ainda mais e combinada com uma "alça" molecular (coenzima A) para se transformar em acetil-CoA, que depois une-se a um alegre baile circular de moléculas que trocam seu pares (o ciclo dos ácidos tricarboxílicos, o ciclo CAT), formando-se dióxido de carbono, assim como ATP (na verdade, GTP, mas eles são energeticamente equivalentes e podem transformar-se um no outro, já que GTP + ADP $\leftrightarrow$ ATP + GDP), os portadores de elétrons de alta energia NADH (que carrega um par de elétrons) e $FADH_2$, que contém um só elétron de alta energia. Estes são os elétrons que se transferem à cadeia transportadora de elétrons mitocondrial para serem convertidos em energia em forma de ATP.

Assim como a eletricidade nos lares modernos, o ATP, na célula, impulsiona a maioria dos processos. Assim, a célula eucarionte tem a capacidade de utilizar moléculas de alta energia de seu entorno para produzir enormes quantidades de ATP, muito mais do que o necessário para a simples manutenção da vida.

Em muitos sentidos, a descoberta da mitocôndria e da fosforilação oxidativa por parte da célula eucarionte foi análoga à descoberta do fogo por parte da humanidade — mas apesar do fogo ser útil e poderoso, também tem um lado sombrio. Ele também provoca danos, e é preciso fazer frente a esses danos inevitáveis. No caso das células, esse dano provém da geração de ROS (espécies reativas de oxigênio), que causam danos por oxidação, e também da geração de compostos de nitrogênio de alta energia.

Vimos que a produção aparentemente involuntária do ânion radical superóxido é o resultado de reações defeituosas nas quais um só elétron transforma a molécula de oxigênio no altamente reativo ânion radical superóxido, uma espécie que pode causar um dano considerável, sobretudo porque está presa dentro da mitocôndria, que não permite que partículas carregadas (todos os ânions têm carga negativa, diferentemente dos cátions, que são positivos) cruzem sua membrana interna. Para solucionar este problema, a enzima mitocondrial superóxido dismutase transforma o ânion radical superóxido no menos reativo peróxido de hidrogênio, uma molécula que se difunde facilmente através das membranas mitocondriais e entra no citoplasma, e desta forma o peróxido de hidrogênio (e os óxidos de nitrogênio) danificam importantes biomoléculas.

Os danos causados pelos peróxidos e outras ROS devem ser reparados para que a célula não se degrade. A maioria dos biólogos concorda que em última instância a causa da morte celular no envelhecimento celular é o estresse oxidativo (uma superabundância de ROS) — e as células eucariontes têm vários sistemas especializados na reparação dos danos redox causados por ROS (assim como muitos outros tipos de danos). De fato, as células eucariontes em geral, e as nossas certamente, têm dois sistemas interdependentes para reparar os danos oxidativos, e muitas enzimas desconhecidas para muitos estão envolvidas no reparo desse estresse oxidativo. Ambos os sistemas se baseiam em uma molécula simples, uma variante do dinucleotídeo NADH "marcada" (já que esta marca não afeta o potencial redox do NADH, mas está ali por diferentes razões) com um fosfato adjunto, e chamada nicotinamida adenina dinucleotídeo fosfato, ou NADPH.

O NADPH é, assim como o NADH, um doador de íons hidreto, mas também tem outra função (uma ainda mais importante para a vida que reparar danos por oxidação), que é o crescimento e a manutenção. O NADPH proporciona os ânions hidrogênio para a síntese redutora de moléculas vitais para a continuidade da vida; utiliza-se como fonte de energia redutora. Uma parte da energia que a vida extrai dos elétrons de alta energia do NADH e do $FADH_2$ destina-se à manutenção das atividades cotidianas da vida — proporcionando energia para o movimento, para o bombeamento de íons, a produção de ácido estomacal, etc. Neste caso, esses dois elétrons transportados pelo NADH serão passados, através da cadeia transportadora de elétrons, à água com uma perda de energia potencial suficiente para a criação de três ATPs para cada NADH que transfere seus elétrons à cadeia transportadora de elétrons mitocondrial. Entretanto, a vida é mais que simplesmente movimento; também é crescimento, manutenção e reparo, e é para alcançar esses objetivos que o NADPH utiliza seus elétrons de alta energia.

Recapitulando: catabolismo e anabolismo

O antigo símbolo taoísta do yin-yang comumente tem o aspecto que se mostra na Figura 18.

Figura 18: Representação do símbolo do yin-yang. Adaptado de Iruka13, domínio público, via Wikimedia Commons.

No taoísmo, ainda não mencionado — uma religião e filosofia chinesa baseada em ciclos eternos — a imortalidade está garantida; cada morte é o começo de uma nova vida. O símbolo em si representa os dois opostos que trabalham juntos para criar o todo. Assim, não há escuridão sem que haja luz. Não há secura sem umidade, etc. A parte branca representa o yin, e a preta, o yang. Como originalmente foi concebido como dois peixes que dão voltas um ao redor do outro constantemente, levemos a analogia ao metabolismo.

Até agora, falamos de uma metade do metabolismo, a parte chamada *catabolismo*, a decomposição de moléculas complexas para produzir energia. Pensemos nisso como "yin": aqui, moléculas complexas, que contém energia química potencial, decompõem-se para proporcionar ao NAD^+ os íons hidreto para transformar-se em NADH (ou seja, usam sua energia química potencial para criar NADH), e essa energia libera-se na forma de elétrons que fluem ao longo da cadeia transportadora de elétrons. Em cada um dos sequenciais "elos" da "cadeia" dos quatro complexos, os elétrons têm uma energia potencial cada vez mais baixa, já que "atraem" os prótons que os acompanham para que se dirijam ao espaço intermembranar mitocondrial para produzir o ATP que os organismos precisam para escapar de seus inimigos, procurar uma presa ou encontrar um par para acasalar. Nesse processo, a célula libera energia do entorno quebrando moléculas complexas e ricas em energia ("alimento"), e capturando sua energia, átomos e "moléculas especiais" (como as vitaminas) para suas próprias necessidades. Entretanto, isso se refere só a manter-se vivo — mas há mais: a reprodução, o crescimento e a manutenção.

Enquanto que durante o catabolismo o NAD^+ recebe íons hidreto, agindo como "mulas" para levá-los à cadeia transportadora de elétrons onde finalmente produzirão ATP para impulsionar os processos celulares, no anabolismo o $NADP^+$ é o receptor de íons hidreto, formando NADPH, e apesar dessa molécula ter exatamente o mesmo potencial redutor que o NADH, tem funções completamente diferentes. Enquanto que a maior parte do NAD^+ está preso na mitocôndria, um compartimento celular (nem o $NAD(P)^+$ nem o $NAD(P)H$ podem atravessar as membranas celulares), o NADPH funciona no citoplasma (só entre 10% e 15% se encontra na fração mitocondrial) como fonte de potencial redutor para síntese e reparo dos danos por oxidação que ocorrem durante o catabolismo. Então, o yang do yin do catabolismo é o *anabolismo* — que é, como no símbolo taoísta, exatamente o contrário do catabolismo: no anabolismo, a energia obtida pela célula (a partir do catabolismo) é utilizada para construir moléculas complexas e ricas em energia.

Assim, neste nível superficial, a analogia do yin-yang está correta; não podem ser construídas moléculas complexas (anabolismo) sem a energia e os materiais proporcionados pelo catabolismo, e da mesma forma o catabolismo requer moléculas complexas, como as enzimas, produzidas pelo anabolismo. Dessa maneira, um "peixe" impulsiona o outro. Enquanto a energia captada pelo NADH é utilizada para produzir ATP com a finalidade de satisfazer as necessidades cotidianas e imediatas do organismo, o poder redutor do NADPH é utilizado para adicionar elétrons em reações de síntese. Por exemplo, para sintetizar o DNA, os nucleosídeos de RNA baseados no açúcar ribose devem ter suas partes de ribose reduzidas a desoxirribose, porque isso é o que se requer para fazer DNA, e o NADPH é o cofator enzimático que proporciona o poder redutor para esta redução.

De onde vem o poder redutor do NADP⁺ e do NADPH?

O NAD^+ é o precursor imediato do $NADP^+$; a enzima NAD^+ quinase (uma "quinase" é uma enzima que adiciona um grupo fosfato a outra molécula) funciona com o NAD^+ e não tanto com o NADH (a forma "reduzida"). A diferença é importante porque há uma diminuição dos níveis de NAD^+ com a idade e uma diminuição da proporção NAD^+/NADH com o tempo. Isso se deve em parte à destruição do NAD^+ por parte de várias enzimas que o utilizam como substrato. Isso provoca também uma diminuição da proporção $NADPH/NADP^+$, já que o NADPH é oxidado para reparar os danos causados pelo estresse oxidativo. A diminuição da proporção NADPH/$NADP^+$ e, em particular, da proporção entre a glutationa (outra molécula bioquímica antioxidante) oxidada e a reduzida leva a uma diminuição do potencial de redução do citosol e do núcleo. A alteração no potencial redox pode afetar profundamente as enzimas com tióis reativos (grupos -SH, cisteína e metionina são os únicos aminoácidos com este grupo).

Enquanto que a maioria dos íons hidreto que se unem ao NAD^+ procedem de enzimas desidrogenases utilizadas na glicólise (enzimas que utilizam o NAD^+ como cofator) e na fosforilação oxidativa na mitocôndria, os equivalentes redutores obtidos pelo NAD^+ procedem de várias vias diferentes. A *via das pentoses fosfato* é a via mais conhecida para a redução do $NADP^+$, e é uma via alternativa para a oxidação de açúcares que não são destinados à conversão energética mitocondrial mas sim a reações sintéticas anabólicas. O açúcar ribose é um produto importante desta via. Nestas reações, duas enzimas desidrogenases que removem íons hidreto utilizam o $NADP^+$ como receptor de hidretos e produzem NADPH como produto, e outras três enzimas citosólicas e cinco enzimas mitocondriais também utilizam cofatores de $NADP^+$ como receptores de hidretos.

Envelhecimento, morte e energia

Como já foi mencionado, o outro propósito vital que cumpre o NADPH é o reparo dos danos por oxidação que ocorrem na produção de energia. Na verdade, só quando aprendi as "complexidades" das teorias do envelhecimento baseadas no estresse redox compreendi que ele devia estar implicado no envelhecimento celular, já que há uma perda constante de potencial redutor citosólico (as partes não compartimentadas do citoplasma da célula, sem incluir as organelas delimitadas por uma membrana citoplasmática) com a idade, assim como um aumento constante de potencial redutor no retículo endoplasmático, que normalmente se mantém com um alto potencial de oxidação para o enovelamento de proteínas, que requer compostos oxidantes para formar as ligações dissulfeto intermoleculares e intramoleculares (-S-S-) que frequentemente determinam a forma final (e as funções) das proteínas e mantém unidos os complexos proteicos.

Vemos que isso parece muito a entropia em funcionamento, com compartimentos celulares como o citosol e o núcleo começando na juventude com entornos altamente redutores, com a maioria do NADPH e da glutationa reduzidos. A glutationa (GSH) é um tripeptídeo (três aminoácidos unidos), sendo um deles o aminoácido cisteína com um grupo tiol (-SH) que pode ser facilmente oxidado. Este tripeptídeo está presente em concentrações muito altas, milimolares, enquanto que o NADH e as proteínas individuais estão em concentrações micro e nanomolares (e menores).

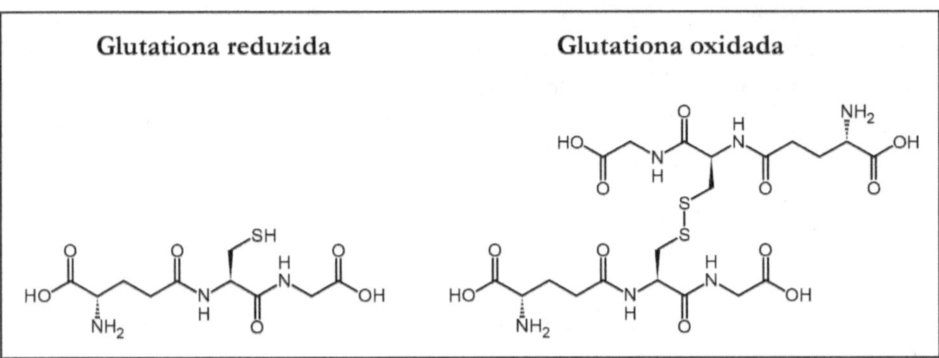

Figura 19: Estrutura molecular das formas reduzida e oxidada da glutationa (GSH).

Com sua alta concentração de grupos tiol, a glutationa reduzida oferece uma fonte ampla e acessível de equivalentes redutores. Deve-se levar em conta que são necessários dois elétrons para reduzir a glutationa oxidada. A fonte principal do poder redutor da GSH é o NADPH e a enzima glutationa redutase, que transfere o íon hidreto para reduzir a glutationa. Há uma série de enzimas que utilizam a glutationa reduzida como doador de elétrons, como as glutarredoxinas, importantes enzimas que reduzem as moléculas oxidadas pelas ROS produzidas na fosforilação oxidativa. Entretanto, existe outro sistema de reparo paralelo no qual os íons hidreto proporcionados pelo NADPH são passados a uma família de enzimas de reparo redox chamadas tiorredoxinas (também com uma importante tiorredoxina redutase que depende do NADPH). Os membros desta família que reduzem os peróxidos denominam-se peroxirredoxinas, e encontram-se entre as enzimas mais comuns nas células.

Aubrey de Grey escreveu-me uma vez (em meio a uma discussão de meses) que, se a natureza selecionasse tanto os limites do tempo de vida quanto a aptidão, estaria, figurativamente, pisando no freio e no acelerador ao mesmo tempo. Isso simplesmente não está correto, como explicarei (já que diferentes etapas da vida têm fenótipos diferentes), mas inicialmente parece correto.

Se temos um conjunto de reações de oxidação, que destroem biomoléculas para liberar energia, assim como reações de redução que utilizam a energia liberada para criar biomoléculas, não é isso como pisar no freio e no acelerador ao mesmo tempo? Existem, evidentemente, soluções para esse problema; uma é separar fisicamente as reações de oxidação para obtenção de energia das reações de redução para a síntese macromolecular e a redução de moléculas celulares oxidadas. Isso ocorre de fato, já que as mitocôndrias produzem ATP catabolizando alimentos, e o retículo endoplasmático rugoso, o citosol e o núcleo sintetizam novas moléculas a partir da energia (ATP) fornecida pelas mitocôndrias para produzir trifosfatos de nucleosídeos, seja ATP, CTP, GTP, UTP ou TTP — cada um com a mesma energia química potencial.

Durante a síntese de DNA e RNA, para cada nucleotídeo que se adiciona a uma cadeia de DNA ou RNA crescente, perde-se um equivalente de energia de ATP. Durante a síntese de proteínas, para cada aminoácido que se adiciona a uma cadeia proteica crescente, são necessários cerca de três equivalentes de ATP. Cada movimento da célula, incluído o movimento de seus flagelos ou do citoesqueleto, requer a decomposição de ATP (ATP à ADP + fosfato + energia). A energia que se gasta com crescimento e manutenção deve ser fornecida pelo catabolismo na mitocôndria (e em menor medida no citosol).

A síntese necessária para o crescimento e o reparo limita-se à energia fornecida pelo catabolismo (a conservação de energia se mantém). O fato de que a energia diminui com a idade é evidente para as pessoas de idade avançada — inclusive, David Neill propôs que a falta de energia era a responsável pelo envelhecimento. Mas por que deveria ser assim? É quase como se uma célula ou o organismo fossem como uma bateria, carregada com uma quantidade definida de energia que finalmente se esgota. Entretanto, a energia da célula ou do organismo é determinada pela ingestão de alimentos, então como isso é possível? Se for necessária mais energia, por que não comer mais, simplesmente?

O que chama a atenção nas células envelhecidas — as células dos organismos velhos que carecem da "resiliência" de Stroustrup e Fontana — é que também carecem de NAD^+ (enquanto nos organismos jovens predomina o NAD^+, nas células dos organismos velhos predomina a forma reduzida NADH). E enquanto nas células jovens o NADPH está predominantemente em sua forma reduzida, sua forma oxidada incrementa-se nas células dos animais velhos.[45] Uma diminuição constante, dependente da idade, da GSH no conteúdo dos órgãos (ou seja, dentro das células desse órgão) e nos níveis plasmáticos é um marcador reconhecido do envelhecimento[46] e está associado a múltiplas morbidades. Defendemos que a perda de capacidade de gerar energia por parte das mitocôndrias, junto com sua maior produção de ROS que oxidam cada vez mais o citosol e o núcleo, e o entorno cada vez mais redutor do retículo endoplasmático, são em suma a "resiliência" que se perde com o envelhecimento e a causa de todas as "características" do envelhecimento. Mas como e por que ocorrem estas mudanças?

O ritmo circadiano e o sono

Em latim, *circa* significa "ao redor de, quase, cerca de", e *dia* significa "dia", de modo que *circadiano* significa "cerca de um dia". É um fato conhecido que todos os vertebrados superiores têm um ritmo incorporado que faz com que os tempos de atividade e os tempos de descanso e sono estejam predeterminados para cada espécie. Também sabe-se que a alteração desses horários encurta a vida.

Por que alguns mamíferos passam a metade do dia (como os cachorros) dormindo? Não é uma pergunta desimportante, porque o sono é universal nos vertebrados (e estados análogos também existem nos invertebrados). Para que um organismo passe uma fração significativa de sua vida em um estado que não contribui para sua absorção de energia e materiais nem o ajuda a se reproduzir, e que além disso deixa o animal vulnerável e imóvel, esse estado deve ser de extrema importância. Descreveremos o sono como um fenômeno global, mas essa função é tão básica para os neurônios que até mesmo as redes neuronais simples cultivadas in vitro apresentam ciclos de sono-vigília. Um trabalho recente de Steve Horvath mostra de forma convincente que é no cérebro, e em nenhum outro órgão testado, onde os genes que estabelecem o ritmo circadiano se hipermetilam com o envelhecimento (o que significa que os marcadores epigenéticos do envelhecimento relacionados com o ritmo circadiano se encontram no cérebro).[47] As conexões funcionais entre as mudanças nos padrões de sono e uma dissipação geral dos ritmos circadianos, e a idade, são claras.

Comentamos que a separação dos processos metabólicos que poderiam interferir uns com os outros — separação física mediante barreiras impermeáveis, ou seja, "compartimentação" — foi parte da solução, mas estes processos também estão separados temporalmente, e o leitor astuto já pode ter percebido que o sono — um tempo de descanso (noturno nos humanos, diurno nos ratos) — seria um momento em que não seria necessária uma ampla síntese de ATP para a realização de atividades, e portanto seria um bom momento para o crescimento e o reparo. O próprio Shakespeare reconheceu isso quando escreveu "o sono que tece a manga desfiada do cuidado".

O relógio circadiano está presente em todas as células humanas, mas é controlado sistemicamente por uma região do hipotálamo no cérebro chamada núcleo supraquiasmático (NSQ). Em nível de organismo, o hipotálamo libera periodicamente hormônios (na verdade, hormônios que liberam outros hormônios na hipófise — os chamados "hormônios liberadores" do hipotálamo) que controlam a passagem de tempo em outros órgãos. Em um estudo recente, Cai Dongsheng, da Escola de Medicina Albert Einstein, demonstrou que no hipotálamo envelhecido, a diminuição dos níveis do hormônio liberador GnRH (hormônio liberador de gonadotrofina) causou uma falha na sincronização de relógios de outros tecidos, ocasionando envelhecimento; a suplementação de GnRH prolongou significativamente a vida de camundongos.[48] É este relógio, presente nas células do NSQ, o que controla sua atividade.

Em nível celular, o que está claro é que existe um complexo sistema denominado loop de retroalimentação de transcrição-tradução (TTFL, na sigla em inglês) que determina quando ocorrem as reações catabólicas que ocasionam a produção de ROS e o consequente estresse oxidativo, e o uso para síntese e reparo dos equivalentes redutores. Em poucas palavras (o loop tem outros subloops dos quais não trataremos porque são periféricos ao assunto), duas proteínas — Bmal1 e Clock — formam um dímero que age como fator de transcrição para provocar a transcrição das proteínas criptocromo (CRY) e period (PER), que são traduzidas no citoplasma (como é normal), formando finalmente heterodímeros PER-CRY que se deslocam de volta ao núcleo onde impedem sua própria transcrição inibindo a transcrição das proteínas Bmal1 e Clock.

Finalmente, o PER-CRY acaba sendo destruído e o ciclo começa de novo. Entretanto, este engenhoso mecanismo parece ser imposto a ritmos mais profundos de oxidação e redução que descobriu-se que existem inclusive quando o mecanismo TTFL está desativado — descobriu-se que o estado de oxidação das peroxirredoxinas (uma família de enzimas antioxidantes) oscila com um ritmo circadiano nos glóbulos vermelhos humanos, que como não possuem núcleo não podem conter um TTFL. Segundo Sandipan Ray e Akhilesh B. Reddy, pesquisadores da Universidade de Cambridge, "posteriormente, as oscilações das proteínas peroxirredoxinas (PRX) estabeleceram-se como marcadores evolutivamente conservados do mecanismo do relógio, apontando para os ciclos redox como um provável princípio unificador entre organismos díspares."[49]

O estado redox do citosol e do núcleo afeta em grande medida as numerosas enzimas que têm grupos tiol (-SH) reativos presentes nos resíduos de cisteína e metionina (aminoácidos de uma cadeia proteica), modificando muitas propriedades das enzimas, como a atividade, a ligação proteína-proteína e a ligação proteína-ácido nucleico.[50] Entre outras enzimas, uma especialmente interessante é a telomerase — a enzima que efetua o prolongamento dos telômeros após a divisão celular. A telomerase funciona em condições redutoras, mas não em um entorno oxidante.

É fácil imaginar que outras enzimas modificarão suas propriedades (de forma similar às modificações do envelhecimento) com um entorno cada vez mais oxidante. De fato, a ligação do dímero Clock-Bmal1 ao DNA depende da proporção $NAD^+/NADH$ (o "potencial redox" da célula). Enquanto que o estado redox controla o "relógio", inversamente, o "relógio" controla o estado redox, já que muitas enzimas e cofatores antioxidantes e genes que respondem às ROS são controlados pelo "relógio". Tenham em mente que como a relação $NAD^+/NADH$ controla a ligação Clock-Bmal1, existe uma conexão direta entre o estado redox e o relógio circadiano.

Na mosca das frutas, a *Drosophila melanogaster*, cerca de duas dúzias de neurônios controlam o sono. Estes neurônios são controlados pela atividade de uma enzima (na verdade, um canal de potássio — uma abertura no centro de uma proteína que atravessa a membrana celular e que permite que uma corrente de íons de potássio flua para dentro ou para fora da célula) com um cofator NADPH que está exposto aos subprodutos oxidativos do metabolismo mitocondrial; quando as ROS oxidam esse cofator para $NADP^+$, o canal se fecha, elevando assim o potencial de ação desses neurônios e induzindo o sono.[51]

Reciprocamente, os genes clock controlam muitos processos metabólicos relacionados com a produção de energia e o controle dos genes — a proteína Clock junto com a Sirt1 (as sirtuínas são uma família de desacetilases de proteínas, o que significa que removem os grupos acetil $[-CH_2COOH]$ das proteínas). Isso é de especial interesse para nós, porque quando esses grupos acetil são adicionados à cromatina — às "proteínas histonas" que formam os "discos de hóquei" do nucleossoma ao redor dos quais envolve-se nosso DNA — isso "abre" a estrutura da cromatina, permitindo que seus genes se transcrevam em RNAm (RNA mensageiro). Entretanto, na velhice, trechos do DNA que deveriam estar desacetilados não estão, o que ocasiona uma expressão genética aberrante (desregulação genética) nas células dos animais mais velhos. A perda de NAD^+ é responsável por isso, já que o NAD^+ é necessário para a desacetilação.

Como mencionei, há uma diminuição nos níveis de NAD^+, GSH e NADPH nas células envelhecidas, mas por quê? Sabemos que o relógio circadiano controla muitos aspectos do metabolismo destes importantes armazéns de equivalentes redutores; ele controla a rota de salvamento do NAD^+, em que o NAD^+ é utilizado como substrato por sirtuínas e decomposto no processo, e a rota de salvamento restaura o NAD^+ a sua forma original. Como se fosse pouco, até mesmo a nova síntese de NAD^+ requer a enzima NAMPT (nicotinamida fosforibosiltransferase) que também varia ritmicamente. A enzima NAD^+ quinase, que transforma NAD^+ em $NADP^+$, é controlada ritmicamente. A enzima metabólica central que produz a acetil-CoA que alimenta a mitocôndria também é controlada ritmicamente. Além disso, a SIRT3 na mitocôndria é controlada pelo relógio, e controla os ritmos do funcionamento mitocondrial. Como sabemos que o funcionamento do relógio vê-se perturbado pelo envelhecimento (e o funcionamento perturbado do relógio também ocasiona uma redução do tempo de vida), a perda de um ritmo circadiano robusto durante o envelhecimento pode explicar parte do problema da perda de energia.

O sono tem inúmeras funções; por exemplo, elimina as substâncias potencialmente tóxicas do cérebro (que na verdade encolhe uma vez que estes subprodutos de seu metabolismo são secretados através do líquido cefalorraquidiano para a rede glinfática — que age como os vasos linfáticos do cérebro). É durante o sono que se consolidam as lembranças. Durante as primeiras fases do sono, o NADPH é utilizado para reduzir os ribonucleotídeos a desoxirribonucleotídeos para a produção de DNA, para a produção de gorduras (colesterol) e para muitas outras finalidades sintéticas (em qualquer lugar em que deva produzir-se uma redução sintética).

Entretanto, durante a última parte do ciclo de sono, o propósito fundamental parece ser a restauração do potencial redox celular e o reparo do dano oxidativo, basicamente trazendo as células do corpo novamente para o estado em que se encontravam no dia anterior, sendo "renovadas", por assim dizer, mas o que ocorre é o seguinte: isso não acontece. A cada dia, o citosol e os compartimentos nucleares ficam mais oxidantes, enquanto o compartimento endoplasmático fica mais redutor (o que provavelmente dá origem a proteínas mal enoveladas ocasionando a resposta de proteína desenovelada). Por que a célula não aloca a energia necessária para se recarregar completamente? A perda diária de potencial redutor citoplasmático e nuclear, e o aumento do potencial oxidante do retículo endoplasmático se acumulam e se transformam em uma medida de envelhecimento. O potencial redutor (fiquemos nisso) do citoplasma diminui à medida que diminui a proporção $NADPH/NADP^+$ e a quantidade de GSH. Sabe-se que perturbações do ciclo circadiano influem tanto no envelhecimento quanto na degeneração neuronal, mas por quê?

Isso sempre foi um problema. Por que a célula torna-se oxidante? O que acontece com seu potencial redutor? Por que os níveis de GSH diminuem com a idade? Por que o $NADP^+$ não é reduzido pela via das pentoses fosfato (a rota metabólica que consome glicose e gera NADPH) e suas várias outras rotas?

Como veremos, muitas destas coisas estão conectadas por uma redução relacionada à idade da expressão de alguns genes, mas não de todos (e o aumento da expressão relacionado à idade de outros genes, especialmente aqueles relacionados com a inflamação).

Apesar da síntese de proteínas nas células que envelhecem ficar mais lenta, e apesar de haver uma diminuição global da produção de proteínas, a maioria das proteínas são produzidas como seria feito normalmente. Entretanto, algumas proteínas reduzem sua expressão — algumas delas são muito especiais, como a gamma-glutamil-cisteína sintetase (a enzima que produz GSH), várias enzimas de reparo de DNA, importantes enzimas metabólicas como a G6DH (a primeira enzima oxidativa da via das pentoses fosfato que forma o NADPH), e enzimas para o reparo dos danos por oxidação, incluindo as enzimas tiorredoxina e tiorredoxina redutase.

Apesar da célula precisar de energia adicional, cofatores e antioxidantes, ela perde a capacidade de produzi-los. E as consequências disso são que o NAD^+ é utilizado pelas sirtuínas nas reações de desacetilação, polimerizado pela PARP (poli ADP ribose polimerase) para formar as cadeias de poli ADP utilizadas para marcar os danos do DNA, e consumido pela CD38. A CD38 é uma proteína que é encontrada nos linfócitos e que pode agir como receptor ativador, fazendo com que as células T (linfócitos T) se ativem para produzir uma série de citoquinas, ou como enzima, produzindo as moléculas de sinalização ADP-ribose e um pouco de ADP-ribose cíclica. São necessárias 100 moléculas de NAD^+ para produzir uma molécula de ADP-ribose.[52] A conversão de NAD^+ em $NADP^+$ por parte da NAD^+ quinase também fica mais lenta quando os níveis de NAD^+ diminuem.

A complexidade de todas estas reações e seus efeitos secundários ainda não se conhecem totalmente. Por exemplo, a PARP1 — a enzima que forma as cadeias de poli ADP que marcam os danos do DNA — também regula as funções do relógio, enquanto que as sirtuínas (SIRT3) controlam os ritmos da respiração mitocondrial. Nem sequer falamos da resposta da célula a estas condições. Normalmente falaríamos dos fatores de transcrição (FOXO, HSP1) que desencadeiam a atividade de uma série de enzimas reparadoras para lutar contra os problemas da oxidação e outros danos, mas se sabemos tanto quanto sabemos — se assumimos que o aumento dos níveis de GHS, das proporções de $NAD^+/NADH$ e $NADPH/NADP^+$, e a eliminação das ROS deveriam prolongar a vida e este parece ser o caso — podemos adotar um enfoque diferente.

Os trabalhos de David Sinclair[53] e Leonard Guarente[54] mostraram (em camundongos) que se de alguma forma as células do animal são "convencidas" a produzir mais NAD^+, ou a substancialmente reduzir a produção de ROS, aumenta-se um pouco o tempo de vida. Viver 30% a mais seria um importante benefício, especialmente porque isso atrasaria e aliviaria as doenças do envelhecimento, o que implica um tremendo custo para uma população que está envelhecendo, mas ocorre o seguinte: como vimos nos experimentos de Stroustrup e Fontana, estas soluções estendem proporcionalmente todas as etapas da vida. Então, se estes tratamentos chegarem a ser bem-sucedidos, o que faremos é estender a velhice.

Isso parece-se à lenda da deusa Eos, que amava o jovem Titono, e cujas súplicas aos outros deuses para que o tornassem imortal foram atendidas — mas o que Eos esqueceu de pedir é que lhe dessem também juventude imortal, e ele foi ficando cada vez mais velho e feio com o tempo até que Eos simplesmente trancou-o longe da sua vista. Isso não é um bom plano, pois o que queremos é uma juventude imortal, apesar de que parece que as teorias clássicas do envelhecimento nunca nos darão essa possibilidade. Claro, podemos manter a velha carcaça funcionando, mas podemos fazer melhor que isso? Se eu não tivesse a resposta, não estaria escrevendo esse livro.

Antes de que vejamos como isso pode ser alcançado, quero mudar completamente a direção da conclusão de David Neill sobre o "cronômetro da vida" (que penso ser o relógio circadiano). O Dr. Neill escreve — sobre sua teoria do envelhecimento — que "mais que uma via ou programa genético, esta teoria propõe um cronômetro da longevidade que pode retardar a taxa de danos celulares acumulativos durante o período de vida pós-maturação."[27]

Demonstrarei que o oposto é verdadeiro, e eu diria sobre minha própria teoria que mais que um programa genético, é um programa epigenético o que trabalha com os ciclos metabólicos controlados pelo relógio circadiano para causar o acúmulo acelerado de danos celulares durante o período de vida pós-maturação, ocasionando a morte no tempo de vida máximo da espécie ou antes disso.

7

Algumas observações autobiográficas

Quando eu era muito jovem (cerca de oito anos de idade), lembro-me de estar deitado na cama à noite pensando sobre o "propósito" da vida. Tudo parecia reduzir-se a reproduzir-se e morrer. Foi nesse momento em que realmente comecei a pensar sobre o envelhecimento e a morte. Posteriormente, quando eu tinha cerca de 14 anos, minha mãe adoeceu com câncer de cólon — e por quatro anos horríveis vi minha mãe se debilitar sentindo tanta dor que implorava pela morte, o que ela finalmente recebeu. Como é que essa vida vale a pena se depois de tudo o que fazemos terminamos dessa forma? Esse foi o problema de Gilgamés quando seu amigo Enquidu morreu, no *Épico de Gilgamés*, analisado no início deste livro.

Terminei o segundo grau, e depois de muito mais tempo do que se deveria, terminei a faculdade — eu não era um bom aluno e eram os anos 1960, com muitas distrações agradáveis. Entretanto, depois de um tempo como professor de escola de segundo grau em Kingston, Nova York, percebi que por mais prazeroso que fosse dar aula, sentia-me insatisfeito, e decidi fazer uma pós-graduação. Minha formação original havia sido em física, de modo que fiz alguns cursos e um exame oficial para conseguir meu bacharelado em biologia — meus velhos devaneios sobre a vida e a morte ainda dominavam minha mente. Nessa época, eu estava casado e tinha um filho, Danny (que foi o Pai dos Dragões da série *Game of Thrones*), com outra filha a caminho (Rachel), de forma que escolhi a Universidade da Cidade de Nova York (campus Herbert H. Lehman no Bronx), por ser conveniente e barata. Ali, depois de um tempo, trabalhei no laboratório da doutora Susan Wallace, especializada em reparo de DNA.

Naquela época era "evidente" que danos no DNA eram "a" causa do envelhecimento, de modo que meu interesse no reparo de DNA era grande — e fiz um trabalho interessante, finalmente publicado na *Biochemistry*. Um pouco antes de terminar meu doutorado, comecei a trabalhar na Universidade do Sul da Califórnia com os pais da bioinformática Michael Waterman e Temple Smith. Ali aprendi a usar computadores para descobrir interessantes fatos sobre o DNA. Um evento muito perturbador, que ocorreu nessa época, mudou minha vida. Eu tinha um dente infeccionado, um molar que doía cada vez mais. O dentista, que também era administrador do prédio em que eu morava dentro do campus, sempre adiava minha consulta. Tentei tudo o que me veio à mente para controlar a infecção, que depois de um tempo fez com que a parte direita do meu rosto e do meu pescoço ficassem inchadas. Procurei o "dentista", que me disse que com esse tipo de infecção, ele não poderia me ajudar — eu teria que falar com um médico. Eu estava cada vez mais doente, e liguei para o hospital Kaiser Permanente, expliquei meu estado, e então, sentindo-me muito, muito mal, peguei um ônibus para o hospital.

Quando cheguei, fui à recepção e perguntei aonde devia ir. Disseram-me que não faziam ideia, e que eu deveria esperar na sala de emergência como todos os outros enquanto esperava ser atendido. Nesse momento, meu estado continuava piorando — meu pescoço tinha um volume como uma bola de rúgbi, e havia dezenas, ou talvez centenas de pessoas, nessa sala de emergência de um hospital de uma cidade grande. Eu estava quase desmaiando quando ouvi meu nome. Um Dr. Golan, a quem nunca serei capaz de agradecer o suficiente, sabia que eu supostamente chegaria ao hospital, e como parecia que eu não tinha chegado, ele começou a me procurar. Não sei quantos médicos que trabalham num grande hospital teriam feito isso. Enquanto me levava à sala de cirurgia, ele ia dolorosamente injetando-me analgésicos no pescoço (suponho que eram analgésicos), mas ele não esperou que fizessem efeito para fazer um corte no meu pescoço. Eu disse-lhe que ia desmaiar, mas o Dr. Golan disse que não, e a próxima coisa que lembro é que estava deitado em uma cama na UTI com um tubo chegando até minha traqueia e cercado de muitas máquinas que faziam barulhos e tinham luzes vermelhas que piscavam, e além disso poderosos antibióticos estavam sendo injetados de forma intravenosa. Eu estava muito doente e não sabia se estaria vivo no dia seguinte. E essa noite tive um sonho que mudou minha vida.

Hoje em dia, raramente lembro dos meus sonhos, mas esse foi diferente. Eu estava em um cômodo na parte alta de uma construção em uma estrada escura, iluminada por um tênue sol vermelho. Mas era meio-dia — e por essa estrada marchavam soldados, e uma pessoa de certa importância dirigia-se às tropas, e eu sabia que marchavam em minha homenagem. Eu sabia que não estava na Terra, mas talvez em um planeta que orbitava uma estrela anã vermelha. Eu também sabia, talvez pelo que disse o orador, que nos encontrávamos 400 anos no futuro; não posso recordar exatamente todas as palavras do discurso que fez essa autoridade, mas a parte que me impactou e mudou minha vida foi: "Em homenagem a Harold Katcher, que trouxe a imortalidade à humanidade". E, entretanto, não senti isso como um sonho, mas como uma visão, uma mensagem de que eu não estava a ponto de morrer, e talvez muito mais que isso.

Foi literalmente um sonho febril; porém, nesse momento eu soube que não ia morrer. Mas era uma loucura que eu trouxesse a "imortalidade à humanidade". Eu já estava a ponto de me render à ideia de que o envelhecimento podia no máximo ser aliviado, atrasado talvez, e até propus esquemas para construir enzimas bacterianas de reparo de DNA que contivessem plasmídeos (talvez em lipossomas), para ajudar as células a reparar a si mesmas, e cheguei a redigir uma proposta de financiamento, mas não tive sucesso.

Entretanto, nesse momento eu já estava farto da ciência e dos arrogantes cientistas com os quais eu havia trabalhado, e percebi que com as teorias de então sobre o envelhecimento (que continuam sendo as de hoje em dia — a Fundação de Pesquisa SENS continua aceitando a ideia de que os danos podem ser detidos ou "eliminados por engenharia" — apesar de que cada vez se compreende melhor a importância da biologia redox, o que tem mudado algumas opiniões, como foi comentado, mas naquele momento tudo se resumia a danos no DNA), este campo de pesquisa estava tentando fazer algo como tentar conter as marés com um rodo. Para mim, a perspectiva de introduzir enzimas de reparo em todas as células do corpo parecia impossível. Como fazer com que enzimas de reparo chegassem a todos os trilhões de células do corpo? Apesar do meu sonho, eu sabia que não havia forma de fazer mais do que prolongar moderadamente a vida — diminuindo a taxa de danos e superexpressando os fatores de reparo. Quase todos os especialistas concordavam com a afirmação de que o esforço para prolongar a vida seria enorme e custoso, e que o grau de prolongamento possível da vida nem sequer valeria a pena.

Então, como se eu quisesse que meu sonho não fosse mais do que um sonho impossível, deixei a ciência para me tornar programador de computador (apesar de autodidata, eu era bastante bom). Ganhava-se muito mais naquela época na programação de computador (início dos anos 1990) e eu adorava esse trabalho (continua sendo um dos meus hobbies). Trabalhei para uma equipe comercial, fazendo um pouco de programação rotineira e consertando o (horrível) trabalho de um programador que me tinha precedido — e admito que estava feliz. Eu morava em Salt Lake City com minha esposa Fatemeh e minha filha Sasha (naquele então, meus outros dois filhos, Rachel e o "Dragão" Dan, já eram crescidos e não moravam comigo). Apesar de que com excessiva frequência durante os fins de semana meu "bipe" (lembram, antes dos celulares?) tocava e eu tinha que passar um fim de semana tentando consertar um software de folha de pagamento, ou alguma outra função vital, em geral era uma vida bastante agradável.

Porém, quando recebi uma oferta da Universidade de Maryland para me incorporar a seu programa no exterior, minha mulher, que adora viajar, foi a favor. Passei alguns meses antes de minha mulher e minha filha em Daegu, Coreia do Sul, em Camp Henry, e quando tudo pareceu-me o suficientemente confortável mandei buscar minha família. Minha filha tinha então um pouco mais de dois anos. Daegu, apesar de provavelmente nunca terem ouvido falar dela, é uma cidade de milhões de habitantes no centro da Coreia do Sul — que sinceramente interessava-me pouco (apesar de eu adorar a comida coreana); não havia muito o que fazer. Entretanto, fizemos muitos amigos, tanto coreanos quanto militares estadunidenses, e o que mais se precisa além de amigos? Bom, em nosso apartamento alugado (algo muito difícil de conseguir na Coreia do Sul), podíamos ouvir os ratos correndo pelo teto, mas eles nunca entraram no apartamento e nos sentíamos o suficientemente seguros.

Depois de uns dois anos — eu era um professor bem-sucedido e querido, e suponho que como recompensa (na faculdade sabia-se que trabalhar na Coreia equivalia a "pagar o pedágio") — enviaram-nos (em um avião cargueiro C5, com assentos de rede e uma lata de tinta vazia como banheiro, sentados junto a um tanque) a Misawa ("três pântanos"). Tratava-se de uma grande base militar estadunidense em uma pequena cidade pesqueira costeira que era muito mais agradável do que seu nome poderia dar a entender, e para abreviar a história (apesar de que poderia ter seu próprio livro), promoveram-me a professor titular e depois nomearam-me Diretor Acadêmico de Ciências Naturais da Divisão Asiática — Japão, Coreia, Okinawa (apesar de Okinawa oficialmente fazer parte do Japão, os okinawenses não se consideram japoneses) e Guam.

Apesar das coisas estarem indo muito bem, depois de ter vivido no Japão durante quase uma década minha esposa decidiu que não queria morrer no Japão — e decidimos voltar aos Estados Unidos. Como eu tinha responsabilidades, minha mulher e minha filha foram embora primeiro, e eu fui um pouco depois. Voltei a nossa casa de Salt Lake City e, como eu estava chegando perto da idade de aposentadoria, continuei trabalhando para a Universidade como professor adjunto lecionando em cursos on-line. Naquela época, penso que nós — a UMUC, agora UMGC (Campus Global) — tínhamos o maior programa on-line do mundo.

Suponho que esse seria o sonho da maioria das pessoas: poder trabalhar de casa, continuar ganhando um salário decente e ter um trabalho interessante (eu ensinava física e biologia, apesar de que tinha saudades de ensinar matemática, coisa que fazia na Ásia). Mas e o meu sonho? Nunca o esqueci, mas nessa época estava muito claro que nunca se realizaria; eu estava aposentado, não tinha acesso a um laboratório e não tinha a menor ideia de como fazê-lo tecnicamente. Eu de fato dava aulas sobre biologia do envelhecimento, e sobre o que todo mundo sabia sobre reparo de DNA, estresse oxidativo, sistemas de reparo mTOR-FOXO e todas as coisas habituais que podem ser encontradas em livros-texto e artigos. Apesar de que sabíamos muito mais sobre o envelhecimento celular, ainda era pouco o que se podia fazer. No fim das contas, esse sonho era só um sonho.

Em geral, o envelhecimento podia resumir-se da seguinte maneira: devido aos danos acumulados ao longo da vida, as células desenvolvem todos esses problemas que indiquei ao mencionar as *Características do envelhecimento* de López-Otín et al. e finalmente morrem quando os danos superam a capacidade das células de continuar vivendo; e assim, como o envelhecimento mata as células ou torna-as senescentes, em um determinado momento, como se sabe, os tecidos começam a perder células à medida que as próprias células-tronco morrem e outras tornam-se senescentes. Esta perda ascende na hierarquia, já que, se faltam células ou elas funcionam mal, o tecido que compõem deixa de funcionar corretamente, e os órgãos que esses tecidos compõem perdem funcionalidade, os sistemas de órgãos dos quais fazem parte esses órgãos são então menos capazes de cumprir suas funções, e finalmente o organismo funciona mal, e isso é o que chamamos "envelhecimento", e é o que quase todos os outros cientistas do mundo e eu acreditávamos nesse momento. Não havia caminho para a imortalidade — as coisas se desgastam, e quando a informação para seu reparo (contida no DNA) também se perde, não resta nenhuma esperança. Não há "ressurreição" celular.

Apesar de eu ministrar muitas horas de aula (on-line), continuava tendo muito tempo livre — e devido ao fato de que estava ensinando biologia do envelhecimento, ainda "me mantinha em dia" com o campo (apesar dele não ter avançado muito). Eu estava aposentado, continuava gozando de boa saúde física, adorava fazer trilhas (e Utah é um dos melhores lugares para isso) e estava pensando na possibilidade de criar alguns serviços on-line — minha mulher e eu (ela é programadora de computador) fomos possivelmente as primeiras pessoas a iniciar um serviço de emprego on-line, que não funcionou, felizmente.

Enquanto eu considerava minhas opções, li um artigo numa revista sobre o trabalho realizado por Conboy et al.[55] cerca de quatro anos antes (em 2005) que, apesar de meu amplo conhecimento da literatura, eu nunca tinha visto (e isso que estava na Nature!) e do qual nunca tinha ouvido falar, de modo que procurei esse artigo e li-o com crescente entusiasmo. Agora eu sabia como levar a "imortalidade à humanidade" — estava tão convencido disso que contei a todos os meus parentes (que em geral têm uma boa opinião sobre mim), e a meus amigos. Mas eu continuava sendo um homem de 65 anos sem laboratório nem financiamento, de forma que apesar do "sonho impossível" agora parecer possível, continuava sendo muito improvável, a menos que eu encontrasse alguém que me apoiasse, e dediquei os anos seguintes — uma voz que gritava no deserto — a encontrar esse apoio.

O que nos disse a pesquisa dos Conboy

Existe um procedimento chamado *parabiose heterocrônica*, em que "hetero" significa "mista", enquanto que "crônica" refere-se à idade. Entretanto, é a parte de "parabiose" a que precisa de mais explicação, basicamente significando "viver um ao lado do outro", mas esta parabiose é muito mais íntima do que simplesmente isso. Essencialmente, dois animais do mesmo tipo, e frequentemente geneticamente isógenos (com aproximadamente os mesmos genes), são gravemente feridos de tal maneira que podem ser costurados um ao outro. Assim, em resumo, são costurados um animal velho (normalmente camundongos ou ratos) e outro jovem. É um procedimento bastante cruel, com uma alta taxa de mortalidade. Frequentemente, o rato maior arranca a mordidas a cabeça do menor (nos ratos, há um aumento significativo da massa durante o envelhecimento), então por que alguém faria um procedimento tão bizarro e cruel?[56]

O procedimento iniciou-se no século XIX; os primeiros trabalhos em que se utilizou a parabiose heterocrônica (PH) para estudar o envelhecimento foram realizados nos anos 1950 e início dos 1960 por pesquisadores como Clive McCay[57] — que havia estabelecido que a restrição calórica prolongava a vida — que indicaram que se unia-se um animal jovem e outro velho mediante PH, o mais velho parecia mais jovem por ter mais brancos os tendões e outros tecidos conjuntivos deste tipo que normalmente amarelam-se com a idade. Além disso, os tecidos ficavam mais moles, já que os tecidos também endurecem com a idade (devido aos depósitos de amiloide). Naquela época, nossos conhecimentos sobre os biomarcadores do envelhecimento eram limitados e poucos animais tinham seu DNA sequenciado.

Entretanto, mais próximo de nosso assunto, foram Ludwig e Elashof quem, em 1972, determinaram o efeito desse experimento sobre o tempo de vida.[58] Dessa vez, um amplo estudo demonstrou um aumento da longevidade, sobretudo com fêmeas emparelhadas, em comparação com animais não emparelhados ou com animais em parabiose com outros da mesma idade. Mais tarde, durante a década de 1980, houve relevante experimentação russa com esta técnica.

Os estudos de Ludwig e Elashof mostraram certamente um aumento da longevidade — e além disso (como apontou Michael Conboy pela primeira vez) o animal em parabiose mais jovem já não era jovem no final do experimento — mas o que causou este aumento? Se eu tivesse sabido destes experimentos, não teria suposto um rejuvenescimento, mas que os órgãos do animal mais jovem em parabiose compensavam a funcionalidade decrescente dos órgãos do animal mais velho.

Entretanto, eu não tinha conhecimento desta PH até que li o artigo de Conboy et al. procedente do laboratório de Irv Weisman em Stanford.[55] O título diz tudo: *Rejuvenescimento de células progenitoras envelhecidas por exposição a um entorno sistêmico jovem* (na tradução em português do original em inglês). O "entorno sistêmico jovem" era o fornecimento de sangue compartilhado dos parceiros parabióticos. Células progenitoras? Células progenitoras são células-tronco com uma capacidade limitada, o que significa que, diferentemente de, por exemplo, células-tronco embrionárias (que podem se diferenciar em todos os tecidos do corpo humano), células progenitoras só podem se diferenciar em tipos limitados de células. Assim, no caso de células progenitoras do fígado, há vários tipos delas no fígado, mas só um tipo que se diferencia em hepatócitos, que são a maioria das células do fígado. Da mesma forma, existem as chamadas "células satélite" de músculo. Estas se localizam na parte externa dos feixes de fibras musculares e, quando se ativam, são fundamentais para o reparo de danos musculares ou o crescimento de mais músculos para suportar maiores cargas físicas. Apesar de também serem denominadas "células-tronco", como está claro que só formam células musculares, também devem ser consideradas células progenitoras. E foram estes dois tipos de células progenitoras que Conboy et al. pesquisaram utilizando PH em camundongos.

No estudo, critérios moleculares demonstraram que houve um rejuvenescimento funcional destes tipos de células no animal em parabiose de maior idade e um aparente envelhecimento no animal mais jovem. À medida que envelhecem, as células progenitoras de hepatócitos proliferam em um ritmo reduzido, e as células satélite de músculo são menos capazes de dar apoio à formação de novas fibras musculares, ou de curar feridas no tecido muscular; entretanto, por exemplo, a PH devolveu às velhas células satélite de músculo uma capacidade para criar novo tecido muscular próxima daquela de sua juventude. Dessa forma, agora tínhamos provas de que o entorno sistêmico jovem afetava as células progenitoras a nível celular. Outros experimentos (incluindo anteriores a este) deram a entender a Conboy et al. que as mudanças na sinalização intercelular eram a causa provável destes rejuvenescimentos, mas já veremos que não é esse o caso. Outro estudo, completamente convincente, saiu de Harvard, e foi um dos trabalhos mais interessantes sobre o rejuvenescimento do cérebro velho por PH, realizado por Saul Villeda e Tony Wyss-Coray em Harvard.[59]

Saul Villeda et al. resumem seus resultados da seguinte maneira: "Aqui, utilizando parabiose heterocrônica, demonstramos que fatores sanguíneos presentes no meio sistêmico podem inibir ou promover a neurogênese adulta de forma dependente da idade em camundongos".[59] Além disso, Villeda descobriu que havia um aumento da concentração de certas quimiocinas (substâncias químicas que atraem os glóbulos brancos) no cérebro e no sangue, que ele suspeitava que eram os fatores pró-envelhecimento no sangue.

Em particular, foram observados aumentos substanciais na concentração da quimiocina CCL11, eotaxina — uma quimiocina que atrai os glóbulos brancos chamados eosinófilos — e a injeção desta quimiocina na veia do rabo de camundongos jovens produziu os sintomas de declive cognitivo e escassez de neurogênese, enquanto que a PH reverteu estas condições, aproximando a neurogênese de níveis juvenis. Isso parecia confirmar o fato de que havia fatores pró-envelhecimento no sangue que produziam estes resultados, e que sua eliminação era suficiente para estimular o rejuvenescimento segundo critérios cognitivos (aprendizagem espacial, evitação da dor) e o aumento da neurogênese (apesar disso não ter sido relacionado de forma causal com a aprendizagem).

Depois disso, alguns dos autores originais do trabalho, como Thomas Rando, continuaram esses estudos, demonstrando finalmente que quase todos os tipos de células-tronco e células progenitoras examinados, desde os cardiomiócitos até os oligodendrócitos, rejuvenesciam com PH no animal mais velho em parabiose e envelheciam no animal mais jovem (apesar de Amy Wagers afirmar não haver envelhecimento nos animais mais jovens em parabiose). Mais tarde descobriu-se que a simples transfusão de sangue ou mesmo a injeção de soro sanguíneo tinham efeitos similares.

Os Conboys realizaram estudos paralelos in vitro que revelaram os mesmos efeitos do plasma jovem em células satélite musculares e progenitoras hepáticas velhas que in vivo.[55] Existiam duas possibilidades para estes efeitos, que não se excluíam mutuamente; ou o plasma sanguíneo jovem (descartou-se a participação celular) continha substâncias que rejuvenesciam as células, ou o plasma sanguíneo velho continha fatores que envelheciam as células (ou ambas as coisas, como foi mencionado). Outros trabalhos realizados pelo grupo original de Stanford e outros ilustraram o efeito da PH (parabiose heterocrônica), resumido por Saul Villeda, como "Em animais envelhecidos, a exposição a sangue jovem através da parabiose heterocrônica melhora a função das células-tronco no músculo, fígado, medula espinhal e cérebro, e melhora a hipertrofia cardíaca."[60]

Minha resposta

Após ler o artigo de Conboy et al. de 2005, percebi de repente que tudo o que tinham me ensinado (e que eu mesmo havia ensinado) sobre o envelhecimento estava errado. Rapidamente ficou claro pra mim que o envelhecimento celular era um mito. Ao trabalhar durante muitas semanas desenhando diagramas de circuitos de vias redox (estou mais familiarizado com os circuitos elétricos, e ao fim e ao cabo estamos lidando com o fluxo de elétrons e seu uso na produção da energia que a célula precisa), eu não havia encontrado nenhuma razão óbvia para que as células não pudessem restaurar seus componentes se lhes fosse dada suficiente energia (na forma de alimentos). Agora a razão ficou clara: o envelhecimento celular era um processo não autônomo da célula! Isso significava que o envelhecimento celular não dependia da história da célula, mas de seu entorno. O envelhecimento corporal não era o resultado do envelhecimento celular — o envelhecimento celular é que era causado pelo envelhecimento corporal (é um processo de retroalimentação quando as células que envelhecem mandam sinais aos órgãos para que mudem).

Foi nesse momento que me convenci de que o envelhecimento podia ser curado e pensei que sabia como. No final de 2009, durante o feriado de Natal, escrevi à única pessoa que eu conhecia que era o suficientemente corajosa (ou arrogante) para deixar de lado os conselhos dos especialistas e lançar-se a curar o envelhecimento através de sua Fundação de Pesquisa SENS: Aubrey de Grey. Escrevi a ele dizendo que eu acreditava que sabia uma forma de curar o envelhecimento. Enviei um correio eletrônico a Aubrey, mas seu guardião, Michael Rae, não me deixava falar com ele sem eu revelar meu segredo, e finalmente concordei em fazê-lo, apesar de que a Fundação de Pesquisa SENS não quis assinar um acordo de confidencialidade — mas que opção eu tinha? Eu não conhecia mais ninguém com o poder e a influência que Aubrey tinha.

Minha ideia era simples — para mim, óbvia. Dado que havia sido determinado que era o plasma (acelular) do sangue o que tinha efeitos rejuvenescedores, por que não substituir o plasma de uma pessoa velha pelo de uma pessoa jovem? E a forma de fazê-lo também era óbvia — uma técnica medicamente testada e certificada (apesar de mais utilizada na Europa e no Japão) chamada troca de plasma, uma forma de plasmaferese em que o plasma extraído do sangue velho seria substituído pelo do sangue jovem. Minha suposição era que com uma série de transfusões desse tipo, tanto se o sangue velho contivesse fatores pró-envelhecimento, quanto se o sangue jovem contivesse fatores antienvelhecimento (ou se as duas coisas estivessem certas), o que eu chamava de Troca Heterocrônica de Plasma deveria ser bem-sucedida.

Minha revelação surtiu efeito, e então o próximo correio eletrônico que recebi da Fundação de Pesquisa SENS foi do próprio Aubrey (tenho ele), e o primeiro que ele escreveu foi algo como "Esta é a razão pela qual não vai funcionar". Aubrey era da velha escola — o envelhecimento celular era resultado dos danos moleculares e não havia forma de que o plasma sanguíneo jovem pudesse ajudar. Porém, teve a gentileza de me apresentar aos Conboys — que concordavam bastante com Aubrey, apesar de Irina Conboy ter sugerido que o plasma rico em plaquetas tinha efeitos antienvelhecimento. Ele também colocou-me em contato com Amy Wagers, que no início parecia interessada até descobrir que eu não tinha financiamento. Para a comunidade do estudo do envelhecimento, tenho certeza de que eu parecia um cara estranho. Entretanto, Aubrey me disse que os Conboys iam trabalhar com um sistema, junto com Frank Longo, para testar meu procedimento, mas apesar de uma misteriosa ligação de Michael e Irina Conboy, em que combinamos uma reunião para discutir os resultados (reunião que eles cancelaram posteriormente), nunca fiquei sabendo dos resultados. O verdadeiro problema é que, apesar de seus próprios resultados, os Conboy ainda assim pareciam apoiar o envelhecimento por "desgaste".

Procurando na Internet pessoas que pudessem aceitar o envelhecimento programado, encontrei Ted Goldsmith, quem, como engenheiro de sistemas formado no MIT, não podia aceitar as teorias do envelhecimento por "desgaste" baseadas em princípios de engenharia; finalmente eu tinha companhia no que eu acreditava. Foi Ted quem me apresentou ao cientista russo mais responsável pela teoria do envelhecimento programado, Vladimir Skulachev. Skulachev, que era o editor de *Biochemistry*, uma revista da Academia Russa de Ciências, convidou-me a apresentar um artigo em sua revista, o que fiz, intitulado *Estudos que jogam uma nova luz sobre o envelhecimento* (na tradução em português do original em inglês) em 2013,[61] que felizmente recebeu certo interesse. Mas isso continuava sendo "teoria", e eu queria ver resultados.

Foi então que me pus em contato com o médico e PhD Mitch Harman do já desaparecido Instituto de Pesquisa da Longevidade Kronos, que me disse naquele momento que o instituto era financiado por John Sperling, um multimilionário que fez a própria fortuna, o homem que fundou a Universidade de Phoenix como uma forma de ajudar o trabalhador (como ele tinha sido, um marinheiro mercante) a ter acesso a educação. Quando contei a Mitch minha ideia e lhe enviei meu artigo, ficou muito entusiasmado para começar com o primeiro receptor de troca heterocrônica de plasma. Entramos em contato com o doutor Dobri Kiprov, cujo ponto forte era a troca de plasma (descobri que era surpreendentemente barato), e ele aceitou fazê-lo. Porém, o Dr. Kiprov tinha outras ideias e estava convencido de que a albumina do soro (a principal proteína do plasma) era o segredo do rejuvenescimento, e tinha dúvidas quanto a utilizar plasma humano jovem. Pedi que fossem procurados doadores jovens, mas Dobri pensava que plasma "disponível para venda" era o suficientemente bom, e que melhor ainda seria uma solução salina de albumina.

Pouco tempo depois, convidaram-me para ir à casa de John Sperling em San Francisco e me reuni com ele, Mitch e o genro de Sperling para falar do procedimento. Até aceitei realizar o tratamento junto com John, para reduzir seus temores, mas acabou não acontecendo. O médico pessoal do Dr. Sperling (John tinha então 91 anos) disse-lhe que o procedimento era perigoso e o desaconselhava completamente. John claramente estava com medo (eu podia ver o pânico em seus olhos) e finalmente desistiu, e assim acabou-se nossa grande oportunidade. John Sperling morreu no ano seguinte e penso que seu médico pessoal fez-lhe um grande desfavor (e a mim também).

Até mesmo um procedimento de troca de plasma usando-se uma solução salina fisiológica e albumina teria sido suficiente para promover o rejuvenescimento dos tecidos, como demonstraram os recentes trabalhos dos Conboy junto com Kiprov.[14] Ao que parece, diluir o plasma velho à metade mediante a troca de plasma com solução salina-albumina produziu efeitos significativos depois de um tempo, o que supostamente mostrou que o envelhecimento era causado por fatores pró-envelhecimento no sangue (apesar de não ter refutado os fatores antienvelhecimento no sangue jovem). Kiprov e, posteriormente, Mitch Harman e outras pessoas que eu conhecia formaram sua própria empresa (Young Blood Institute), mas abandonaram-me completamente. Mais uma vez, eu teria que começar do zero.

A pedido da *Current Aging Science*, escrevi outro artigo, *Rumo a um modelo do envelhecimento baseado em evidências* (na tradução em português do original em inglês),[62] mas ele não suscitou tanto interesse quanto o artigo "Estudos". Parecia que eu nunca poderia testar minha teoria.

A parte seguinte do meu percurso foi bastante embaraçosa. Entraram em contato comigo duas pessoas, as quais chamarei simplesmente de Fred e Jean (não são seus nomes reais), que queriam patrocinar meus experimentos. Jean, uma mulher de negócios, e Fred, seu empregado e companheiro, queriam abrir uma clínica em Belize, e isso seria só questão de tempo. Depois, seus planos mudaram, e eles trocaram Belize por uma clínica nas Filipinas. Depois de um tempo, percebi que estavam utilizando isso como uma artimanha para atrair grandes quantidades de dinheiro de gente proeminente sem nenhuma possibilidade real de montar uma clínica em uma nação muito católica e com instalações médicas muito limitadas. Cortei meu contato com eles.

Durante esse período, entrou em contato comigo um empresário indiano, Akshay Sanghavi, que também era um blogueiro muito entendido em medicina antienvelhecimento, com conhecimentos específicos em medicina ayurvédica — mas como eu já havia me comprometido com Fred e Jean, tive que deixar passar essa oportunidade (isso aconteceu, naturalmente, antes de eu perceber quem eram Fred e Jean).

As evidências se acumulam

Quando ocorre um fenômeno que difere radicalmente das expectativas — como a "fusão a frio" ou a "poliágua" (a ideia de que as moléculas de água formam polímeros) — mas ano após ano os resultados são às vezes negativos e às vezes positivos, é provável que esse fenômeno não tenha fundamento. Entretanto, quando as evidências que o apoiam acumulam-se sistematicamente, há boas razões para considerá-lo certo.

Como confirmação de seu artigo anterior (2011), Villeda, em seu artigo de 2014,[60] repetiu com sucesso os experimentos anteriores, mas adicionou a seus resultados prévios um aumento da plasticidade neuronal nos animais tratados com PH, medido como um aumento da transcrição de genes envolvidos na plasticidade neuronal. Além disso, ocorreu um aumento do número de espinhas dendríticas em certas células do giro denteado do hipotálamo. Foram obtidos resultados similares em ratos mediante simples injeções de plasma jovem (de ratos de 3 meses) ou de plasma velho (de ratos de 18 meses), mostrando que, em comparação com os ratos tratados com plasma velho, os ratos tratados com plasma jovem apresentaram um incremento da aprendizagem e da memória quando foram submetidos a um teste em um labirinto aquático.

Villeda et al. concluíram que "Em conjunto, nossos dados demonstram que a exposição a sangue jovem contrapõe-se ao envelhecimento a nível molecular, estrutural, funcional e cognitivo no hipocampo envelhecido".[60] Entretanto, houve uma diferença em relação ao artigo anterior, que se expôs da seguinte maneira: "Além disso, anteriormente identificamos fatores 'pró- -envelhecimento' em animais jovens em parabiose heterocrônica como reguladores negativos da neurogênese e da cognição; entretanto, estes fatores não se modificaram nos animais envelhecidos em parabiose heterocrônica. Consequentemente, nossos estudos sugerem duas estratégias diferentes para reverter os fenótipos do envelhecimento. Uma possibilidade é que a introdução de fatores 'pró-juventude' de sangue jovem possa reverter as deficiências relacionadas à idade no cérebro, e uma segunda possibilidade é que retirar os fatores pró-envelhecimento do sangue envelhecido possa contrabalançar tais deficiências. Estas duas possibilidades não se excluem mutuamente, justificam mais pesquisas e podem proporcionar cada uma delas uma estratégia bem-sucedida para combater os efeitos do envelhecimento".[60]

Então, o que estava correto, "fatores pró-juventude", "fatores pró-envelhecimento", ou ambos? Como veremos, os fatores pró-juventude são tudo o que é necessário — apesar de que a eliminação dos fatores pró-envelhecimento provavelmente aceleraria o rejuvenescimento, a um custo, mas um que pode valer a pena pagar.

Assim, ficava cada vez mais claro que minha troca heterocrônica de plasma (chamada em meu artigo de 2013[61] de HPE, em sua sigla em inglês) devia funcionar se os mesmos mecanismos de envelhecimento e de controle do envelhecimento existissem em humanos — e a probabilidade de que um processo tão fundamental diferisse entre mamíferos parecia-me remota. Entretanto, como eu o demonstraria?

Akshay ao resgate

Era por volta de 2016, e parecia que eu nunca alcançaria meu objetivo. Imaginar que eu podia rejuvenescer as pessoas era estranho — em toda a história da humanidade, as pessoas buscaram essa conquista, através de magia negra, como "a Rainha Vampira" Elizabeth Bathory, e com estranhas poções químicas mais propensas a causar a morte do que o rejuvenescimento. Além disso, em todo o mundo existiam lendas sobre um elixir mágico — o soma da Índia, a ambrósia dos deuses gregos, o elixir vitae dos europeus medievais. A ideia de que tal possibilidade existisse — e ainda por cima que eu a descobrisse — era pura fantasia. Porém, o trabalho com PH e outros experimentos similares relacionados ao plasma sanguíneo apontavam para essa possibilidade.

A esta altura, eu estava sentindo minha idade (74 anos, mas ainda não precisava de duas mãos para beber), e me preguntava o que eu faria com o resto da minha vida. Não que eu não tivesse o suficiente para me entreter — minhas habilidades informáticas, unidas a meus conhecimentos de eletrônica, levaram-me a pensar em vários projetos, e depois, simplesmente envelhecer, e morrer. O destino comum da humanidade; como eu podia esperar algo melhor? Entretanto, esse sonho que tive — o que me disse que eu traria a imortalidade à humanidade — nunca saiu da minha mente. Eu não tinha cumprido meus objetivos, mas talvez outros sim o fariam, apesar de todos eles parecerem estar olhando na direção errada.

Então recebi um correio eletrônico de Akshay Sanghavi, em que me preguntava se eu continuava interessado em fazer os experimentos que eu havia proposto. Porém, diferentemente de sua última oferta, feita quando eu trabalhava com Jean e Fred — quando me disse que eu poderia fazer a pesquisa onde quisesse — dessa vez eu teria que ir trabalhar em Mumbai, Índia, onde Akshay (um financista, além de biólogo amador de grande talento) tinha começado a apoiar financeiramente projetos junto com uma jovem professora adjunta chamada Kavita Singh no departamento de farmacologia da Universidade NMIMS, nos subúrbios do oeste de Mumbai (não se enganem, não se parecem nada com os subúrbios estadunidenses — ver corvos comendo um rato morto na rua não era raro — mas os ricos e famosos viviam ali; esse subúrbio, Juhu, é o lar de muitas estrelas de Bollywood).

Para falar a verdade, eu estava muito doente (síndrome do cólon irritável) e fraco, e a ideia de deixar minha família para ir a uma terra estranha e difícil para fazer um trabalho que eu não tinha certeza de que poderia fazer, nem de que pudesse ser bem-sucedido, fazia com que fosse uma decisão bastante difícil de tomar (aliás, sinto-me muito mais jovem agora que naquele então). Mas que sentido tinha minha vida senão? Claro, eu poderia dormir nos louros — tive uma contribuição importante na descoberta do primeiro gene do câncer de mama, o BRCA1, quando trabalhei na Myriad Genetics em Salt Lake City (mas saí com um sabor amargo na boca), trabalhei para a Universidade de Maryland e fui promovido a professor titular, e depois a Diretor Acadêmico de Ciências Naturais, onde acredito ter feito um bom trabalho. Eu era respeitado e, apesar de não ganhar muito, tinha o suficiente para cobrir minhas necessidades. Impressionar os demais não era nenhum de meus objetivos, mas eu de fato queria contribuir com o mundo, de forma que solicitei um visto indiano.

Naquele momento, o melhor que pude fazer foi conseguir um "visto eletrônico" de dois meses, já que todas as transações eram feitas pela internet. Finalmente, tudo ficou pronto e, com a ajuda (e o pagamento) de

Akshay, reservei meu voo à Índia. Tenho que reconhecer que, depois de ter sido enganado por Jean e Fred, eu havia perdido bastante confiança em "apoiadores financeiros". Eu quase não conhecia Akshay, mas que opção eu tinha se quisesse cumprir meu sonho?

O voo a Mumbai foi para mim um horror (preso em um assento do meio durante as primeiras 9 ½ horas), para depois fazer uma conexão em Hamburgo, onde, devido a atrasos do meu voo, perdi meu voo de conexão e me ofereceram alojamento em um hotel próximo ao aeroporto. Isso foi provavelmente algo bom, já que a todo momento eu sentia que ia desmaiar. Cada movimento era doloroso e exaustivo. No dia seguinte peguei o próximo voo de 10 horas a Mumbai — de forma que estive aproximadamente 20 horas no ar. Mas finalmente cheguei. Depois passei horas na fila para que me carimbassem o passaporte e o visto, e mais outra hora procurando minha bagagem — que apesar de eu ter feito um esforço especial para dizer aos empregados do aeroporto na Alemanha que se assegurassem de que minha bagagem me seguisse, isso não aconteceu. Finalmente saí do aeroporto e Akshay me recebeu. Tive a impressão de que lhe pareci velho demais, mas naquele momento ele já estava comprometido.

No dia seguinte, a companhia aérea enviou minha bagagem ao hotel, e experimentei pela primeira vez comida do sul da Índia no café da manhã: idli (uma espécie de bolo denso feito com uma mistura fermentada de grãos) junto com sambar (um molho vermelho picante, sem tomate), e eu estava aclimatando-me à Índia. Akshay foi um bom anfitrião (e desde então, um bom amigo e aliado), e nos dias seguintes comecei com um projeto que Akshay considerava promissor. Akshay, como já comentei, era um blogueiro antienvelhecimento e, ao entender muitos dos sintomas do envelhecimento, tinha idealizado uma combinação de ingredientes concebida para mitigar todos eles. Foi então que conheci Kavita, que era nossa conexão com a universidade, e esse foi o começo de nossa família estendida.

O primeiro que decidimos foi utilizar ratos em vez de camundongos para nosso experimento — minha ideia original era que as veias maiores dos ratos nos permitiriam fazer o intercâmbio de plasma mais facilmente. A seguir, começamos com um dos projetos de Akshay. Akshay também era um especialista em medicina ayurvédica, e tinha seu próprio enfoque sobre o antienvelhecimento que combinava ervas ayurvédicas e outras ideias do século XXI sobre o envelhecimento. O objetivo era tratar os sintomas do envelhecimento, todos eles com uma mistura vegetariana de ervas e óleos. Meu trabalho consistia então em planejar os experimentos, e eu queria abranger o maior número e a mais variada mistura de marcadores potenciais do envelhecimento que pudéssemos, levando em conta as limitações de dinheiro e equipamento. Felizmente, como eu nunca tinha lidado com animais, um estudante de doutorado — um jovem competente, Sagar — estava ali para ajudar.

A Universidade NMIMS não tinha sido concebida para a pesquisa; era fundamentalmente uma escola de negócios com um prédio separado em que os estudantes de farmacologia recebiam sua formação, em sua maioria para tornar-se farmacêuticos. Entretanto, Kavita tinha em curso um programa de formação de pesquisadores, tanto de estudantes de mestrado quanto de doutorado. Como ela era uma das poucas professoras que realizava ativamente pesquisa, os equipamentos, em sua maioria para uso dos estudantes, eram em grande parte nossos, quando os estudantes não os estavam utilizando. Diferentemente do que ocorre nos Estados Unidos, onde cada professor pesquisador tem seu próprio espaço e seus próprios equipamentos de laboratório, na NMIMS todos os equipamentos estavam em áreas comuns.

Mais tarde preguntei à reitora da Faculdade de Farmácia, uma mulher maravilhosa chamada Bala Prabhakar (que foi escolhida reitora do ano, a nível nacional), por que não contratava mais professores pesquisadores, e ela me disse que as bolsas e projetos de financiamento indianos não incluíam dinheiro para a universidade em que trabalhava o pesquisador, de forma que a única maneira em que podiam ganhar dinheiro para a faculdade era dando aulas — um lamentável erro que desincentiva a pesquisa. Não me deterei demais na questão do pessoal, mas a decana Bala fez-me sentir bem-vindo, dando-me um escritório para que eu pudesse trabalhar na faculdade. Não esquecerei sua gentileza.

Eu devia ajudar a conceber os critérios experimentais que utilizaríamos para determinar se ocorria o antienvelhecimento. Eu queria testar todos os aspectos do envelhecimento, em nível bioquímico, fisiológico e cognitivo. De modo que, ao medir as citoquinas inflamatórias, ocupei-me dos níveis bioquímico e fisiológico (além disso, haveria muitos testes "ex vivo" em órgãos que seriam feitos no final do experimento). Tínhamos a possibilidade — pedindo encarecidamente — de utilizar um labirinto aquático de Morris (um tanque de água em que os ratos têm que aprender e recordar a localização de uma plataforma subaquática em que poderiam descansar, em vez de nadar sem parar), mas isso era muito estressante.

Sagar, que estava terminando as últimas qualificações para seu doutorado, construiu um labirinto de Barnes, que consiste em uma mesa grande, alta e circular com buracos circulares ao longo de seu perímetro — buracos o suficientemente grandes para que um rato passe por eles. Alguns objetos em sua superfície e nas paredes circundantes agem como pistas visuais. A mesa tinha por volta de uma dúzia de buracos redondos, cada um de uns 15 centímetros de diâmetro, e estava a um poco mais de um metro do chão. Desde todos estes buracos, exceto um, havia uma queda direta até o chão, mas um deles tinha uma bolsa macia embaixo, na qual cabia um rato. Nesse experimento, um rato era colocado no centro da mesa, ficando totalmente exposto, uma situação que os ratos odeiam. Porém, o que odeiam mais ainda é cair de mais de um metro de altura até o chão, de modo que a única solução para o rato era encontrar o buraco com a bolsa, e para isso estavam as pistas visuais, para ajudar o rato a se orientar.

Os ratos recebiam nove dias de treinamento e depois lhes era permitido encontrar o buraco, separadamente, e registrava-se o tempo que demoravam para encontrar o buraco adequado (sua "latência") como indicação de aprendizagem e memória (também velocidade e motivação). Em geral, os resultados foram os esperados; os ratos mais velhos (de cerca de 20 meses) demoraram muito mais (uma latência maior) que os jovens (de cerca de três meses) para chegar ao buraco correto.

Um sinal de envelhecimento em todos os vertebrados é o aumento da inflamação — e isso poderia ser medido pelos níveis de substâncias químicas pró-inflamatórias, fabricadas pelo corpo, chamadas "citoquinas" (moléculas de sinalização que se encontram no sangue de todas as pessoas em diferentes graus). As citoquinas que escolhi foram as mais importantes em relação à inflamação (só foram escolhidas duas — apesar de que eu teria gostado de incluir a IL-1 beta — simplesmente por falta de recursos e pessoal).

Sagar teve que forçar a alimentação da mistura de Akshay nos ratos mediante uma seringa, já que eles não a comiam por própria iniciativa, e finalmente, após um mês de testes, nada de resultados positivos. Íamos sacrificar os ratos no final do mês, mas pensei que valia a pena mais um mês — já que a maioria dos medicamentos ayurvédicos demora para fazer efeito — e no final do mês seguinte, os ratos realmente pareciam mais jovens. De fato, sua inflamação voltou a níveis quase juvenis, e sua capacidade de resolver labirintos também aumentou. Entretanto, traduzido a termos humanos, um mês de vida de um rato equivale a uns 2,5 anos humanos (como proporção do tempo de vida médio), de modo que alguém teria que comer quantidades bastante grandes desta preparação durante cinco anos para ver seus efeitos (e se os ratos não a comiam...).

Apesar disso ser certamente melhor que a alternativa (envelhecer durante esses mesmos anos), outro fator nos fez abandonar nossos esforços para publicar esses resultados; os ratos velhos tratados tinham perdido um peso considerável em comparação com os controles velhos não tratados, o que tornava possível que o conhecido fenômeno da restrição calórica tivesse sido o responsável pelo aparente rejuvenescimento. Embora tivéssemos pesado os alimentos ingeridos, não pesamos as fezes. Segue sendo possível que a fórmula de Akshay funcione como ele esperava, e seria maravilhoso contar com uma medicina antienvelhecimento baseada em plantas (em sua maior parte), mas nossos resultados posteriores apontaram para outra direção mais promissora.

Entretanto, não se sintam mal por Akshay; nesse momento, pusemos em prática outra das ideias patenteadas de Akshay, um composto antienvelhecimento de fácil aplicação que eu mesmo utilizei (já que em geral considerava-se seguro) com um efeito excelente — eliminou a horrível "púrpura senil" (manchas roxas causadas pelo dano solar durante a juventude), e além disso, surpreendentemente, melhorou tanto minha coordenação quanto meus níveis de energia.

Mas agora era o momento do meu projeto; a ideia, como antes, era fazer uma troca de plasma com ratos. Até onde sabíamos, só havia um grupo, na Alemanha, que tinha feito plasmaferese em ratos, e eles prometeram nos enviar a informação de que precisávamos. Porém, apesar de que nós os lembrávamos constantemente, nunca o fizeram. De modo que eu estava completamente empacado, sem nada para fazer e com pouca ou nenhuma esperança de fazer o que eu queria. Mas tive uma ideia: se não podíamos fazer nosso experimento com o sistema alemão, talvez pudéssemos fazê-lo manualmente.

A plasmaferese consiste basicamente no seguinte: extrai-se sangue do paciente e ele é centrifugado para separar a parte celular (aproximadamente a metade do volume de sangue) do plasma. As células precipitadas, em sua maior parte hemácias e plaquetas, formam uma massa sólida de cor vermelha no fundo do tubo de centrifugação, com uma fina camada de leucócitos por cima (a chamada "camada leucoplaquetária"). A seguir tira-se o plasma amarelado (ou avermelhado, em caso de hemólise — rompimento de hemácias), e a camada celular é misturada com uma quantidade igual de uma solução salina com adição de albumina sérica (para manter a osmolaridade), e volta-se a injetar no paciente. O objetivo principal deste procedimento é terapêutico — por exemplo, eliminar rapidamente (embora não tão rapidamente) substâncias tóxicas do plasma sanguíneo. Entretanto, se alguma vez deram plasma a vocês (frequentemente doado por jovens em troca de dinheiro), poderão recordar que o processo é idêntico, exceto pelas quantidades de plasma envolvidas — o ideal é que na troca terapêutica de plasma se substitua quase todo o plasma. O procedimento (troca de plasma) é aprovado medicamente.

Um rato tem aproximadamente 30 mL de sangue (portanto, cerca de 15 mL de plasma). Se pudéssemos extrair cinco alíquotas de sangue, centrifugá-las, retirar o plasma velho e substituí-lo por volumes iguais de plasma jovem, misturá-lo e voltar a injetá-lo no rato, poderíamos obter o mesmo efeito que com a troca de plasma automatizada que se realiza normalmente em humanos (com um só volume de sangue: 30 mL para um rato, 5.000 mL para um ser humano). Entretanto, isso também não foi possível — as veias dos ratos eram frágeis demais para esse tipo de operação, de modo que de novo fiquei empacado. Outra vez, não havia esperança de fazer o que eu precisava, de modo que decidi fazer outra coisa.

Nesse então, era minha terceira permanência de dois meses em Mumbai, e eu teria que esperar um tempo considerável antes de poder solicitar outra (o número de visitas por ano era limitado). Então tive que pensar em algo novo, e rápido. Aproximadamente ao mesmo tempo, Sagar havia completado todos os requisitos do doutorado, e estava indo embora para ocupar um posto de pós-doutorado em uma grande empresa farmacêutica nos Estados Unidos. Dessa forma, precisávamos encontrar um substituto para ele, alguém que pudesse trabalhar com animais, e que se interessasse por biologia molecular. Tivemos uma estudante de pós-graduação em um dado momento, mas seu trabalho não era bom e, de qualquer forma, deixou-nos por "pastos mais verdes" (se ela tivesse sabido...).

Pusemos anúncios e realizamos várias entrevistas, mas ninguém parecia ter a habilidade e os interesses que nós (nesse momento, Akshay, Kavita e eu) precisávamos. Isso até chegar Shraddha Khanair. Para falar a verdade, como era uma moça de uma cidade pequena e provavelmente falasse sobretudo Marati em casa, eu tinha dificuldade para entender seu inglês, mas se eu me esforçava e lhe pedia que repetisse as coisas, pouco a pouco fui percebendo que ela tinha bons conhecimentos de biologia molecular e que podia lidar com animais, e votei a favor dela, e ela passou a fazer parte da equipe. Agora estávamos todos inextricavelmente unidos como deve ser uma família, todos nos ajudando mutuamente.

Tanto Kavita quanto Shraddha são xátrias (a casta guerreira e real). Shraddha é descendente direta de Shivaji Maharaj, que fundou o estado de

Maharashtra no qual se encontra Mumbai. Akshay, o empresário, é um vaixá, a casta dos empresários (na verdade, ele é muito mais do que um empresário). Eu, neste contexto, sou um judeu estadunidense.

É curioso, eu nunca havia pensado no sistema de castas desta maneira, mas se ninguém se esforça, não há competição; a vida, teoricamente, fica mais fácil para as castas mais altas e "nobres", ao menos quando ninguém busca ascender acima de sua "posição". Nesse sistema, mesmo os extratores manuais de excremento do esgoto de Mumbai, frequentemente entupido e a céu aberto, sabiam que isso era seu trabalho e seu destino (supostamente por algo que fizeram ou deixaram de fazer em uma existência anterior), e que seu trabalho era seu dever religioso. Seu lugar na vida estava determinado pela herança de sua família, sua casta.

Um judeu estadunidense não tem casta, exceto entre os indianos, os ricos — conheci vários que eram jainistas (monoteístas, mas com um Deus sem forma que está em todos os lugares, não um ancião com barba, e que não deseja fazer mal a nenhum ser vivo), e discuti na mesa a destreza comercial dos marwaris (um grupo do Rajastão), dos gujaratis (Akshay é um "gugu", como os chama minha amiga Tina — apesar de que seu ex é um deles) e dos judeus.

O reconhecimento das diferenças entre os povos numa terra com 122 línguas oficiais (e muitos mais dialetos) é muito importante. Também deve-se levar em conta que a Índia tem 1/3 do tamanho da Europa e o dobro da população. Os povos diferentes, não aceitos facilmente, são os muçulmanos, e isso é o resultado da invasão e conquista mogol da Índia durante muitos séculos. Portanto, essas pessoas (algumas das quais foram muito bem-sucedidas na Índia e em outros lugares) não têm uma casta (apesar de que se poderia supor que são de uma casta inferior com aspirações de melhora), de modo que não parecem fazer parte do povo e representam uma antiga humilhação (e conhecida por todos).

Para os muçulmanos, os hindus são os piores idólatras, pessoas às quais os muçulmanos poderiam matar legalmente se não se convertessem ao al--Islam (a submissão). Conflitos entre hindus e muçulmanos são frequentes e mortais; naturalmente, os hindus são maioria. A Índia acolheu muitas outras religiões e povos — curiosamente, os judeus tiveram uma longa história na Índia (a família Sassoon é de judeus de origem indiana), e também os pársis (zoroastrianos que escaparam da conquista muçulmana do Iran), e muitos, muitos outros povos. Em um curto trajeto fora da cidade (não que haja algum trajeto curto para sair de Mumbai) pode-se entrar em territórios tribais onde as pessoas continuam vivendo como agricultores de subsistência.

8

A invenção e a descoberta do E5

Embora eu tivesse certeza de que meu procedimento funcionaria, havia problemas insolúveis para nós. Havia um enfoque diferente que pudesse produzir os mesmos efeitos? Minha ideia original (expressa em meus artigos de 2013 e 2015) era que havia fatores pró e antienvelhecimento presentes no sangue — mas quais importavam mais? Enquanto que só em 2020 os Conboys et al. demonstraram que diluir o plasma sanguíneo velho era suficiente para produzir um aparente rejuvenescimento a nível tissular,[63] experimentos como os realizados por Wyss-Coray injetando plasma (inclusive plasma humano) em camundongos já haviam mostrado rejuvenescimento.[60,64]

Porém, como essas injeções sempre tinham um conteúdo consideravelmente menor que o conteúdo sanguíneo de um camundongo (75 mL comparado com cerca de 1.500 mL, ou seja, 5% do volume sanguíneo por injeção) e no momento da injeção seguinte muitas proteínas do plasma teriam sido substituídas (aplicavam-se de forma bissemanal ao longo de meses), não havia momento em que se pudesse dizer que a diluição do plasma era a causa deste rejuvenescimento, já que o plasma é um líquido dinâmico ("Não se pode entrar no mesmo rio duas vezes"). Também veio-me à mente a ideia, ao prolongar-se o experimento durante meses, que estes fatores indutores da juventude tinham uma longa vida média, pois do contrário seus efeitos não teriam se acumulado com o tempo.

Dessa forma, embora continuasse estando claro que havia substâncias pró-envelhecimento no sangue, estava igualmente claro que também havia fatores "pró-juventude" (como veremos), já que a simples injeção de plasma jovem nos cérebros dos ratos era suficiente para provocar um retorno da plasticidade neuronal (avaliada em nível celular pelo aumento da produção dos RNAm específicos da plasticidade neuronal) e havia indícios de uma melhora da memória e da aprendizagem a partir de fatias hipocampais que mostravam um aumento da *potenciação de longo prazo* (LTP, na sigla em inglês), que está associada à aprendizagem e à memória.[64]

Os dois lados do hipocampo (direito e esquerdo) são um dos lugares onde se produz a neurogênese. Nos humanos, o revestimento (o espaço periventricular) dos ventrículos internos cheios de líquido cefalorraquidiano no centro do cérebro é outro dos lugares; um terceiro lugar (embora talvez não nos humanos) é o bulbo olfatório, uma região cerebral primitiva relacionada com o sentido do olfato. O sangue jovem também aumentou a densidade das espinhas neurais, pequenas projeções que se produzem em cada conexão (sinapse) com outros neurônios. Também estava claro que estes efeitos podiam ser superados por fatores presentes no sangue velho. Hoje em dia, penso entender o porquê, e explicarei isso mais adiante quando falarmos sobre nossos resultados.

Então, li tudo o que pude, e descobri que projetos que não mostravam rejuvenescimento, embora fossem quase idênticos aos experimentos de injeção de soro de Wyss-Coray, ensinavam-me mais que os que haviam tido sucesso. Além disso, a esta altura eu já sabia o que procurar e onde procurar. No final, eu sabia o que não devia fazer e o que devia fazer. Mas isso estava na minha cabeça; a questão era se funcionaria, e o tempo esgotava-se e era preciso tentar.

Mumbai não está organizada convenientemente, já que o trânsito é horrível, e a cidade está muito espalhada, de modo que demorou muito para que fosse reunido tudo o que precisávamos (e tivemos que importar ratos velhos de um distribuidor a centenas de quilômetros de distância, o que implicou transporte aéreo). As estradas são algo incrível — demoramos 12 horas para percorrer 300 km até Shirpur (onde se localiza o segundo campus da NMI-

MS) para dar uma palestra aos estudantes como convidados; porém, Shirpur fica na Índia rural, e seria possível escrever outro livro inteiro só sobre isso.

Entretanto, finalmente, estávamos prontos para começar e eu estava pronto para ir embora. Preparamos nosso primeiro lote de E5 — e tentamos a sorte. Akshay disse que devíamos aumentar a dose para agir contra os restantes fatores pró-envelhecimento, e eu concordei, de modo que Shraddha (eu ajudei, mas sobretudo observei, já que ela é muito boa) aplicou em cada animal experimental velho uma dose que era um múltiplo da quantidade de E5 que pensávamos que teria um animal jovem (evidentemente, tivemos que fazer muitas suposições). Dessa forma, depois de Shraddha (que havia me ajudado em tudo, inclusive ajudando a pedir o almoço na lanchonete da faculdade, em hindi — a comida era do sul da Índia, deliciosa e barata) dar aos seis ratos quatro injeções de menos de um mililitro nas veias do rabo, quatro vezes, em dias alternados, fiz as malas, e peguei outro insuportável (para mim, conheço pessoas que adoram) voo de 20 horas (mais muita espera).

Voltei para minha família em Salt Lake City e, sinceramente, senti-me um pouco aliviado. Se funcionasse, mesmo que só um pouco, trabalharíamos para aperfeiçoá-lo, mas a menos que muitas conjeturas em sequência estivessem corretas, não funcionaria em absoluto, e eu poderia ficar com minha família. Eu tinha feito tudo o que podia fazer. Se estivesse errado, não seria o primeiro. Como qualquer empresário (e eu apenas estava começando a confiar de verdade em Akshay depois de nossa primeira discussão real — a desconfiança sendo um resíduo de atos de traição do passado), Akshay teria que assumir o prejuízo. Eu odiava essa ideia, mas quando se corre um risco, isso é de se esperar. A verdade é que eu não esperava que funcionasse, mas era o melhor que podia fazer. Sim, era uma loucura — eu me sentia como se tivessem me dado uma missão, mas eu tinha feito tudo o que era possível, de modo que acontecesse o que acontecesse, ao menos eu sabia que tinha feito a minha parte.

Não tinha passado nem uma semana quando recebi um e-mail de Kavita (Shraddha é sua estudante de pós-graduação) dizendo que a força de agarramento dos ratos experimentais velhos tinha mudado consideravelmente, muito mais do que eu tinha imaginado. E logo depois, os níveis das citoquinas que medíamos (IL-6 e TNF-alfa) começaram a cair rumo a níveis juvenis. E não foram necessárias estatísticas para avaliar nossos resultados, embora Agnivesh, o marido de Kavita Singh, farmacologista e uma pessoa extremamente agradável, tenha feito os cálculos estatísticos para nós. Os resultados eram claros a simples vista.

Bom, admito que eu não tinha outra opção, e então consegui um visto de cinco anos (com a ajuda dos influentes amigos de Akshay), com entradas e saídas ilimitadas. Voltei a fazer as malas, despedi-me da minha maravilhosa e solidária família, e fui novamente para a Índia. Desta vez, acredito que foi nos Países Baixos onde esperei o voo à Índia, mas, sinceramente, desfrutei dele um pouco. Rejuvenesceu-me de verdade acordar de manhã e fazer algo que valia a pena. Aparentemente, minha série de conjeturas meio estranhas no fim estava correta. Provavelmente era bom que eu não soubesse que as grandes indústrias farmacêuticas tinham gasto milhões procurando um equivalente do E5 e tinham fracassado. De todos modos, era um tiro no escuro baseado em uma compreensão limitada, mas acabou sendo melhor que uma compreensão incorreta, se eu estivesse certo.

Voltei à Índia, mas o Airbnb que eu tinha com Milan (o nome de um rapaz, que significa "reunião") estava ocupado, de forma que depois de procurar, encontrei um endereço em Juhu Beach, talvez a um quarteirão do oceano (oceano Índico — as pessoas nadam ali, apesar das águas residuais sem tratamento que são jogadas nessa água a talvez um pouco mais de um quilômetro ao sul).

A proprietária do Airbnb era Tina Pandey, e ela disse que não estaria no apartamento a maior parte do tempo, de modo que eu o teria para mim. Isso pareceu-me bom — porém, era interessante conversar com Tina, muito interessante. Finalmente, Tina foi para outra cidade onde tinha família, de forma que por fim tive o apartamento só para mim. Quando Tina voltou, ambos percebemos que ficamos com saudades e nos tornamos grandes amigos. Tina era uma mulher imponente, embora medisse menos de 1,5 metro (os indianos são altos — eu meço 1,75 e sou baixinho na Índia, pelo menos nas castas mais altas) e pesava menos de 40 quilos. Descrevê-la requereria na verdade outro livro.

A vida em Juhu fez com que eu me exercitasse junto com centenas de indianos que caminhavam pela areia da praia (de vez em quando podia-se ver peixes mortos de aspecto muito estranho sendo comidos pelos sempre presentes corvos — que não eram totalmente pretos, tendo a cabeça da cor de poeira).

Ao longo do meu caminho da rua à praia estavam instalados vários santuários religiosos a vários deuses e um enorme Rama. A Índia é muito religiosa, com dezenas de religiões e uma variedade de pessoas e vestimentas maior que a que se pode imaginar. Os restos das flores utilizadas na puja da sexta-feira (cerimônia de oração) ficam espalhadas por toda a praia, já que devem ser lançadas na água, e ela fica abarrotada — mas correr pela praia (mais corretamente caminhar, no meu caso) é um bom exercício.

De volta ao laboratório, preparamo-nos para voltar a tentar o mesmo experimento, e novamente gastou-se muito tempo conseguindo-se o básico necessário, mas voltamos a realizar o experimento — havia oito ratos jovens de controle, oito ratos velhos de controle e oito ratos velhos da mesma idade (de cerca de 20 meses de idade) que foram tratados com E5.

Novamente, seguiu-se o mesmo cronograma, mediram-se as citoquinas inflamatórias e, no que posteriormente tornou-se nosso teste de eficácia de nosso tratamento, os níveis de citoquinas começaram a cair no quinto dia depois da primeira injeção.

Nesse momento, entretanto, tive uma ideia; tínhamos mais de 30 marcadores de idade bioquímicos, fisiológicos e cognitivos que nós (principalmente Shraddha e Shivani, uma jovem tecnicamente muito competente) analisamos. Vários deles foram analisados ex vivo (os animais foram sacrificados) — para determinar os níveis de substâncias químicas importantes nos órgãos. Depois de 30 dias, obtivemos uma excelente repetição de nossos primeiros resultados — não foi uma coincidência. Todos os mais de 30 marcadores de idade biológica, desde os bioquímicos até os cognitivos de alto nível, mostraram uma redução significativa da idade — mas nenhum deles estava categoricamente relacionado à idade, de modo que minha ideia foi entrar em contato com o cientista de fama mundial que era a força por trás do envelhecimento epigenético, Steve Horvath, o homem mais conhecido pelo relógio de metilação de DNA que ele inventou e que podia estimar a idade de uma pessoa com uma margem de três anos só com o DNA. Propus a ele que trabalhássemos juntos na construção de um relógio para ratos (para ratos Sprague Dawley), embora naquele momento não houvesse certeza de que esse relógio pudesse ser feito. Isso requeria dissecar dezenas de animais de todas as idades, já que era preciso retirar os órgãos e separar e purificar seu DNA. Os animais seriam sacrificados em seis intervalos desde o nascimento até a velhice. A condição explícita era que Steve processasse nossos animais tratados (e os de controle) para adicionar a nossos resultados o teste de idade mais definitivo, o "critério de referência". Para minha surpresa, Steve aceitou.

Para ser sincero, eu não fazia ideia de se os testes de Steve mostrariam algo — pelo menos no final, quando eu tinha vislumbrado vias alternativas (errôneas) sobre como poderia ser produzido este aparente rejuvenescimento — mas se pudesse haver um relógio para ratos, assim como para humanos, isso apoiaria em grande medida a teoria do envelhecimento epigenético de Steve Horvath. Mas antes de continuar, tenho que lhes contar um pouco sobre o assunto da metilação de DNA e o relógio de Horvath — agora relógios. Permitam-me primeiro dizer-lhes do que estou falando.

Metilação do DNA

Hoje em dia, todo mundo tem uma ideia do que é e o que faz o DNA. Um breve resumo se dá ao serem definidas duas palavras:

1. Transcrição: cópias de RNA de cadeia simples são feitas a partir do DNA, que codifica instruções sobre como construir moléculas proteicas em um "código genético", traduzido em uma cadeia proteica pelo ribossomo, uma máquina molecular. As leis do emparelhamento de bases aplicam-se ao RNA e ao DNA, que diferem em um único átomo de hidrogênio nos açúcares da ribose (um anel de cinco lados) ao qual se unem as quatro classes de "bases" nitrogenadas complexas para formar um nucleosídeo e, em última instância, um trifosfato de nucleosídeo (o trifosfato armazena a energia utilizada para adicionar outro nucleotídeo à cadeia crescente de RNA ou DNA). Enquanto que o DNA utiliza a base timina, o RNA utiliza a base uracila, embora ambas as bases tenham a mesma propriedade de ligação — ligam-se à base adenina se esta se emparelha com elas na outra cadeia complementar dos polímeros de ácido nucleico de cadeia dupla. O RNA costuma ser de cadeia simples, enquanto que o DNA é de cadeia dupla.

    Uma só cadeia de um ácido nucleico poderia ser representada assim: pApTpCpGpApGpApApApCp... Onde A, T, C e G representam os nucleosídeos adenina, timina, citosina e guanina, e o "p" representa as ligações de fosfato que os unem — um polímero são grupos químicos similares unidos que formam uma longa cadeia. O DNA de cadeia simples de um ser humano tem cerca de três bilhões (3.000.000.000) destes nucleotídeos entrelaçados, e estes (entre outras coisas importantes) representam os códigos para fabricar proteínas; esse código é copiado em RNA e transferido para fora do núcleo da célula (onde é guardado o DNA), para o citoplasma, onde ocorre a tradução.

Moléculas proteicas denominadas "fatores de transcrição" decidem quais partes das longuíssimas cadeias de DNA são transcritas, fixando-se em locais específicos do DNA; frequentemente vários fatores de transcrição diferentes fixam-se em múltiplas regiões perto de onde começa a transcrição do DNA, nas regiões "promotoras" do DNA, que são sequências reguladoras não codificantes.

2. Tradução: uma ferramenta molecular impressionante, o ribossomo, similar em estrutura e funcionamento desde as bactérias até os humanos, "lê" o RNA — chamado RNA mensageiro (RNAm), porque leva a mensagem de quais proteínas construirá o ribossomo, fornecendo as instruções específicas da proteína para fazê-lo. O microRNA pode decidir se um RNAm sai em algum momento do núcleo para ser traduzido em proteína ou se será destruído no núcleo por um complexo macromolecular concebido para fazê-lo em pedaços.

Agora, deem uma olhada no curto polinucleotídeo original que escrevi acima:

pApTpCpGpApGpApApApCp...

A propósito, a versão de dupla cadeia é:

TpApGpCpTpCpTpTpTpCp...
pApTpCpGpApGpApApApGp...

O RNA costuma ser "de cadeia simples", mas pode formar muitas formas diferentes com o autoemparelhamento — uma parte de qualquer cadeia de RNA é complementar a outra parte de si mesma, de modo que o RNA pode dar voltas e unir-se a si mesmo para formar uma infinidade potencial de formas. Como dizem os biólogos, a forma segue a função (e vice-versa), de modo que estas moléculas complexas podem fazer algo mais do que simplesmente transportar informação, diferentemente do estático DNA (em termos de conformação).

As moléculas de RNA podem fazer coisas por si mesmas, assim como as proteínas. Os ribossomos, sem nenhuma de suas cerca de 80 proteínas (em mamíferos), só as três moléculas de RNA longas e intrincadamente enoveladas que constituem o coração do ribossomo, ainda podem montar peptídeos a partir de RNAm (se lhes for dada a matéria-prima de que precisam). Foram encontrados RNAs que se autoconectam (pela primeira vez no ciliado tetrahymena), e estes são um componente vital da telomerase, já que o gene TERC codifica o RNA que é o molde que a transcriptase reversa telomerase utiliza para alongar os telômeros.

Além disso, se essa sequência de DNA for parcialmente cortada com enzimas chamadas "exonucleases" que quebram as ligações de fosfato que mantêm unida a cadeia, obteria-se Ap, Tp, Cp, Gp, e talvez alguns dinucleotídeos como ApC ou GpT e também cadeias mais longas, certo? Levando-se em conta que estes quatro tipos de nucleotídeos estão presentes em proporções conhecidas, poderia-se pensar que o dímero ApT deveria aparecer, por pura probabilidade, tão frequentemente quanto o TpA, e teria-se razão, e pensaria-se que o CpG deveria aparecer tão frequentemente quanto o GpC, e estaria-se errado.

O dinucleotídeo CpG é muito menos frequente do que deveria ser, estatisticamente, aparentemente porque tem uma função especial. Embora os casos em que o CpG está presente estejam espalhados por todo o genoma (a soma total dos genes de um organismo), concentram-se especialmente nas regiões de controle de conjuntos importantes de genes; estas regiões ricas em CpG denominam-se "ilhas CpG". Trata-se simplesmente de trechos de cerca de mil nucleotídeos em que a proporção entre CpG e GpC é maior que 0,6 — mas a verdadeira importância dessas ilhas é que se encontram nos promotores dos genes e sua mensagem codifica-se na primeira parte da "transcrição" (RNAm). Para que fique mais claro, as sequências CpG encontram-se preferencialmente nas regiões controladoras do DNA. Também é possível adicionar um "grupo" químico muito simples (uma disposição de átomos que aderem uns aos outros) — um átomo de carbono central com três átomos de hidrogênio que compartilham elétrons a sua volta e uma ligação sem união que sobra, chamado grupo metil (Figura 20).

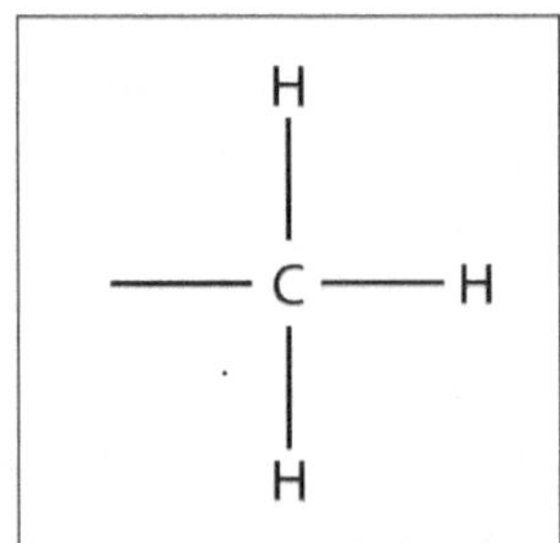

Figura 20: Grupo metil.

E há enzimas que unem grupos metil aos resíduos de cistina (C) de grupos CpG, e frequentemente quando o grupo CpG nessas ilhas CpG que controlam os genes está metilado (tem um grupo metil — ou hipermetilado, se há vários grupos metil nele), há uma mudança na produção de um gene, normalmente negativa. Assim, a metilação de um grupo CpG afeta negativamente a transcrição do gene que ele "promove".

O interessante é que alguns genes reduzem sua expressão com o envelhecimento, e outros aumentam sua expressão com o envelhecimento (especialmente no que se refere à inflamação). Normalmente, as ilhas CpG hipermetilam-se com o tempo, e as regiões metiladas fora das "ilhas" se tornam menos metiladas (hipometiladas). Alguns genes modificam seu estado de metilação ao longo do tempo de uma maneira que revela a idade de um organismo, e muitos acreditam, à medida que se descobrem mais evidências, que estes padrões de metilação produzem o fenótipo relativo à idade do organismo.

Mediante o uso de técnicas de sequenciamento de DNA que podem distinguir entre "C" e "C metilado", e de técnicas estatísticas e de inteligência artificial que podem detectar padrões em volumes de dados grandes demais para que nossos limitados cérebros os armazenem (e muito menos que avaliem as interconexões entre todos esses dados), o Dr. Horvath (as pessoas chamam-no de Steve — é universalmente querido, eu diria) chegou a um número limitado de sítios CpG do DNA em que a porcentagem destes sítios que estavam metilados era o dado de entrada principal para uma inteligência artificial que comparava esta porcentagem com muitas idades e padrões de idade definidos para órgãos a partir da metilação de DNA.

Steve acredita, e eu também, que o envelhecimento é um fenômeno epigenético; assim como o epigenoma determina a diferenciação celular, o estado diferenciado relativo ao envelhecimento de uma célula é determinado por vários meios epigenéticos. E permitam-me esclarecer: os fenômenos epigenéticos controlam a expressão dos genes e até mesmo a forma dos produtos dos genes (normalmente, mas não sempre, proteínas) sem modificar a sequência de nucleotídeos que constitui o DNA genômico (e mitocondrial). Todas as células de nosso corpo têm o mesmo conjunto exato de instruções, mas algumas se tornam células hepáticas e outras neurônios. Como foi mencionado, supomos que as mudanças do envelhecimento celular, assim como as que provocam a diferenciação celular, são controladas por meios epigenéticos. Segue sendo uma pergunta em aberto se as mudanças na metilação do DNA são ou não a causa do envelhecimento ou só mais um resultado de um "relógio de envelhecimento", o resultado acumulativo dos danos por oxidação, a agregação de proteínas, o encurtamento dos telômeros e o metabolismo em geral, já que se sabe que as enzimas metabólicas se encontram no núcleo (algumas têm tanto a função de enzima quanto de fator de transcrição — são moléculas ou complexos moleculares com várias funções, às vezes completamente desvinculadas, ao que parece).

Durante o desenvolvimento, como costuma ser concebido, desde o zigoto (óvulo fecundado) até o adulto, há uma série de etapas vitais com nomes específicos, como, por exemplo, embrião, feto, recém-nascido, bebê, criança pequena, criança em idade escolar, pré-adolescente, adolescente e adulto, e para os biólogos, pelo menos para os que tratam do envelhecimento, esse é o final do desenvolvimento — todo o resto é deterioração. Entretanto, no mundo das ciências sociais, há etapas de desenvolvimento posteriores à idade adulta, cada uma com seus objetivos e características, e os cientistas sociais, mas não os biológicos, entendem que estas etapas da vida posteriores à chegada à idade adulta seguem uma progressão padronizada que se prolonga durante um período — as últimas etapas de vida são as que têm taxas de risco crescentes que finalmente conduzem às doenças relacionadas ao envelhecimento e à morte. Steve Horvath demonstrou, tanto em humanos quanto em ratos (e mais recentemente em todos os mamíferos[65]), que o envelhecimento pode ser seguido com o mesmo relógio. Introduzam no algoritmo de Horvath até que ponto estão metilados os sítios CpG homólogos e saberão, por exemplo, que têm um rato de um ano e meio ou um humano de 36 anos.

O que devemos inferir disso parece-se muito à teoria básica de Neill de que uma passagem predeterminada por fases de desenvolvimento preconcebidas conduz à morte. O relógio de Horvath reconhece estas fases de desenvolvimento (já que se caracterizam por mudanças na metilação do DNA), de maneira que um rato de meia-idade e um humano de meia-idade têm os mesmos padrões. É óbvio que o tempo de vida é uma característica da espécie que depende de vários fatores, mas sobretudo do papel ecológico da espécie e de sua necessidade de sobreviver como tal na natureza, o que é controlado em grande medida pela predação, como afirma Robert Ricklefs. Ele também afirma a realidade da relação fixa entre os períodos de imaturidade e de maturidade sexual em todos os vertebrados terrestres (a relação depende da classe [aves, répteis, mamíferos, anfíbios]), e reconhece que a duração do desenvolvimento imaturo está relacionada à predação, assim como a duração da vida depois da maturidade, mas admite que não sabe como funciona essa relação.

Então, a ideia subjacente é um relógio baseado nas mudanças periódicas do potencial redox celular que se produzem diariamente, e em que o citosol das células torna-se significativamente mais oxidante com a idade (ou, melhor dizendo, com as etapas avançadas da vida); talvez esta seja a base molecular de por que algumas enzimas podem funcionar na juventude e estar ausentes ou funcionar de forma diferente com o envelhecimento (o "código redox"), já que mudanças redox ocorrem na célula. Mas, como se diz, "antes de julgar deve-se testar".

De volta ao E5

Todos estávamos muito entusiasmados com os resultados do primeiro mês — tínhamos demonstrado que nosso experimento original não tinha sido uma coincidência. Isso não foi surpreendente, com os oito ratos tratados mostrando uma eficácia de 100%; não havia nenhuma possibilidade de que fosse uma coincidência, e depois de cerca de 90 dias (em que ocorreu um aumento dos níveis de citoquinas inflamatórias até aproximadamente a metade daqueles dos ratos velhos), íamos sacrificar nossos ratos para avaliar os níveis de vários biomarcadores relacionados à idade (que mostrarei mais adiante) em seus órgãos, quando pensei "Não!". Supostamente pelo bem de futuras publicações (e para conseguir investidores), eu disse "vamos sacrificar dois ratos de cada um dos três grupos (controle — jovens e velhos — e experimental) de oito animais e dar aos seis ratos experimentais restantes outro tratamento de E5 (quatro injeções na veia do rabo) para ver o que acontece". Meu grande medo era que depois que o corpo fosse enganado e acreditasse que era jovem, ele pudesse desenvolver "defesas" (em seus esforços suicidas) contra o E5. Entretanto, descobrimos que não aconteceu nada disso; na verdade, aconteceu o contrário, como mostrarei.

Pois bem, tínhamos o que queríamos, mais de 30 biomarcadores diferentes demonstravam que tínhamos reduzido significativamente a idade de ratos velhos. O que mais poderíamos querer? Deixei meus amigos de Mumbai, a família da Nugenics Research e minha amiga Tina (que me levou ao aeroporto; já não era a proprietária de onde eu estava, mas minha amiga). Voltei aos Estados Unidos para retomar minha vida, com a esperança de que Akshay conseguisse dinheiro suficiente para que pudéssemos confirmar nossas descobertas com validações de terceiros e ampliar os experimentos com o E5, colocá-lo no mercado e... Falemos a verdade: mudar o mundo.

Entretanto, a notícia mais emocionante foi totalmente inesperada, quando recebemos um e-mail de Steve Horvath dizendo-nos que nosso experimento tinha funcionado, e funcionado extremamente bem — o rejuvenescimento indicado por todos os nossos dados fisiológicos e bioquímicos, que pareciam mostrar nossos ratos velhos com a metade da sua idade cronológica, foi confirmado pelo novo relógio para ratos de Steve Horvath. A idade de metilação de DNA observada era na verdade menos da metade da idade cronológica.

2020 foi possivelmente o pior ano em muitos aspectos, e Akshay estava comandando mais de cinco empreendimentos, pagando por tudo isso e reunindo-se conosco periodicamente segundo permitia-lhe sua agenda (claramente éramos seus favoritos). Ele é um homem inteligente e com muitos conhecimentos (além de "econômico" — admito que sou assim também), mas também generoso. Agora estamos constituídos sob o nome Yuvan Research, produzindo E5 para validação de terceiros por um laboratório de pesquisa por contrato (CRL, na sigla em inglês) e acadêmicos, incluindo os grupos de Steve Horvath e Greg Fahy.

Exposição de dados e resultados

Alguns (a maioria) desses resultados foram publicados em nosso preprint no site bioRxiv,[1] mas o artigo não foi publicado em nenhum periódico científico, porque não nos conformamos com revistas de menor nível. E as revistas de primeiro nível não podem publicar nosso trabalho até que revelemos o que é o E5. É justo; os experimentos científicos devem poder ser repetidos para que se confirmem os resultados, e sem E5 disponível, não há forma de confirmá-los. Entretanto, isso não significa que possamos estar inventando tudo. O bioRxiv revisou todos os nossos dados primários, e considerou-os de boa qualidade, e sabemos que são verdadeiros.

Muitas das coisas a seguir seriam bastante tediosas em um artigo científico, mas dado que prometem, no mínimo, uma segunda vida, isso as torna de alguma forma pertinentes a todos. Dessa forma, agora apresentarei nossos dados e explicarei o que significam. Cada gráfico tem realmente uma história por trás; alguns vocês já conhecem, outros não (a menos que também sejam estudiosos do envelhecimento — desenvolvimento a partir da fase adulta). Mas estes são os resultados mais impressionantes que qualquer pessoa já viu.

Primeiro objeto

O primeiro objeto com o qual vou começar é nosso primeiro indício de que nossa preparação, que chamamos de E5, funcionou.

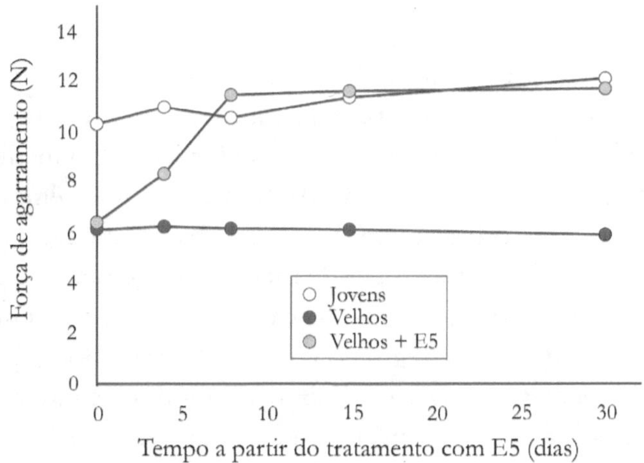

Figura 21: Variação da força de agarramento depois do tratamento com E5.

Os resultados mostrados na Figura 21 são de nosso primeiro experimento, o que pensei que tinha poucas chances de sucesso, no que felizmente eu estava errado. Como podem ver, a força de agarramento dos ratos jovens de três meses manteve-se alta ("N" significa newtons, uma unidade de força), aumentando um poco com a idade (os círculos brancos). Os ratos mais velhos (não tratados) mostraram uma leve mas constante queda de força inclusive ao longo de 30 dias (que, recordemos, são 2 ½ "anos humanos" para eles).

Entretanto, evidentemente, o mais emocionante são os círculos cinza-claros dos animais velhos tratados. Os animais de nosso grupo controle velho (círculos cinza-escuros) tinham a mesma idade e o mesmo sexo (eram machos) que o grupo que estávamos tratando (o grupo experimental). Os animais do grupo experimental (círculos cinza-claros) eram igualmente fracos no início, no dia de sua primeira injeção, o dia zero (os controles jovens eram ratos de três meses), mas cinco dias depois da primeira injeção, o grupo experimental já tinha uma força intermediária entre nossos controles jovens e velhos. No décimo dia (os dias estão no eixo horizontal), na verdade já superavam em força o grupo jovem. Ao final dos primeiros 30 dias (31, na verdade), sacrificamos os ratos (nitrogênio, uma morte fácil; quase morri assim, então sei por experiência própria). Seus órgãos foram enviados a laboratórios comerciais independentes para análise de patologia e fotomicroscopia, e depois foram analisados os níveis de vários marcadores bioquímicos relativos à idade.

O que significa a força de agarramento e como se mede? O aparelho para medir a força de agarramento tem um medidor em uma extremidade com um bastão unido a ele; quando se puxa esse bastão, o medidor mede a força desse puxão. No outro extremo do bastão, há uma série de barras às quais um rato pode agarrar-se (como se mostra na Figura 22). Um aluno segura um rato (os grandes pesam mais de meio quilo) pelo rabo e permite que ele se agarre às barras do medidor de força de agarramento, e então, o aluno (ou a pessoa — já fui eu) que segura o rato, puxa o rabo do rato até que este se vê obrigado a soltar as barras e seguir seu caminho até embaixo (já que o teste realiza-se desde uma pequena altura e os ratos têm medo de altura), e o medidor de força de agarramento registra e mostra a tensão máxima.

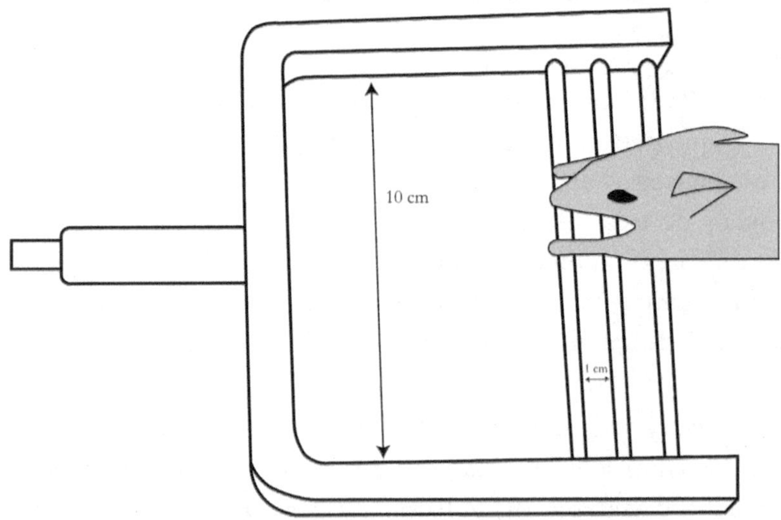

Figura 22: Ilustração do aparelho para medir a força de agarramento.

Não repetimos isso em nossa seguinte série de experimentos porque pensei, assim como Shraddha, que havia influência humana demais presente e, o que é mais importante, porque a pessoa que nos emprestou o medidor queria-o de volta, e era caro demais para comprarmos um naquele momento.

Então, quais são as implicações deste teste?

Minha opinião: a mudança na força ocorreu sem dúvida antes de que ocorresse qualquer divisão celular, de modo que pelo menos parte da mudança na força com o envelhecimento não se deve à perda de massa muscular (já que as células satélite de músculo que substituem o músculo lesionado não respondem à sinalização — sinalização Notch, segundo o artigo de Conboy et al.[66] — ou o fazem fabricando fibras não contráteis, não músculo útil). A massa muscular de fato diminui com a idade, mas não observamos um aumento da massa muscular, já que não pesamos os músculos individuais; entretanto, demonstramos que havia um aumento da força muscular quando o animal velho recebia um entorno interno juvenil que reestabelecia os músculos velhos a um fenótipo de idade mais jovem.

Não sei se os ratos "aumentam seus músculos" para impressionar outros ratos; suspeito que não (trabalhamos com machos em sua maioria), e não sabemos se ocorre a miogênese (a formação de novo tecido muscular), mas parece haver uma resposta em nível celular que faz com que os músculos fiquem mais fortes. Como a fragilidade é uma parte inevitável e intratável do processo de envelhecimento, acreditamos que o E5 é uma solução importante para este problema impossível de se resolver até o momento. Já compramos novos medidores de força de agarramento, e continuamos trabalhando com ratos em nossos laboratórios de Mumbai, já que há muitas, muitas perguntas para as quais queremos dar resposta (e ratos são convenientes, em comparação com cachorros ou advogados). Também estamos tratando os ratos com E5 "para sempre", caso vivam tanto tempo, e vendo se a força de agarramento se mantém constante nesses ratos tratados. Talvez seja possível levar as células ao fenótipo de idade que teriam tido nas primeiras etapas da vida, o que talvez nos permita reconstruir órgãos. Acreditamos que descobrimos um novo continente e só estamos vendo seu pico mais alto; penso que o que há embaixo oferecerá oportunidades que atualmente estão mais além de nossa imaginação.

A aplicação contínua e pelo resto da vida (não importa o quão longa for) de E5 é um experimento generosamente financiado por Didier Cournelle,[67] cujo interesse é o prolongamento da vida, e cuja pergunta é: quanto tempo podemos prolongar a vida dos ratos? Ele aposta que não podemos superar a duração máxima da vida (cerca de quatro anos) em 50% — tenho certeza de que é uma aposta que ele quer perder. Experimentos com primatas não humanos — macacos — aproximarão o E5 do uso humano, e o uso de E5 em cachorros, além da validação, mostrará como poderíamos rejuvenescer nossos velhos animais de companhia. E isso não seria ótimo?

Segundo objeto

Os dois gráficos da Figura 23 representam a concentração de duas importantes citoquinas inflamatórias (substâncias químicas de sinalização produzidas internamente que são responsáveis pela inflamação crônica associada ao envelhecimento dos animais, desde os peixes até os humanos) no transcurso do experimento de dois tratamentos que mencionei (nosso segundo conjunto de experimentos). De novo, o cinza-escuro (a primeira barra de cada conjunto de três) representa os controles velhos, as barras cinza-claras (no meio), o grupo experimental, e as brancas, nossos controles jovens (embora aos oito meses já não sejam tão jovens). A flecha que aponta para baixo sobre o dia 95 do experimento (na verdade, o dia 96) mostra o momento em que se aplicou a primeira injeção do segundo tratamento (a primeira de quatro injeções, uma a cada dois dias — ou seja, cerca de uma semana de injeções).

Agora, observemos um pouco mais detalhadamente. Vejam que o gráfico superior mostra os níveis no sangue da citoquina inflamatória IL-6, e o gráfico inferior, os níveis da citoquina inflamatória TNF-alfa (fator de necrose tumoral alfa). Como seus níveis variam de forma similar, vamos observar a TNF (o "alfa" é agora "politicamente incorreto"). Como era de se esperar, a concentração de TNF no sangue começa sendo a mesma no grupo controle de animais velhos e no experimental (da mesma idade), sendo os níveis em ambos aproximadamente três vezes superiores aos dos animais no grupo controle jovem. Entretanto, apenas quatro dias depois da primeira injeção de E5, os níveis de TNF caíram entre 15% e 20% (em todos os animais). No oitavo dia, tinham alcançado seu ponto mais baixo e começaram a subir. No dia 95, o dia da primeira injeção do segundo tratamento, os níveis de TNF no grupo experimental tinham subido até quase a metade da distância entre os jovens e os velhos. Podemos ver que, apesar de que o envelhecimento parecia reverter-se rapidamente (em relação às citoquinas inflamatórias), o envelhecimento, em termos do aumento comparativamente mais rápido dos níveis de TNF nos animais experimentais após o tratamento, parecia avançar mais rapidamente que o normal, mas ao final do que para os humanos seriam oito anos (2,5 anos humanos/1 mês de rato), os ratos velhos tratados continuavam sendo "mais jovens" (em termos de inflamação) que os animais não tratados.

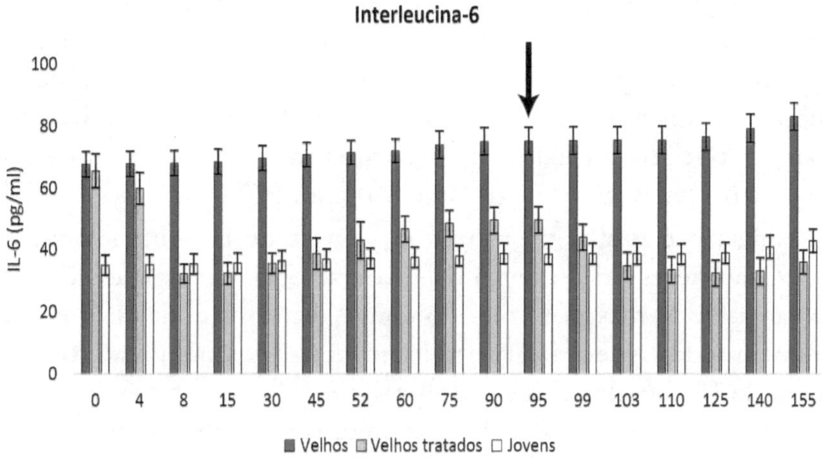

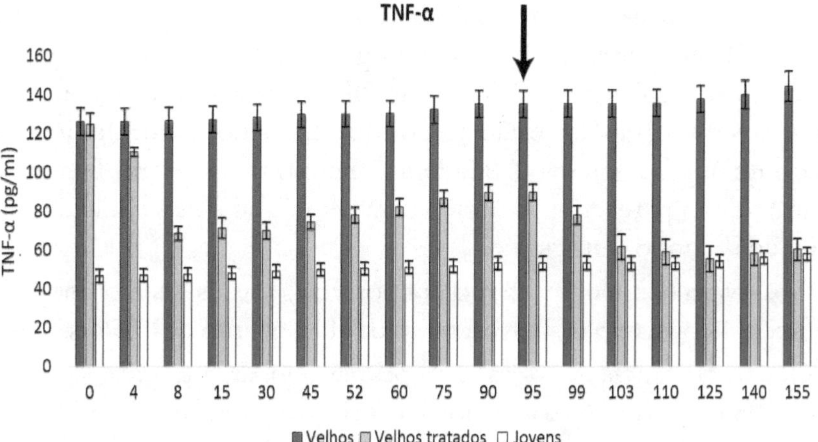

Figura 23: Variação da concentração de IL-6 e TNF-alfa no grupo tratado e no grupo controle. Adaptado de Steve Horvath et al.[1], CC BY-ND 4.0 https://creativecommons.org/licenses/by-nd/4.0/.

Agora, observemos à direita dessa flecha para baixo que indica o começo do segundo tratamento idêntico com E5. Aqui vemos que os níveis de TNF caem a seu ponto mais baixo só quatro dias depois da primeira injeção do segundo conjunto de injeções, e eles continuam baixando até chegar a um ponto mais baixo que nos animais de controle jovens e se mantém aproximadamente nesse nível por até 60 dias (o equivalente em ratos a cinco anos) depois do segundo tratamento com E5. Parece que depois de um segundo tratamento com E5, o envelhecimento avança em um ritmo normal ou até mesmo reduzido. A pandemia de COVID-19 interrompeu este experimento (já que nossas instalações na Universidade NMIMS foram fechadas), mas, como mencionei, foi iniciado um novo experimento que esperamos que seja muito extenso (em termos de tratamentos com E5).

A situação é similar no estudo dos níveis de IL-6 mencionado. Mais uma vez, são necessários quatro dias para se observar uma queda em seus níveis sanguíneos, mas por volta do oitavo dia, o nível de IL-6 fica abaixo (ligeiramente) dos níveis nos controles jovens! Após o segundo tratamento, os níveis de IL-6 (pelos quais é responsável o famoso fator de transcrição NF-kB) voltaram a cair. O NF-kB é estimulado pelos altos níveis de ROS, e a ligação do NF-kB com o DNA é responsável por grande parte dos danos que criam as células senescentes, incluindo sua produção de citoquinas inflamatórias, e o estresse oxidativo adicional faz com que as células "possuídas" pelo NF-kB sejam imunes à morte autoprovocada (apoptose — um mecanismo para se desfazer das células que "ficam más"). Vemos que os níveis de IL-6 nos ratos tratados estão abaixo dos níveis dos controles jovens (que começaram aos três meses de idade e tinham oito meses no final do experimento), e não parecem superá-los nem sequer 60 dias depois da primeira injeção do segundo tratamento.

Observem também que tanto nos controles jovens quanto nos velhos há um aumento constante dos níveis tanto de IL-6 quanto de TNF com a idade.

Que importância isso tem? Em primeiro lugar, a teórica: sabemos que todos os vertebrados (pelo menos os terrestres) têm níveis de inflamação cada vez mais altos à medida que envelhecem, e foram dadas muitas explicações para isso, incluindo infecções não curadas, e vírus ocultos no genoma que se desprendem do DNA do hospedeiro; entretanto, com as evidências que já temos, podemos afirmar definitivamente que a inflamação crônica do envelhecimento é causada pela falta de E5! Nossos resultados demonstram o aumento natural destas citoquinas com a idade, e que ao restaurar-se a idade do animal restauram-se os níveis de inflamação.

Em termos práticos, acredita-se que a inflamação crônica é a causa de várias doenças, como o câncer, as doenças cardíacas e a demência. Ao eliminar-se a inflamação crônica associada ao envelhecimento, deveríamos ver uma marcada diminuição da aparição das numerosas "doenças do envelhecimento" associadas a ela. O aumento da força de agarramento é um excelente sinal de que o E5 poderia ser um tratamento para a fragilidade geral. Mas será isso o início de um padrão? Que padrão? Talvez que as mudanças relacionadas à idade não têm outra causa que não seja a idade. Isso é o que a fórmula de Stroustrup, $r(t) = t/\lambda$, nos diz realmente, que não há nenhuma causa de mortalidade por envelhecimento que não seja a passagem de um organismo por suas últimas etapas de vida — todo o resto é consequência.

Terceiro objeto

A seguir, vejamos outros biomarcadores na Figura 24.

Isso é o que significa toda a informação da Figura 24; o grupo experimental (ratos velhos tratados com E5 — cada ponto é a média de seis ratos) começa com os mesmos níveis que os ratos velhos de controle, e termina com valores quase exatamente iguais aos da população jovem depois de 155 dias.

Nos gráficos da Figura 24, não é necessário descobrir como "ligar os pontos"; é óbvio qual trajetória segue cada grupo. Também nesse caso, trata-se do mesmo código de cores: cinza-escuro (velhos), cinza-claro (velhos tratados) e branco (jovens). E é o mesmo tipo de testes que poderiam ser realizados em qualquer ser humano envelhecido, em que se analisa a função hepática, os lipídios (gorduras) e a glicose no sangue, assim como o funcionamento dos rins. Os níveis de todos os detectores clínicos de anomalias nos órgãos envelhecidos mostraram que em nossos animais tratados desapareceram todos os sinais de possíveis danos hepáticos, renais e cardíacos. Por quê? Porque sua idade, sua passagem pelas etapas da vida, determina a mortalidade por todas as causas. A natureza vai te pegar — nada pessoal, ela só está recuperando o que é dela. Porém, não estou roubando — foi um presente da natureza.

Lembram-se de quando podiam comer qualquer coisa sem aumentar de peso nem se preocupar com seus efeitos sobre a saúde? Isso era antes, mas pode voltar a ser assim. Isso é uma reiteração do ponto que comentei anteriormente: o único determinante das mudanças destrutivas ou mal-adaptativas nos órgãos e tecidos mencionados é a idade, mais especificamente, a idade "biológica", que parece significar quantas das etapas de vida você passou. Em que ritmo passa-se por elas? Está claro que o entorno tem influência, mas o "entorno" (tanto interno quanto externo) conecta-se com a genética através da epigenética. Essas mudanças mal-adaptativas, como o aumento do colesterol LDL ou a diminuição do colesterol HDL, não são em tão grande medida o resultado da dieta e de um estilo de vida sedentário, pois são os fenótipos que descrevem as etapas posteriores da vida — fenótipos que incluem as doenças do envelhecimento.

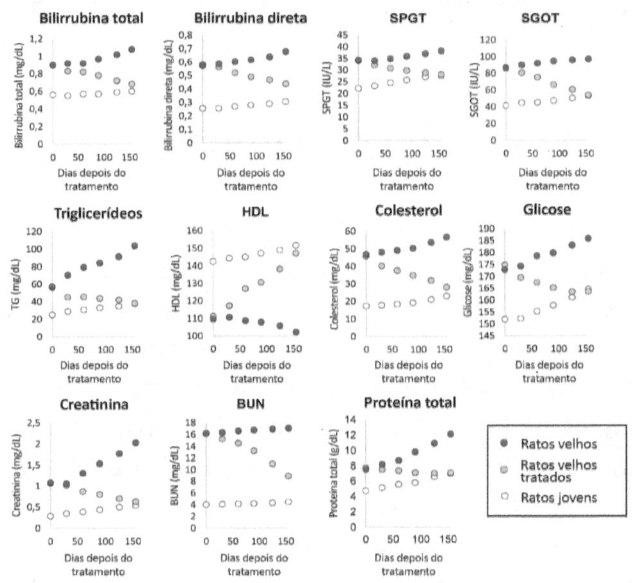

Figura 24: Linha superior: função hepática — a SPGT é uma enzima que é liberada no sangue quando o fígado ou o coração estão danificados, e a SGOT é uma enzima hepática que chega ao sangue quando as células do fígado são danificadas. Linha do meio: os triglicerídeos são ácidos graxos normais unidos à glicerina, que se acredita que estejam relacionados às doenças cardíacas. HDL (lipoproteínas de alta densidade), o "colesterol bom", são moléculas que eliminam o colesterol das células, enquanto que o colesterol refere-se ao total e é um correlato negativo da saúde do coração. Linha inferior: função renal — a creatinina deve ser excretada pelo rim, senão acumula-se no sangue. BUN significa nitrogênio ureico no sangue, na sigla em inglês — assim como a creatinina,

deve ser excretado pelo rim; se isso não ocorrer, pode ser detectado mediante uma análise de sua presença no sangue. Adaptado de Steve Horvath et al.[1], CC BY-ND 4.0 https:// creativecommons.org/licenses/by-nd/4.0/.

Quarto objeto - Tempo para resolver o labirinto de Barnes (latência)

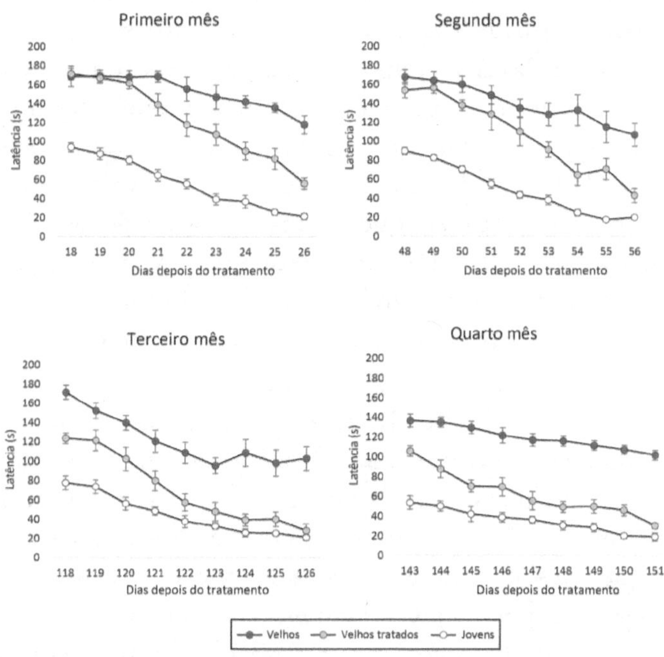

Figura 25: Resultados de latência. Adaptado de Steve Horvath et al.[1], CC BY-ND 4.0 https://creativecommons.org/licenses/by-nd/4.0/.

Os quatro gráficos da Figura 25 podem não parecer muito interessantes, mas cada ponto (com o mesmo código de cores) representa o tempo médio que demoraram os seis ratos de cada grupo para percorrer um labirinto de Barnes (a mesa com buracos circulares cortados ao longo de sua periferia, um deles com uma bolsa oculta para se esconder). A "latência" refere-se ao tempo que o rato demora para encontrar o buraco adequado. Escolhe-se um buraco, coloca-se uma bolsa nele e depois colocam-se marcadores ao longo da mesa e das paredes do quarto que a cerca para proporcionar guias visuais. Treina-se o rato durante nove dias e depois ele passa por testes durante nove dias. Um rato colocado no centro da mesa do labirinto de Barnes quer sair de uma posição exposta, de modo que naturalmente busca a bolsa para se esconder. Para cada novo teste, escolhe-se um buraco diferente para receber o compartimento e são colocados diferentes marcadores na mesa e nas paredes.

Vemos que no dia 18 após a primeira injeção do primeiro tratamento, não há realmente nenhuma diferença entre o grupo velho e o grupo de controle (cada grupo de oito animais foi testado todo dia durante nove dias). Entretanto, no dia 21, vemos uma diferença. Então, o efeito de rejuvenescimento demora mais para se manifestar no caso das habilidades cognitivas, como era de se esperar, porque elas requerem mudanças mais profundas desde os níveis bioquímicos e celulares inferiores até que ocorram mudanças no nível de órgãos e sistemas de órgãos, para que a coordenação de músculos e neurônios vinculados à atividade cerebral se manifeste como uma melhora do rendimento cognitivo. Observem também que ambos os grupos de ratos velhos demoram aproximadamente o dobro de tempo que os ratos jovens em seus testes independentes iniciais, mas que após nove dias (do primeiro mês), os ratos tratados tinham latências mais próximas do grupo jovem que do velho.

No segundo experimento com o labirinto de Barnes (segundo mês), em que se modificaram a posição da bolsa e as guias visuais, os ratos retreinados apresentaram uma pequena mudança no início dos experimentos, em que a latência dos ratos tratados foi um pouco menor que a dos controles velhos, e o experimento terminou com o grupo experimental ainda mais perto dos controles jovens que em seus primeiros testes, apesar de que não se aplicou mais E5 — o que significa que o rejuvenescimento continuou acontecendo (embora nesse então os níveis das citoquinas inflamatórias estivessem começando a aumentar de novo). Então, o processo de rejuvenescimento parece demorar mais para rejuvenescer as funções superiores, mas continua fazendo-o inclusive um mês e meio (uns três anos humanos) depois da aplicação de E5.

A segunda linha (meses três e quatro) corresponde aos resultados obtidos após o segundo tratamento a partir do dia 95. Pode-se notar que os ratos experimentais são consideravelmente mais capazes de resolver o labirinto que os ratos velhos de controle no primeiro dia do teste, apesar de que ainda não tanto quanto os ratos jovens, mas à medida que os testes continuam, no último dia de teste em ambos os gráficos (meses três e quatro), os ratos velhos tratados são quase indistinguíveis dos ratos (agora não tão) jovens na resolução do labirinto (os ratos velhos são consideravelmente mais pesados que os ratos jovens também, de forma que isso pode tê-los atrasado).

O fato é que a memória e a resolução de problemas voltaram a níveis próximos aos da juventude; porém, como o cérebro é muito importante, estamos planejando dedicar mais tempo ao rejuvenescimento cerebral, e temos alguns planos. Evidentemente, embora a perda de memória associada ao envelhecimento normal seja preocupante, a perda de toda a vida, a família e os amigos de toda a vida por causa da demência (em particular do mal de Alzheimer) é o destino mais aterrador para a maioria das pessoas, e as evidências de rejuvenescimento do cérebro são uma boa notícia — apesar de que há algumas outras abordagens para o rejuvenescimento do cérebro que poderiam ser utilizadas junto com um tratamento com E5.

Perdoem-me, eu deveria ("eu quero", porque é uma boa história) contar-lhes tudo sobre o E5. Entretanto, até que tenhamos que revelá-los (sob a proteção de patentes), nossos segredos são nosso maior ativo. Se os revelássemos sem a devida proteção de patentes, ficaríamos sem nada. Além disso, um dos meus grandes temores é que as grandes empresas farmacêuticas queiram que o E5 desapareça, já que ele poderia afetar consideravelmente seus negócios, sobretudo porque muitos de seus medicamentos mais vendidos — e que requerem uso por toda a vida — foram feitos para tratar as doenças e problemas de saúde do envelhecimento. Em algum momento, teremos que revelar nossos segredos, mas também queremos nossos 20 anos de controle exclusivo sobre para onde nos dirigimos, e para lá se dirigirá a biologia (me vêm à mente imagens do filme Existenz).

Alguns indícios de por que o envelhecimento foi revertido (ou mesmo se foi revertido) foram dados pelo seguinte "objeto", que discute múltiplos pontos relacionados ao estresse oxidativo no envelhecimento e o rejuvenescimento que requereram que os animais fossem sacrificados. Um laboratório independente encarregou-se de fazer a medição, nos órgãos, de várias moléculas que são marcadores do envelhecimento.

Quinto objeto

Como mencionei, a única forma de obter as medições da Figura 26 foi sacrificando os animais. Os gráficos individuas de barras mostram o conteúdo nos órgãos de vários marcadores relacionados ao redox ou enzimas envolvidas na neutralização do estresse oxidativo, como foi descrito. O malonaldeído é um produto da oxidação das gorduras e indica indiretamente os níveis de produção de ROS pelas células do órgão medido. Observa-se pouca oxidação no cérebro, e mais no fígado nos animais velhos em comparação com os jovens. Mas os animais tratados com E5 eram muito mais parecidos com os controles jovens (de uns oito meses) que com os controles velhos (de 22 meses). Portanto, isso significa que houve menos excesso de produção de ROS, seja porque ocorreu um rejuvenescimento das mitocôndrias (produzindo menos ROS por elétron transportado), seja porque ocorreu um incremento da atividade das enzimas de reparo (já que se sabe que algumas reduzem sua atividade com o envelhecimento), ou provavelmente ambas as coisas.

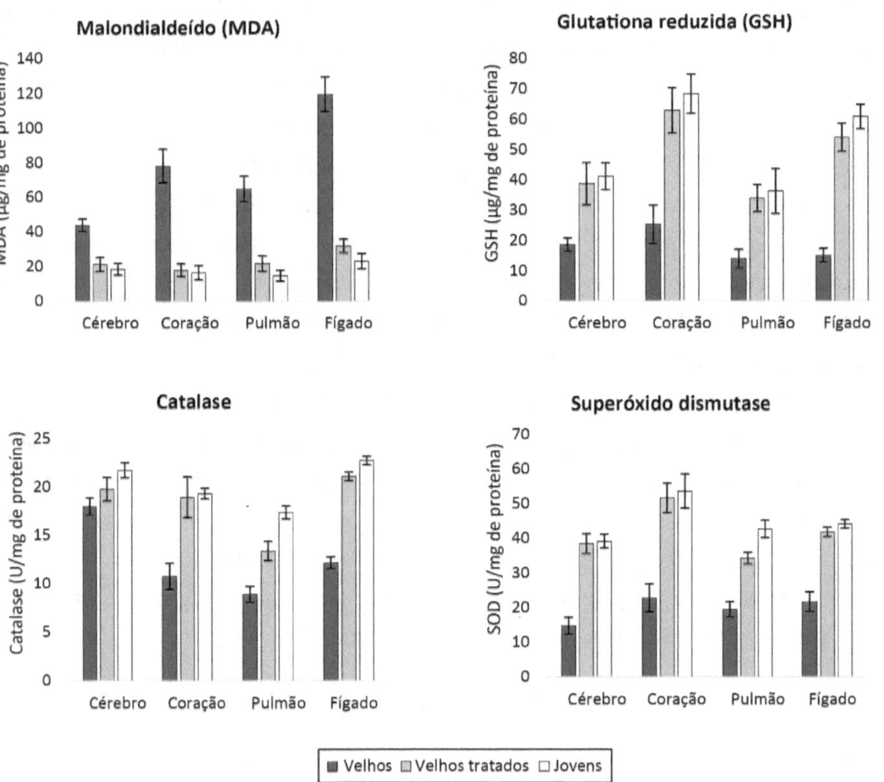

Figura 26: Resultados da análise ex vivo dos ratos. Adaptado de Steve Horvath et al.[1], CC BY-ND 4.0 https://creativecommons.org/licenses/by-nd/4.0/.

O gráfico à direita desse mostra as quantidades nos órgãos de glutationa reduzida, um determinante importante da capacidade redutora do citoplasma e das mitocôndrias de uma célula — sua "resiliência" — já que determina se uma célula sobreviverá ou não a um evento de estresse oxidativo. A diminuição contínua das reservas celulares de glutationa reduzida determina quanto pode percorrer uma molécula de peróxido de hidrogênio ou uma espécie nitrogenada de alta energia através de uma célula (seu "caminho livre médio"), ou seja, qual pode ser seu tempo de vida antes de ser aplacada por um agente redutor. Quanto maior for esse caminho livre médio, mais provável será que cause danos.

Também considera-se que a glutationa é um determinante primário do potencial redox citosólico e mitocondrial (se uma molécula receberá hidretos ou os doará), e isso depende da proporção entre a forma oxidada e a reduzida. Normalmente, a glutationa reduzida escreve-se como GSH — o "G" é de "glutationa" e "SH" representa seu grupo tiol (simplesmente um átomo de enxofre e um átomo de hidrogênio, GS-H, um grupo que pode perder seu hidrogênio para transformar-se em GS- com essa ligação vazia em sua extremidade direita). A ação redutora da glutationa pode ser descrita mediante as seguintes reações 1 e 2:

$$2GSH + H_2O_2 \text{ à } GSSG + 2H_2O \quad (1)$$

ao reagir com o peróxido de hidrogênio

$$2GSH + R_2O_2 \text{ à } GSSG + 2ROH \quad (2)$$

ao reagir com um composto orgânico peroxidado

A glutationa se encontra em uma concentração muito alta na célula, mas nem toda a glutationa é utilizada como se descreve nas reações mostradas anteriormente. As glutationa S-transferases, por exemplo, são enzimas que unem toda a molécula de glutationa a proteínas com lesões redox; a glutationa liga-se enzimaticamente a estas proteínas e assim elas são "curadas" (ou expulsas da célula). Entretanto, a ideia de que a glutationa reduzida (GSH) sempre se oxida a GSSG é errônea; a GSH é utilizada para neutralizar substâncias químicas tóxicas combinando-se com elas, e é a GSH a responsável por manter nossas vitaminas C e em um estado antioxidante.

Desta forma, a diminuição dos níveis celulares de glutationa é um marcador de envelhecimento em ratos e pessoas (os níveis no hipotálamo em humanos correlacionam-se negativamente com o mal de Alzheimer). Só em alguns tumores de câncer de fato observa-se um aumento da glutationa reduzida — e nas células de nossos animais rejuvenescidos.

Assim, claramente, apesar de que não mostrarei os dados, depois de cerca de 30 dias (nosso primeiro experimento) os níveis de GSH chegaram a cerca de 70% dos valores dos ratos jovens, mas nos gráficos da Figura 26 vemos que em todos os órgãos analisados ao final de cinco meses e dois tratamentos, os níveis de glutationa reduzida nos órgãos dos ratos velhos tratados com E5 eram quase indistinguíveis dos controles jovens, com superposição entre os grupos em todos os casos, enquanto que nenhum rato tratado se aproximava dos valores dos controles velhos. Dessa forma, em vez de perder gradualmente GSH — uma marca do envelhecimento em muitos organismos — a quantidade de GSH aumentou em cada órgão, o que supostamente proporcionaria uma maior "reserva de órgão".

Aqui, realmente senti que estava vendo o envelhecimento sendo revertido, mas havia uma grande surpresa que ainda estava por vir: os resultados de Steve Horvath. Embora tenha parecido demorar uma eternidade, Steve construiu seu relógio de ratos (ratos Sprague Dawley) com nossa ajuda e a ajuda adicional de Rodolfo Goya, da Argentina. Assim, agora era o momento da parte do trato de Steve — e não parecíamos estar no alto de sua lista de prioridades (não posso culpá-lo), de modo que esperamos e esperamos. Eu tentava responder à pergunta de por que nosso E5 mostraria resultados tão intensos e o teste de Steve não mostraria nada (pelas dúvidas), porque eu estava mais convencido de nossos resultados que do significado do teste de Steve, mas como veremos, esse teste esclareceu tudo da melhor maneira possível. Entretanto, antes de chegar nisso, vamos ver que informação adicional nos dá o "objeto" atual.

Os dois gráficos de barras inferiores da Figura 26 são enzimas que têm a responsabilidade de lidar com o peróxido de hidrogênio, H_2O_2. A superóxido dismutase produz H_2O_2 a partir do ânion radical superóxido, mais energético e tóxico. Tem versões mitocondriais e citosólicas, e é necessária para a vida. A catalase transforma o peróxido de hidrogênio em água e oxigênio. Encontra-se exclusivamente nos peroxissomos, que participam no catabolismo dos ácidos graxos mas não produzem ATP (embora produzam NADH). Curiosamente, quando a catalase foi deslocada para as mitocôndrias (geneticamente, em ratos) ocorreu um aumento significativo do tempo de vida. Dessa forma, se em vez de peróxido de hidrogênio obtém-se água e oxigênio, e isso prolonga a vida, pareceria que o peróxido de hidrogênio (em excesso?) contribui para o envelhecimento e a morte.

Uma das razões pelas quais os níveis de antioxidantes aumentaram pode ser observada nos gráficos da Figura 27:

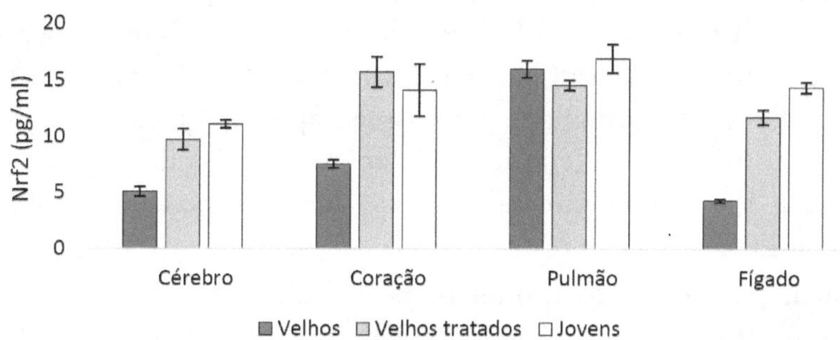

Figura 27: Níveis de Nrf2 obtidos no experimento. Adaptado de Steve Horvath et al.[1], CC BY-ND 4.0 https://creativecommons.org/licenses/by-nd/4.0/.

O Nrf2 é um fator de transcrição que normalmente se encontra no citoplasma e é degradado continuamente pela célula; a molécula tem uma vida média de 20 minutos. Entretanto, quando o citosol se torna oxidante, quando há uma explosão dos níveis de ROS (espécies reativas de oxigênio e nitrogênio), este fator de transcrição deixa de ser degradado, seus níveis aumentam e ele entra no núcleo. Ali se une a sequências específicas de DNA chamadas "elementos de resposta antioxidante" (ARE, na sigla em inglês), que estão presentes nas regiões promotoras dos genes e afetam sua transcrição. Muitos dos genes do Nrf2 (os que controla) estão relacionados ao reparo dos danos oxidativos e a eliminação dos produtos tóxicos da oxidação, como os genes que codificam as glutationa S-transferases. Alguns dos genes do Nrf2 estão relacionados à produção de glutationa mediante o incremento da glutamato cisteína ligase, a enzima reguladora de sua produção.

A família de proteínas antioxidantes da tiorredoxina, incluindo as peroxirredoxinas, estão controladas pelos ARE. Assim, enquanto que nos pulmões não havia nenhuma diferença significativa entre os ratos velhos tratados e os não tratados, também não havia nenhuma diferença significativa em relação aos ratos jovens. Diferentemente, no cérebro, no coração e no fígado, os níveis de Nrf2 estavam iguais aos níveis da juventude, ou perto deles, e eram claramente diferentes daqueles dos animais velhos não tratados.

O importante é notar que, embora os níveis de ROS intracelulares aumentem com a idade, a quantidade de Nrf2 nos órgãos diminui consideravelmente com a idade. Uma possível razão para isso é que quando os níveis de ROS estão muito elevados, o fator de transcrição de "sobrevivência" NF-kB toma o controle. Quando o faz, a célula começa a produzir citoquinas inflamatórias, em particular a IL-6 (o NF-kB liga-se ao promotor da IL-6) e fatores antiapoptóticos (que impedem que a célula mate a si mesma — como exige a "etiqueta celular" das células danificadas). Outra propriedade do NF-kB é que inibe o Nrf2, mas a resposta é mútua; o Nrf2 inibe o NF-kB!

Em um determinado momento pensei numa explicação para o que ocorria, que era algo assim: a célula (citosol e núcleo) perde potencial redutor à medida que ele é utilizado por quantidades crescentes de ROS e outros usuários da capacidade redutora (síntese), e não se repõe com a suficiente rapidez, de modo que há um fornecimento decrescente de NADPH e GSH, tudo isso causado pela diminuição de NAD^+, causada, por sua vez, pelo aumento do reparo de DNA (já que o NAD^+ é um substrato para a PARP, que se utiliza para marcar o dano no DNA mediante a formação de longas cadeias de poli ADP), e pelo uso do NAD^+ por parte das sirtuínas para as reações de desacetilação (recordemos que nas células "velhas" há uma falta de manutenção epigenética, assim como uma desregulação genética). Em última instância, a célula chega a um "momento difícil" quando a exposição ou produção de ROS (o H_2O_2 penetra nas membranas celulares) supera os recursos (NADPH, GSH, NAD^+ e ATP — todos eles componentes da "resiliência") que reparam o dano causado, e a célula morre.

Já não apoio mais este modelo. Agora devemos levar em conta que a mortalidade do organismo depende da etapa vital em que se encontra (uma proporção da vida total — medida como tempo de vida médio ou máximo, já que são proporcionais), e o fato revelado pelo grupo de Stanford (Conboys, Rando e Wagers) de que a idade de uma célula (ou mais exatamente, o fenótipo de idade — seu aspecto e como age) é determinada por seu entorno intercelular, por fatores pró e antienvelhecimento no plasma sanguíneo, e não pelo tempo que viveu no corpo.[14,63]

O fato de que os corpos velhos contêm células com aparência velha deve-se a que o corpo controla o fenótipo de idade celular, e não a que as células envelheceram. Células de pessoas centenárias que foram tratadas com fatores de Yamanaka (por Laure Lepasset[68]) e retornadas à condição de células-tronco embrionárias foram capazes de formar qualquer tipo de célula — seus telômeros se alongaram, suas mitocôndrias voltaram a ser eficientes como na juventude, seus perfis de transcrição voltaram aos padrões juvenis — e poderiam em última instância ser utilizadas para a formação de quimeras (onde poderiam ser mescladas com o embrião inicial de uma espécie diferente), e talvez, se lhes fosse permitido, poderiam viver outra vida completa.

Então, agora tenho a clara impressão de que a pergunta sobre como funciona nosso rejuvenescimento foi respondida da maneira mais inesperada e esclarecedora.

Sexto objeto

Em 16 de março de 2020 recebi um correio eletrônico de Steve Horvath com a barra de assunto mostrando o título "resultados fantásticos relógio de rato" que disse que nosso tratamento funcionava; de fato, tínhamos reduzido em mais da metade a idade epigenética (a idade de metilação de DNA) de nossos ratos velhos tratados segundo vários dos relógios de Steve (incluindo um relógio pan-espécies que analisaremos). Na Figura 28, cada linha representa um tipo de relógio como se explica na legenda.

O resultado que obviamente não combina é a menor intensidade de rejuvenescimento no hipotálamo em comparação com outros órgãos. Entretanto, a aprendizagem do labirinto mostrou uma grande melhora de desempenho em relação aos controles velhos e igualou-se aos controles jovens ao final de um ciclo de testes. Portanto, o significado deste rejuvenescimento aparentemente menos intenso do hipotálamo não está claro, mas seguramente pesquisaremos isso mais a fundo. Já tenho algumas ideias sobre como fazê-lo.

Neste momento, mesmo sabendo o pouco que sabemos, podemos reprogramar células de uma maneira "natural" e, com sorte, em todos os aspectos, para desta forma resolver o problema do envelhecimento. O E5 será o primeiro passo. Isso não é um sonho — os testes de Steve confirmaram todos os nossos outros testes em que os níveis bioquímicos, fisiológicos e cognitivos dependentes da idade (e algumas características que antes não se pensava que fossem dependentes da idade) voltaram a níveis juvenis. Portanto, a proporção entre o colesterol bom (HDL) e o colesterol ruim (LDL) não é uma função do estilo de vida, mas da etapa da vida.

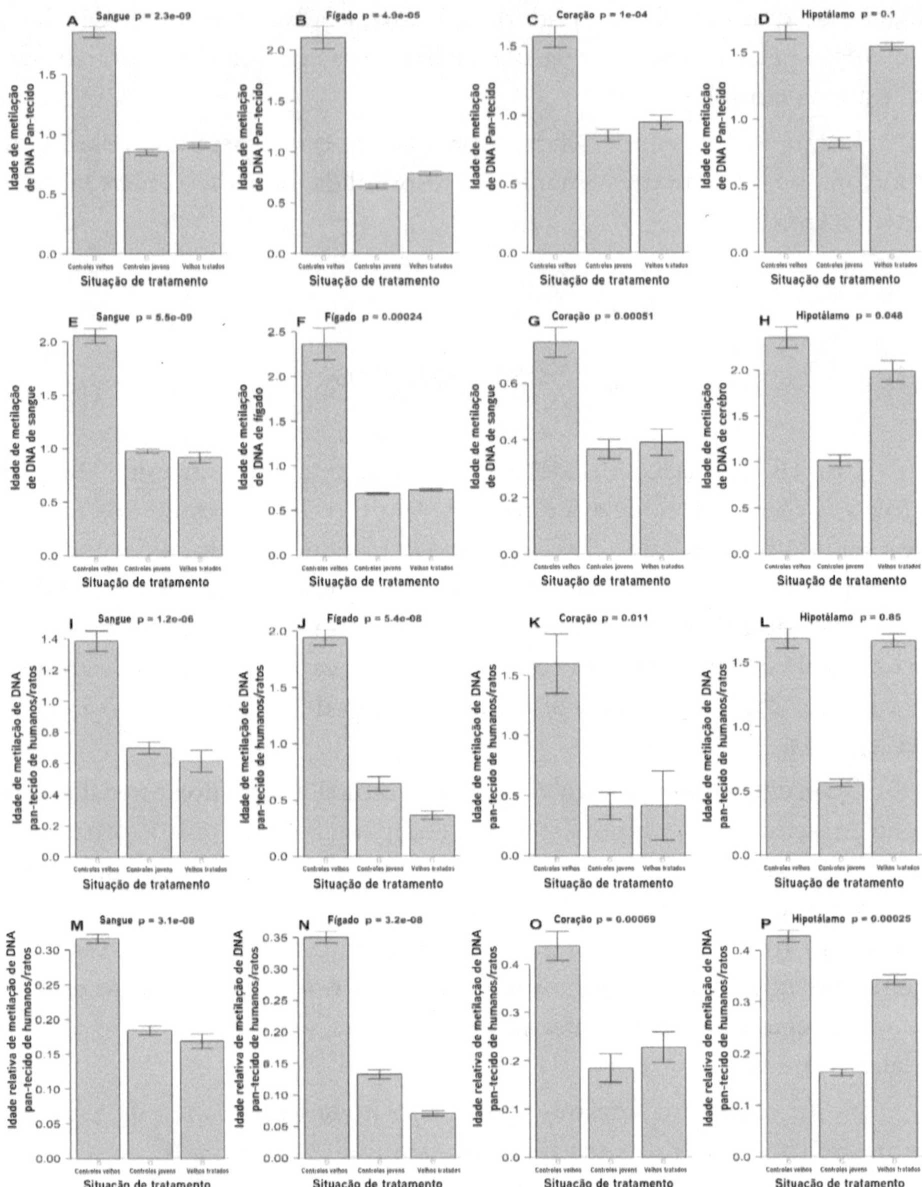

Figura 28: Análise do relógio epigenético do tratamento com fração de plasma. Cada linha representa um tipo de relógio (seis no total), e cada coluna representa um tecido/órgão; a partir da esquerda, sangue, fígado, coração e hipotálamo. A primeira linha é o relógio pan-tecido de rato. A segunda linha mostra: E) relógio de sangue de rato aplicado ao sangue, F)

relógio de fígado de rato aplicado ao fígado, G) relógio de sangue de rato aplicado ao coração e H) relógio de cérebro de rato aplicado ao hipotálamo. A terceira linha representa a idade cronológica determinada por um relógio humano-rato. A quarta linha (gráficos M-N-O-P) mostra as medições do relógio humano-rato de idade relativa definida como idade/tempo de vida máximo da espécie. Em cada gráfico, a primeira barra (da esquerda para a direita) são os controles velhos, a segunda barra são os controles jovens e a terceira barra são os ratos velhos tratados. Imagem de Steve Horvath et al.[1], CC BY-ND 4.0 https://creativecommons.org/licenses/by--nd/4.0/.

A observação de Stroustrup et al. de que a mortalidade por todas as causas é basicamente uma função da etapa da vida (como uma proporção definida do tempo de vida total) está conectada à teoria de David Neill da vida como uma progressão de etapas de vida, e à teoria epigenética do envelhecimento de Steve Horvath, como explicarei — mas a razão primordial de como e por que funciona o E5 é bastante simples; o plasma é a ferramenta que o corpo tem para controlar o fenótipo de idade de suas células, e o E5 devolve as células a um estado epigenético anterior. As células agora rejuvenescidas começam a repovoar os tecidos exauridos (nosso tratamento parece eliminar também as células senescentes), e o tecido reforçado contribui agora para que os órgãos funcionem melhor, para que o coração seja mais forte, as artérias mais elásticas, os intestinos e rins menos permeáveis. Isso, evidentemente, fortalece-nos. Até agora, repetimos esse experimento de forma bem-sucedida muitas vezes.

9

A nova ciência do rejuvenescimento

Em geral, segundo os partidários da teoria do desgaste, o "rejuvenescimento" deveria ser impossível. Os danos podem ser vitais — os danos teriam sido reparados se pudessem ser reparados. A célula envelhecida é considerada uma célula danificada e irreparável. Os trabalhos realizados por Briggs e King e J. B. Gurdon nos anos 1980 com transferência nuclear de células somáticas (TNCS) demonstraram que inclusive as células somáticas adultas da pele (em alguns casos) tinham núcleos que ao ser implantados geravam animais completos que chegavam a ser adultos. As atividades de clonagem mais recentes não se limitaram a rãs e sapos (Gurdon utilizou a rechonchuda e lenta rã-de-unhas-africana, *Xenopus laevis*, como cobaia experimental).

A ovelha Dolly é outro exemplo de que os núcleos das células de animais maduros são capazes de formar animais totalmente funcionais. Além disso, em um experimento que se iniciou no ano 2000, bezerros criados a partir da TNCS de núcleos de fibroblastos de vaca cultivados até a senescência replicativa in vitro (em cultura celular) tornaram-se vacas completamente adultas, todas elas perfeitas até o momento.[69] Nesse experimento, as células de uma vaca foram cultivadas in vitro até que já não puderam multiplicar-se (senescência replicativa). Esta senescência já foi considerada degradação demais para suportar a vida, e muito menos o desenvolvimento normal. Extraíram-se núcleos de algumas dessas células senescentes, e colocaram-se em óvulos de vaca dos quais haviam sido retirados os núcleos, e depois esses óvulos foram implantados em vacas e lhes foi permitido chegar a termo.

Figura 29: Rã-de-unhas-africana, *Xenopus laevis*. Brian Gratwicke, CC BY 2.0 https://creativecommons.org/licenses/by/2.0, via Wikimedia Commons

A transferência nuclear de células somáticas demonstrou que até mesmo o núcleo de células envelhecidas tanto in vivo quanto in vitro podia gerar uma descendência normal. Isso também demonstrou de forma inequívoca que o núcleo supostamente "desgastado" continuava tendo o necessário (em relação aos genes) para formar um animal completamente normal (com muitos tipos de animais criados agora desta maneira; isso tornou-se parte da criação comercial de animais). Então, se não foi o núcleo o que envelheceu, foi o citoplasma? Ou o citoplasma do óvulo enucleado teve um poderoso efeito restaurador sobre o núcleo envelhecido e aparentemente senescente?

A resposta chegou de uma direção inesperada — uma convergência de duas metodologias muito diferentes revelou-a. Se uma célula é tratada com determinados "fatores de transcrição pioneiros", modifica seu estado de diferenciação. Embora só uma pequena proporção de células fosse "propensa" a esta mudança, esta transformava as células somáticas normais no que pareciam ser células-tronco embrionárias, capazes de formar qualquer tipo de célula (exceto as membranas extraembrionárias do embrião inicial — que mais tarde fazem parte da placenta). E com o direcionamento adequado por parte de fatores de transcrição específicos de tecido inseridos como plasmídeos, estas *células-tronco pluripotentes induzidas* (iPSC, na sigla em inglês), como foram chamadas após a transformação, podiam tornar-se qualquer tipo de célula que se desejasse (embora ainda não se tenha verificado que sejam capazes de formar um animal completo por si mesmas, como podem fazer as células TNCS).

Além disso, quando as células foram levadas ao estado de iPSC, também foram levadas à idade zero, e todas as características do "envelhecimento celular" foram revertidas. Entretanto, se as células forem transdiferenciadas por meios diretos que fazem com que não seja necessário que as células passem pela etapa de iPSC, o "relógio" do envelhecimento não se reinicia, só o que se reinicia são os padrões de diferenciação celular e os mecanismos epigenéticos que os controlam.

Então, há algum ponto no caminho desde células somáticas diferenciadas até iPSC desdiferenciadas em que só muda a idade? E acontece que com a aplicação controlada dos fatores de Yamanaka, estes fatores de transcrição "pioneiros" permitem às células mudar seus estados e fazer voltar atrás sua idade epigenética. Os fatores de Yamanaka originais, conhecidos como OSKM (Oct 4, Sox 2, Klf4 e c-Myc) levam ao rejuvenescimento quando se expressam em períodos de tempo limitados e sequenciais, mas em vários experimentos — inclusive experimentos in vivo com ratos — ocorreu o lamentável efeito colateral da formação de cânceres com dentes (e outros órgãos ou partes deles), chamados teratomas. Recentemente, David Sinclair, utilizando um sistema in vitro só com OSK (já que se considerava que o M era o responsável pela carcinogênese), fez com que voltasse a crescer um nervo ótico in vitro a partir de um olho velho.[70]

O E5 deveria ter todas estas propriedades, mas deveria também diminuir a incidência de câncer, já que o câncer é uma doença da velhice, e as células reprogramadas deveriam responder como o teriam feito quando eram jovens. Talvez, exceto que agora as células-tronco estarão mais comprometidas com a auto-renovação para aumentar sua quantidade — e sua quantidade determina a quantidade de sua progênie diferenciada, para resolver os problemas de citopenia (perda de células dos tecidos) dos animais velhos. Parece que o E5 afeta muitos tipos de fatores de transcrição pioneiros nos tecidos: muda o fenótipo de idade celular no local, por simples injeção, sem necessidade de fazer modificações estruturais em nós mesmos ou em nossos filhos. Entretanto, reconheço que alguns cientistas, como David Sinclair, estão começando a ver a verdade sobre o envelhecimento. Espero ter ajudado — tenho certeza de que o E5 será o começo de uma nova e correta biologia que anteporá os fatos à teoria.

Desta forma, não fomos os únicos a perceber que as células podem ser reprogramadas e rejuvenescidas. Ocampo et al. levaram a cabo a demonstração mais convincente de que a reprogramação parcial mediante a expressão transitória e sequencial dos genes OSKM em ratos vivos pode aumentar significativamente seu tempo de vida, além de levar a níveis juvenis todos os demais marcadores de idade biológica examinados.[71] Foram necessários os quatro fatores OSKM, mas demonstrou-se que, até mesmo in vivo, in situ (em um animal vivo, com tudo "no lugar"), ocorria um rejuvenescimento sistêmico significativo pela ativação destes fatores de transcrição pioneiros — que primeiro se ligam ao DNA, permitindo que outros fatores de transcrição e coativadores se liguem depois e, portanto, permitindo diferenciação e remodelação da cromatina, um evento que diminui o potencial redutor da célula, ou vice-versa.

Fatores no sangue

Em seu artigo de resumo dos novos esforços na pesquisa antienvelhecimento, Mahmoudi, Xu e Brunet discutem quatro potenciais métodos para tratar o envelhecimento,[72] com nossa pesquisa indiretamente incluída (não foi mencionada especificamente, mas contei a Anne Brunet sobre nosso trabalho no BAAM — Bay Area Aging Meeting — em 2019 em Stanford). O primeiro são os fatores no sangue, em que se fala dos suspeitos de sempre: os fatores pró-envelhecimento no plasma sanguíneo velho. Entretanto, enquanto que os Conboys demonstraram que diluir o plasma sanguíneo velho tem um aparente efeito antienvelhecimento segundo o aspecto dos tecidos antes e depois do tratamento,[55] o E5, que é 100% formado por componentes do sangue, tem um efeito muito maior e mais permanente sem necessidade de uma diluição significativa (2% a cada dois dias durante quatro dias), o que demonstra que os fatores que promovem a juventude no sangue jovem têm um efeito mais permanente e parecem ser dominantes sobre os fatores que promovem o envelhecimento. Após nosso segundo tratamento de ratos com E5, a idade foi resetada, ocorrendo posteriormente o envelhecimento a ritmos normais. Analisarei o porquê depois de falar das outras três possibilidades do grupo de Brunet.

Os autores continuam com uma tabela muito bonita que mostra os efeitos da parabiose heterocrônica (HPE, na sigla em inglês, caso já tenham esquecido — meu termo) e de outros produtos derivados do sangue (oxitocina, TIMP2, gdf11) no rejuvenescimento. Cabe destacar que a simples injeção de sangue melhora a cognição.

Intervenções metabólicas

A seguinte área da qual fala o grupo é a das intervenções metabólicas, em termos de dieta ou substâncias químicas como o inibidor do complexo mTOR-C1 rapamicina. Para começar, não se trata de um enfoque que conduza à imortalidade; no melhor dos casos, ao menos nos mamíferos, conduz a um aumento muito pequeno do tempo de vida. Sabe-se que a restrição calórica funciona para prolongar o tempo de vida em todos os grupos, vertebrados e invertebrados, exceto talvez nos primatas, onde os testes de restrição calórica não mostraram um aumento do tempo de vida, embora tenham mostrado um aumento do tempo de vida saudável.

Que a restrição calórica funciona foi demonstrado nos anos 1930 por Clive MacKay (que também utilizou a parabiose heterocrônica para estudar o envelhecimento).[73] Entretanto, os estudos a longo prazo do Instituto Nacional sobre o Envelhecimento (EUA), com macacos Rhesus, não mostraram um prolongamento da vida — enquanto que outros estudos mostraram. A verdadeira questão aqui é um pouco mais óbvia: se o efeito existia, por que foram necessárias estatísticas para saber se o experimento teve sucesso ou não? Se foram necessárias estatísticas, o efeito foi insubstancial. Para mim, a parte problemática mais relevante da restrição calórica e da restrição de metionina (que está relacionada a ela) é que têm como objetivo prolongar a vida celular mediante a redução da atividade metabólica.

Penso que a velocidade do "relógio" é ajustada pela quantidade de danos produzidos; na idade adulta, parece haver uma redução sequencial da atividade das proteínas necessárias ao longo do tempo de vida, que ocorre em diferentes órgãos em diferentes momentos. O timo começa a involuir (fica menor e se transforma em gordura) cedo, na infância, em todas as pessoas, enquanto que nas mulheres os ovários envelhecem e tornam-se disfuncionais passada a metade da vida. Outros órgãos envelhecem mais lentamente. Até mesmo células do mesmo tipo, que envelhecem pelos mesmos mecanismos, envelhecem em ritmos diferentes nos diferentes órgãos, o que me leva a crer (se serve de algo) que o estado das células (incluído o fenótipo de idade) é determinado em nível orgânico (dos órgãos), assim como em nível sistêmico (que pode agir através dos órgãos).

Minha suposição (na verdade, a conclusão de Stroustrup) é que condições que induzem o dano causam um envelhecimento acelerado e portanto são responsáveis pela morte por todas as causas; então, meu modelo, baseado no modelo de Neill, mas sendo o cronômetro da vida o resultado da perda diária de "resiliência" — cuja medida são as concentrações de GSH (glutationa reduzida), tiorredoxinas, NADPH e NAD$^+$ — indica que apesar de não se poder perturbar o ciclo circadiano fixo (já que há muitos zeitgebers ["dadores de tempo"] externos), a taxa de acumulação de danos muda e, portanto, a duração de todas as etapas de vida.

Como já foi mencionado, até mesmo esta dieta de restrição calórica começando no início da idade adulta poderia atrasar o desenvolvimento (o "desenvolvimento" adulto) e poderia ocasionar um prolongamento da vida, incluindo uma meia-idade mais longa e uma velhice mais longa. Entretanto, embora beneficie o indivíduo e a sociedade por seus resultados em termos de saúde, não é um caminho para a imortalidade, e nem sequer para o rejuvenescimento, já que só atrasa o inevitável (o que é bom), ao "retardar o relógio". Os autores Mahmoudi et al. afirmam que o "modo de ação" das intervenções metabólicas inclui "fatores no sangue" (certamente incluindo o E5 então),[72] e certamente há fatores no sangue que mudam estados metabólicos das células (hormônios, por exemplo), mas não penso que o E5 funcione desta maneira, como analisarei.

Uma nota sobre a rapamicina

A rapamicina é um fármaco interessante. Antigamente, quando os exploradores visitavam um território inexplorado, sempre coletavam amostras de solo para enviá-las a laboratórios para que fossem analisadas em busca de micróbios que produzissem novos antibióticos. Bom, encontraram uma "mina de ouro" quando analisaram o solo da ilha do Pacífico famosa pelos enormes deuses de pedra que a cercam para proteger seus habitantes de invasões que venham do mar. A Ilha de Páscoa, situada frente à costa ocidental da América do Sul, é chamada de Rapa Nui por seus habitantes polinésios. A secreção de um produto de uma bactéria do solo do lugar encontrada ali (*Streptomyces hygroscopicus*) era imunossupressora e tinha efeitos antitumorais.

Trabalhos posteriores permitiram elucidar que o alvo da rapamicina era a proteína mTOR (originalmente "alvo da rapamicina nos mamíferos").

A questão é que a rapamicina é um inibidor de uma enzima, uma quinase chamada mTOR (recordemos que as "quinases" são enzimas que ligam grupos fosfato a outras moléculas, incluídas as proteínas, ativando ou inibindo ou mesmo mudando a função das proteínas que fosforilam). O próprio nome mTOR significa "alvo da rapamicina nos mamíferos", como mencionado, de modo que o fármaco rapamicina regula o regulador do metabolismo celular.

O complexo mTOR 1 (mTORC1) é o que nos interessa aqui, já que recebe sinalizações de muitos aspectos do funcionamento celular, incluídos os níveis de energia, as atividades sintéticas e o crescimento. Como no símbolo do yin-yang, além do lado luminoso — um metabolismo orientado ao crescimento e produtor de energia controlado pelo mTORC1 — existe um lado escuro com funções opostas, neste caso a FOXO (família forkhead de fatores de transcrição) com a missão contrária, frear o crescimento e a produção de energia e iniciar o reparo e a manutenção.

Quando a FOXO domina, também transcrevem-se outros fatores de transcrição subsidiários de reparo e manutenção como Hsp1 e Nrf2, cada um com suas próprias atividades de reparo e manutenção (além das compartilhadas). Demonstrou-se que estas atividades de reparo e manutenção aumentam o tempo de vida, assim como muitas mutações que produzem uma menor taxa de danos por oxidação (e frequentemente à custa de uma redução do crescimento e da atividade) ou por enovelamento incorreto de proteínas (uma "característica" do envelhecimento — devida em parte, penso, à condição redutora do retículo endoplasmático quando deveria ser oxidante).

De fato, testei em mim mesmo a rapamicina no que deveria ter sido uma dose efetiva, mas não encontrei nenhum efeito significativo até que a terapia de rapamicina interagiu com minha doença inflamatória intestinal (DII); o mesmo processo que funciona contra o crescimento na maioria das células somáticas funciona contra o crescimento nas células necessárias para reparar o dano intestinal ocasionado pela DII, e portanto certamente não a recomendaria para pessoas com esse ou qualquer problema de saúde que requeira crescimento de tecido (que evidentemente é a razão pela qual é um medicamento contra o câncer) e reparo. De qualquer forma, o tratamento com rapamicina é, na melhor das hipóteses, só outro meio de prolongar um pouquinho a vida dos mamíferos, prolongando a velhice — mas com riscos (incluindo um sistema imunológico debilitado) — e isso é melhor do que nada, suponho (se não se estiver incapacitado demais pela velhice). Entretanto, não é mais que uma trilha lateral que conduz novamente à morte após uma viagem tortuosa e perigosa.

Eliminação de células senescentes

A terceira via analisada no artigo de Mahmoudi et al. é a eliminação das células senescentes. Desde sua descoberta, Judith Campisi estudou exaustivamente as células senescentes e demonstrou que, ao invés de serem células benignas e quase mortas, já que foram tiradas do ciclo celular (não se reproduzem) e não realizam nenhuma função útil conhecida (embora pareçam estar envolvidas na cicatrização de feridas), na verdade são células zumbis metabolicamente ativas que de fato prejudicam o organismo produzindo citoquinas inflamatórias e colagenases, gelatinases e proteinases extracelulares, que rompem a matriz intercelular que mantém unidas nossas células, e facilitam que as células cancerosas migrantes cheguem aos vasos sanguíneos e linfáticos pelos quais se propagam.

Darren Baker buscou, mediante engenharia genética, um tratamento que matasse preferencialmente as células senescentes. Escolheu como alvo a complexa proteína p16^{INK4a} (chamada assim por sua capacidade de inibir o NF-kB), um marcador da senescência celular. A p16^{INK4a} leva as células à senescência, de modo que é um gene supressor de tumores muito importante. Baker projetou um transgene, INK-ATTAC, que permitia eliminar as células que expressavam p16^{INK4a} mediante a adição de uma substância exógena (um antibiótico).[74]

No experimento, em um camundongo eliminaram-se periodicamente as células senescentes (células que expressavam p16^{INK4a}) e em outro não. As diferenças de aspecto foram surpreendentes (o camundongo no qual eliminaram-se as células senescentes tinha um aspecto muito mais saudável e jovem). Entretanto, não houve diferenças significativas na longevidade (tratava-se de uma linhagem progeroide de vida curta). Baker realizou o mesmo experimento com camundongos de tipo selvagem (com um tempo de vida normal) e conseguiu os mesmos efeitos e um aumento muito pequeno do tempo de vida.[74]

Está claro que a eliminação das células senescentes, ou ao menos das que expressam p16^{INK4a}, aumenta o tempo de vida e diminui a incidência das morbidades associadas ao envelhecimento. Entretanto, é certamente outro caminho lateral que inevitavelmente nos leva de novo ao envelhecimento e à morte, mas com um melhor aspecto e sentindo-nos melhor. Mesmo assim, é um objetivo que vale a pena; ministrei um curso de Biologia do Envelhecimento durante anos e não deixa de me surpreender que muitas pessoas não desejem ter uma vida mais longa — na verdade, não me surpreende tanto; sem o céu e o constante entretenimento construído por Deus, a vida pode ficar bem difícil. Era um antigo mito cristão que um judeu que, quando Jesus levava sua cruz na "Via Dolorosa" e parou para descansar, perguntou-lhe "Por que você está se atrasando?", foi por isso condenado a viver até Jesus regressar. Isso se considerava um duro castigo. E o que de fato encontro como a resposta mais comum à pergunta sobre o desejo de viver vidas prolongadas é viver até uma "idade avançada" com boa saúde e morrer enquanto se dorme. Não é um plano totalmente sem méritos se você não puder fazer melhor que isso (ou pensar que uma vida é suficiente e mais do que suficiente — como pensam muitos nesse planeta).

Em todo caso, temos algumas evidências (embora não sejam grandes) de que o tratamento com E5 elimina as células senescentes, já que claramente não observamos o tingimento de beta-galactosidase associado à senescência, um marcador de células senescentes, mas não um marcador definitivo — em geral necessita-se outro marcador, como anticorpos $p16^{INK4a}$ (conjugados com um composto fluorescente para ter visibilidade), para definir as células senescentes. Ainda assim, os senolíticos — tratamentos que eliminam as células senescentes — não são uma via para a imortalidade, embora tenham algumas características de rejuvenescimento e parece que melhorariam a vida, especialmente a velhice, daqueles que pudessem eliminar as células senescentes. Um fator que esqueci de mencionar sobre as secreções tóxicas das células senescentes é que elas secretam uma substância desconhecida que parece transformar outras células vizinhas em senescentes.

Reprogramação epigenética

A última categoria do trabalho de Mahmoudi et al. é a reprogramação epigenética. Embora isso ainda tenha problemas, o trabalho de Ocampo demonstra claramente o potencial.[71] O uso dos fatores OSKM leva à formação de teratomas (não é o que se deseja), mas está claro a partir destas demonstrações que o envelhecimento é um fenômeno epigenético, ou pelo menos controlado através de meios epigenéticos. E é aqui onde eu situaria o E5, mais do que entre os fatores no sangue mencionados. A razão é simples. Os relógios de Steve Horvath demonstraram que não só tínhamos rejuvenescido muitos tecidos e órgãos (já que quando se observava de perto [muito de perto], não era somente o fenótipo de todas as células e órgãos examinados que estava juvenil), mas também os epigenomas (pelo menos as partes que marcam ou determinam a idade), que se modificaram para ser o que se esperaria de animais cuja idade biológica é menos da metade de sua idade cronológica. Assim, os perfis de metilação do DNA confirmaram que as células tinham sido rejuvenescidas no nível mais profundo — seus epigenomas. Como este é o caso, e como o tratamento posterior parece funcionar melhor que os tratamentos iniciais — deixando que o envelhecimento continue em níveis normais — deveria ser possível manter um animal em uma etapa de vida adulta jovem indefinidamente, desde que lhe seja proporcionado E5 continuamente.

O que é uma vida?

Em 1944 (meu ano de nascimento), Erwin Schrödinger escreveu o breve livro *O que é vida?*,[75] um clássico que influenciou muitos físicos a que se dedicassem às ciências biológicas. Schrödinger, um destacado físico, chegou à conclusão de que a vida devia estar organizada por um cristal "aperiódico"; um "quase" cristal, com subunidades quase idênticas — constituintes moleculares — dispostas de forma a manter-se unidas por ligações covalentes. Isso foi escrito antes da descoberta da natureza química do DNA por Crick, Watson, Pauling e, com reconhecimento tardio, Rosalind Franklin, a cientista que os "rapazes" tanto temiam, e cujos estudos de difração de raios X do DNA deram como resultado a descoberta da dupla hélice e a complementaridade do emparelhamento de bases — sempre há uma citosina emparelhada com uma guanina, e uma adenina sempre está emparelhada com um resíduo de timina na cadeia oposta. Concretamente, Franklin determinou de forma independente a dupla hélice como resultado de seu padrão de difração de raios X.

Entretanto, se notaram, o nome desta seção é "O que é **uma** vida?". A razão disso é reconhecer como primeiro princípio que a vida não é um processo de desenvolvimento que termina chegando-se a um organismo vivo e sexualmente maduro que continua vivendo até que encontra algum "obstáculo na estrada da vida" que seja incapaz de superar (normalmente ser comido por predadores, no caso dos herbívoros, ou morrer de fome, no caso dos carnívoros — o frio é o maior assassino natural de camundongos). No caso das operárias das colmeias de abelhas melíferas, seu tempo de vida depende do momento em que nasceram (em lugares com estações), o que determina quando abandonam o ninho. A vida de uma abelha (assim como a de um vírus T4) desenvolve-se com poucas variações, como se de um extremo a outro fossem desempenhados uma série de papeis estereotipados, primeiro como babá (todas as abelhas operárias são castas), depois através de uma variedade de etapas de vida que determinam sua função dentro da colmeia — reparar danos, construir, ou, no caso das abelhas no inverno, bater furiosamente suas asas para esquentar o ar dentro da colmeia, mantendo--a confortável para a rainha e seu séquito. Porém, finalmente, na última parte de suas vidas, as abelhas entram em um estado chamado "forrageadoras", com uma mortalidade intrínseca muito maior, e as forrageadoras morrem em poucos dias.

A questão é que aos organismos é dada uma vida — não o processo de vida que pode acabar se o organismo defrontar-se com mais do que aquilo com o qual pode lidar, ou um plano de vida determinado pelo acaso; são objetos quadridimensionais, limitados tanto no tempo quanto no espaço, com muitos mecanismos concebidos para assegurar que o tempo de vida não ultrapasse o tempo de vida máximo da espécie, já que o tempo de vida é uma característica da espécie, como o tamanho ou a coloração, que depende do habitat e do nicho ecológico de um organismo, assim como de muitos outros "fatos da vida" físicos e biológicos. Quando se compreende isso, o "mistério" do envelhecimento desaparece; por que "as coisas se deterioram"? Foram feitas dessa forma — a obsolescência programada é um truque que os fabricantes humanos aprenderam da natureza e, curiosamente, pelas mesmas razões, para promover a demanda e estimular a inovação, já que as pessoas sempre buscam um produto "novo e melhorado".

O ponto mais importante que tenho que enfatizar, e que muda tudo (mas há mais por vir), é que o "envelhecimento celular" é um mito; a idade da célula é determinada por seu entorno celular, e não por sua história. O envelhecimento do organismo não é determinado pelo envelhecimento de suas células — o fenótipo de idade de suas células é determinado pela idade biológica do organismo.

Aprendemos com Albert Einstein que o tempo não é uma constante que flui em todos os lugares no mesmo ritmo — mas em organismos, o fluxo do tempo, como evidenciado pela passagem ao longo de suas vidas, é determinado por fatores diferentes da massa e da densidade. O que demonstramos é que o tempo — sendo o ordenamento sequencial dos acontecimentos em um entorno local — tem um significado totalmente diferente nos sistemas biológicos, onde o tempo, em termos de passagem ao longo da vida, depende do nicho ecológico de um organismo.

Então, os sistemas biológicos são muito diferentes dos sistemas físicos, já que o "tempo biológico" pode ser retardado, detido ou mesmo revertido sem que isso pressuponha uma contradição com as leis da física. A segunda lei da termodinâmica, a "entropia", "não se aplica" aos sistemas vivos, já que ganham negentropia[*] com o tempo; os sistemas biológicos são sistemas abertos — recebem e transmitem tanto energia quanto massa. Imaginar que um sistema assim teria que obedecer às leis da entropia como se fosse um sistema fechado equivaleria a dizer que o ar-condicionado não funcionará porque o calor flui para os lugares mais frios. Entretanto, assim como nos seres vivos, a aplicação de energia pode reverter os efeitos da entropia.

Dessa forma, o envelhecimento organísmico segundo a duração da vida das espécies parece ser algo muito parecido com o modelo de David Neill, uma sucessão fixa de etapas de vida cronometradas por um relógio redox baseado no ciclo circadiano e o correspondente ciclo de sono-vigília. O plasma sanguíneo (ao menos nos mamíferos) determina o fenótipo de idade em nível celular, que posteriormente demonstrou-se ser reversível, e depois de ser revertido em nível celular, essas mudanças ascenderão pela hierarquia biológica, desde as células, até os tecidos, órgãos, sistemas de órgãos e, finalmente, todo o corpo para produzir um organismo rejuvenescido.

Minha conclusão final é que o tempo de vida é uma sucessão controlada de etapas de vida, que dura toda a vida adulta e termina com a morte, mas que não se trata de uma lei física, mas biológica, reforçada pelas forças evolutivas (incluída a seleção de grupo), em resposta ao papel no ecossistema do qual faz parte o organismo. A tese básica é que o tempo de vida é uma característica hereditária da espécie, disponível para pequenas modificações ou para outras muito maiores, do mesmo modo que a cor da pele ou o peso,

---

* Em teoria da informação e estatística, a negentropia utiliza-se como medida de distância da normalidade. O conceito e a frase "entropia negativa" ["negative entropy", em inglês] foram introduzidos por Erwin Schrödinger em seu livro de divulgação científica de 1944 *O que é vida?*. Posteriormente, a frase encurtou-se para "negentropia".

e controlada por uma rede de regulação genética de antiga procedência com mecanismos homólogos na maioria dos filos animais do mundo.

Um estudo singular realizado com o "lêmure-rato-cinza" de Madagascar, *Microcebus murinus*, um lêmure muito pequeno com uma grande sensibilidade às mudanças sazonais do fotoperíodo, demonstrou que quando se expunham a ciclos dia-noite alterados (em um entorno fechado), os lêmures respondiam a ciclos 2 ½ vezes mais frequentes envelhecendo em um ritmo mais rápido, estabelecendo ao menos nestes animais a correspondência entre o envelhecimento e os ritmos circadianos.[76] Isso também explica os resultados dos experimentos de Stroustrup e Fontana em um grande número de *C. elegans* com uma precisão sem precedentes.[41] Os lêmures responderam a um ciclo dia-noite acelerado por sua vez acelerando a transição a etapas de vida posteriores.

Mas e agora?

Evidentemente, há muito, muito mais perguntas que respostas, e é possível que vocês se perguntem como podemos utilizar esta invenção e descoberta se não temos a menor ideia de como funciona (embora eu saiba aproximadamente o que É). A resposta é que a tecnologia elétrica, os motores e os telégrafos, e inclusive a iluminação (em lâmpadas de arco), eram utilizados antes de que soubéssemos o que eram os elétrons. A terapia de E5 poderia ser aplicada em qualquer idade, mas estará reservada aos idosos até que o suprimento supere a demanda desse grupo.

Há perguntas fundamentais que precisam de respostas. Por exemplo, existe simplesmente um tipo de E5, já que os recentes experimentos dos Conboys e Kiprov que mencionei deixam muito claro que existem fatores pró-envelhecimento no sangue dos animais mais velhos?[14] (Embora agora as evidências apoiem a afirmação de Kiprov de que a albumina de soro jovem é um agente pró-juventude.[15]) Então, essa combinação de fatores pró e antienvelhecimento resulta em indicadores definidos para a idade dos diferentes tecidos? Ou seja, está claro que a composição do plasma sanguíneo determina o fenótipo de idade das células dos tecidos, mas não temos nem ideia de como.

Como sabemos que a idade de metilação de DNA muda com a idade cronológica adulta (que é a base de todos os relógios de metilação de DNA), já sabemos que o plasma velho envelhecerá as células, e embora ainda não se tenha feito (faremos isso), o plasma velho deveria mudar (aumentar) a idade de metilação do DNA das células de um organismo jovem tratado com ele. Isso poderia ser a tortura mais horrível da história — fazer com que uma pessoa jovem torne-se velha, o que já é o tema de várias histórias de ficção científica que já vi. Entretanto, a parte boa é que não parece haver nenhuma razão pela qual uma pessoa não possa voltar a ser jovem com um tratamento com E5, já que se demonstrou que o E5 funciona em presença de plasma velho, de modo que não é necessário que se realize nada tão drástico como a troca de plasma (embora pudesse ser útil para acelerar o rejuvenescimento) — talvez alguma técnica híbrida.

Desta forma, se o E5 funcionar tão bem em humanos quanto em ratos, deveríamos ser capazes, no decorrer de vários anos, de devolver a juventude a todas as nossas células, tecidos e órgãos importantes, e a nosso organismo. Se faltarem fatores, encontraremos eles. Penso que nossa descoberta ajudará a dilucidar o desenvolvimento tanto na pré quanto na pós-maturidade. A forma como vejo o futuro, pelo menos no início, é que quem desejar usá-lo, use-o — já que muitos podem não querer usá-lo por razões religiosas (ao menos um papa criticou o prolongamento da vida por meios artificiais, e isto é certamente um meio artificial).

Entretanto, para mim, citando o grande Galileu, "a Bíblia mostra o caminho para ir ao céu, não como funciona o céu". E o verdadeiro livro da criação de Deus está, como nos disse Galileu, "escrito na linguagem da matemática". Mas a matemática é uma ferramenta para pensar com clareza em problemas concretos, enquanto que a biologia é um conjunto de uma complexidade que está além de nossa capacidade de entender, a não ser nos termos mais vagos. Em breve permitiremos ao mundo vislumbrar uma complexidade oculta a nossos olhos, um mundo desconhecido com o potencial de nos dar mais do que todo o ouro, a prata e os diamantes juntos: vida.

Quais serão as repercussões do E5 na sociedade humana? Essa é uma pergunta que está acima da minha capacidade. O processo de rejuvenescimento parece durar meses, se não anos. Faz-se uma infusão ou injeção única de E5 — que no passado aplicava-se durante uma semana, mas só por razões técnicas relacionadas à injeção nos ratos nas veias de seu frágil rabo, e não há razão para que não se possa aplicar toda a quantidade durante uma ou duas (por segurança) visitas ao consultório. Os efeitos sobre a força física, a agudeza mental e a inflamação deveriam ocorrer quase imediatamente, com a diminuição dos níveis de fatores pró-envelhecimento e o aumento dos níveis de fatores antienvelhecimento derivados do plasma adulto jovem. Como constatamos que o efeito do E5 é mudar o fenótipo de idade celular, os fatores pró-envelhecimento produzidos por células com um fenótipo de idade posterior deixarão de ser produzidos, e finalmente o rejuvenescimento estará completo — pelo menos o rejuvenescimento dos principais órgãos vitais, incluindo o cérebro, o coração, os pulmões, o fígado e os rins, em termos de bioquímica e desempenho. Não fazemos ideia sobre o câncer, mas como a idade relaciona-se inversamente com as taxas de câncer, o E5 deveria prevenir seu aparecimento, mas ainda está por se ver como agirá sobre as células cancerosas (as "rejuvenescerá"?).

Certamente, já temos doenças do envelhecimento como objetivos específicos, "frutos de fácil colheita" sem competição, mas em última instância o envelhecimento é em si mesmo nosso objetivo. Acredito na visão final que está na Bíblia (em que não se menciona [nem se crê em] uma "alma imortal"): a humanidade imortal no céu, embora de maneiras que os antigos não podiam imaginar.

Referências

1. **Reversing age: dual species measurement of epigenetic age with a
single clock**
Steve Horvath, Kavita Singh, (…) Harold L. Katcher
bioRxiv 2020.05.07.082917.

2. **The serial cultivation of human diploid cell strains**
L. Hayflick y P.S. Moorhead
1961 Experimental Cell Research 25(3): 585-621.

3. **O fim do envelhecimento: Os avanços que poderiam reverter o
envelhecimento humano durante nossa vida**
Aubrey de Grey com Michael Rae
2019 NTZ

4. **Biblia Sagrada: Nova Versão Internacional®,** NVI® Copyright © 1993,
2000, 2011 de Biblica, Inc.® Todos os direitos reservados em todo o mundo.

5. **Death and Grief in the Greek Culture**
Kyriaki Mystakidou, Eleni Tsilika, et al.
2005 OMEGA - Journal of Death and Dying 50(1): 23–34.

6. **Entropy Explains Aging, Genetic Determinism Explains Longevity, and Undefined Terminology Explains Misunderstanding Both**
Leonard Hayflick
2007 PLOS Genetics 3(12): e220

7. **The RNA World: molecular cooperation at the origins of life**
Paul G Higgs e Niles Lehman
2015 Nature Reviews Genetics 16: 7–17.

8. **Complex archaea that bridge the gap between prokaryotes and eukaryotes**
Anja Spang, Jimmy H Saw, et al.
2015 Nature 521:173–179.

9. **Isolation of an archaeon at the prokaryote–eukaryote interface**
Hiroyuki Imachi, Masaru K. Nobu, et al.
2020 Nature 577: 519–525.

10. **The Concept of Evolution to 1872**
Phillip Sloan
The Stanford Encyclopedia of Philosophy (Fall 2018 Edition), Edward N. Zalta (ed.). Disponível em https://plato.stanford.edu/archives/fall2018/entries/evolution-to-1872/

11. **The Soul of Culture Vol. 1**
William Anderson Gittens
2019 Devgro Media Arts Services

12. **Descartes' Myth**
Gilbert Ryle
1949 In The Concept of Mind. Londres: Hutchinson, 11-24.

13. **How Islam changed medicine**
Azeem Majeed
2005 BMJ 331(7531): 1486–1487.

14. **Rejuvenation of three germ layers tissues by exchanging old blood plasma with saline-albumin**
Melod Mehdipour, Colin Skinner, et al.
2020 Aging (Albany NY), 12: 8790-8819.

15. **Young and Undamaged rMSA Improves the Longevity of Mice**
Jiaze Tang, Anji Ju, et al.
2021 bioRxiv 2021.02.21.432135.

16. **The origin and early evolution of eukaryotes in the light of phylogenomics**
Eugene V Koonin
2010 Genome Biology 11: 209.

17. **Leaf Senescence in Wheat: A Drought Tolerance Measure**
Hafsi Miloud e Guendouz Ali
Plant Science - Structure, Anatomy and Physiology in Plants Cultured in Vivo and in Vitro
Ana Gonzalez, María Rodriguez e Nihal Gören Sağlam
IntechOpen.89500. Disponível em: https://www.intechopen.com/chapters/71539

18. **O sol desvelado**
Isaac Asimov
2019 São Paulo: Editora Aleph

19. **Ciliate Genome Sequence Reveals Unique Features of a Model Eukaryote**
Richard Robinson
2006 PLoS Biol 4(9): e304.

20. **An amicronucleate mutant of *Tetrahymena thermophila***
Anthony R Kaney e Virginia J Speare
1983 Experimental Cell Research, 143(2): 461-467.

21. **Siliceous deep-sea sponge *Monorhaphis chuni*: A potential paleoclimate archive in ancient animals**
Klaus Peter Jochum, Xiaohong Wang, et al.
2012 Chemical Geology 300–301: 143-151

22. **Age-correlated changes in expression of micronuclear damage and repair in *Paramecium tetraurelia***
Steven R Rodermel e Joan Smith-Sonneborn
1977 Genetics 87(2): 259-274. PMID: 924139, PMCID: PMC1213739.

23. **Age induced mutations in Paramecium**
T M Sonneborn e M Schneller
1960 The biology of aging, Waverly Press Baltimore

24. **DNA repair and longevity assurance in Paramecium tetraurelia**
Joan Smith-Sonneborn
1979 Science 203: 1115-1117.

25. **A origem do homem e a seleção sexual**
Charles Darwin
2008, São Paulo: Hemus.

26. **O gene egoísta**
Richard Dawkins
2017, 1ª edição, São Paulo: Companhia das Letras

27. **Evolution of lifespan**
David Neill
2014 Journal of Theoretical Biology 358: 232-45.

28. **Life-history connections to rates of aging in terrestrial vertebrates**
Robert E Ricklefs
2010 Proceedings of the National Academy of Sciences of the United States of America 107(22): 10314-9

29. **Evolutionary theories of aging: confirmation of a fundamental prediction, with implications for the genetic basis and evolution of life span**
Robert E Ricklefs
1998 Am Naturalist, 152(1): 24-44.

30. **An unsolved problem of biology**
Peter B Medawar
1952 HK Lewis and Co.

31. **The Essence of Aging**
Jan Vijg e Brian K Kennedy
2016 Gerontology, 62(4): 381-5.

32. **From rapalogs to anti-aging formula**
Mikhail V Blagosklonny
2017 Oncotarget 8(22): 35492–507.

33. **Epigenetic clocks reveal a rejuvenation event during embryogenesis followed by aging**
Csaba Kerepesi, Bohan Zhang, et al.
2021 Science Advances 7(26): eabg6082.

34. **Beta-carotene and lung cancer in smokers: review of hypotheses and status of research**
Regina Goralczyk
2009 Nutr Cancer 61(6): 767-74.

35. **A proposal in relation to a genetic control of lifespan in mammals**
David Neill
2010 Ageing Research Reviews 9: 437–446.

36. **A *C. elegans* mutant that lives twice as long as wild type**
Cynthia Kenyon, Jean Chang, et al.
1993 Nature 366: 461-464.

37. **Comparison of mitochondrial pro-oxidant generation and anti-oxidant defenses between rat and pigeon: possible basis of variation in longevity and metabolic potential**
Hung-Hai Ku e R S Sohal
1993 Mechanisms of Ageing and Development 72(1): 67-76.

38. **Evolutionary Theories of Aging: Confirmation of a Fundamental Prediction, with Implications for the Genetic Basis and Evolution of Life Span**
Robert E Ricklefs
1998 The American Naturalist 152(1): 24-44.

39. **An Analysis of the Relationship Between Metabolism, Developmental Schedules, and Longevity Using Phylogenetic Independent Contrasts**
João Pedro de Magalhães, Joana Costa e George M Church
2007 The Journals of Gerontology: Series A 62(2): 149-160.

40. **The physiology/life-history nexus**
Robert E Ricklefs e Martin Wikelski
2002 Trends in Ecology & Evolution 17(10): 462-468.

41. **The temporal scaling of *Caenorhabditis elegans* ageing**
Nicholas Stroustrup, Winston E Anthony, et al.
2016 Nature 530: 103–107.

42. **The Hallmarks of Aging**
Carlos López-Otín, Maria A Blasco, et al.
2013 Cell 153: 1194-1217.

43. **The Hallmarks of Cancer**
Douglas Hanahan e Robert A Weinberg
2000 Cell 100(1): 57-70

44. **Increased Wnt Signaling During Aging Alters Muscle Stem Cell Fate and Increases Fibrosis**
Andrew S Brack, Michael J Conboy, et al.
2007 Science 317(5839): 807-810.

45. **Cytoplasmic and Mitochondrial NADPH-Coupled Redox Systems in the Regulation of Aging**
Patrick C Bradshaw
2019 Nutrients 11(3): 504.

46. **Age-related changes in the glutathione redox system**
Mine Erden-İnal, Emine Sunal e Güngör Kanbak
2002 Cell Biochemistry and Function 20: 61-66.

47. **Aging effects on DNA methylation modules in human brain and blood tissue**
Steve Horvath, Yafeng Zhang, et al.
2012 Genome Biology 13: R97.

48. **Hypothalamic programming of systemic ageing involving IKK-β, NF-κB and GnRH**
Guo Zhang, Juxue Li, et al.
2013 Nature 497: 211-216.

49. **Cross-talk between circadian clocks, sleep-wake cycles, and metabolic networks: Dispelling the darkness**
Sandipan Ray e Akhilesh B. Reddy
2016 Bioessays 38: 394–405.

50. **Redox characteristics of the eukaryotic cytosol**
H Reynaldo López-Mirabal e Jakob R Winther
2008 Biochimica et Biophysica Acta (BBA) - Molecular Cell Research 1783(4): 629-640.

51. **Circadian Rhythms and Sleep in *Drosophila melanogaster***
Christine Dubowy e Amita Sehgal
2017 Genetics 205(4): 1373–1397.

52. **Role of Nicotinamide Adenine Dinucleotide and Related Precursors as Therapeutic Targets for Age-Related Degenerative Diseases: Rationale, Biochemistry, Pharmacokinetics, and Outcomes**
Nady Braidy, Jade Berg, et al.
2019 Antioxidants & Redox Signaling 30(2): 251-294.

53. **SIRT2 induces the checkpoint kinase BubR1 to increase lifespan**
Brian J North, Michael A Rosenberg, et al.
2014 The EMBO Journal 33(13): 1438-53.

54. **NAD$^+$ and sirtuins in aging and disease**
Shin-ichiro Imai e Leonard Guarente
2014 Trends in Cell Biology 24(8): 464-471.

55. **Rejuvenation of aged progenitor cells by exposure to a young systemic environment**
Irina M Conboy, Michael J Conboy, et al.
2005 Nature 433: 760–764.

56. **Heterochronic parabiosis: historical perspective and methodological considerations for studies of aging and longevity**
Michael J Conboy, Irina M Conboy e Thomas A Rando
2013 Aging Cell 12(3): 525-30.

57. **Parabiosis between Old and Young Rats**
Clive M McCay, Frank Pope, et al.
1957 Gerontologia 1: 7–17.

58. **Mortality in Syngeneic Rat Parabionts of Different Chronological Age**
Frederic C Ludwig e Robert M Elashoff
1972 Transactions of The New York Academy of Sciences 34(7): 582-587.

59. **The ageing systemic milieu negatively regulates neurogenesis and cognitive function**
Saul A Villeda, Jian Luo, et al.
2011 Nature 477: 90-94.

60. **Young blood reverses age-related impairments in cognitive function and synaptic plasticity in mice**
Saul A Villeda, Kristopher E Plambeck, et al.
2014 Nature Medicine 20: 659-663.

61. **Studies that shed new light on aging**
Harold L Katcher
2013 Biochemistry Moscow 38: 1061-70.

62. **Towards an evidence-based model of aging**
Harold L Katcher
2015 Current Aging Science 8(1): 46-55.

63. **Plasma dilution improves cognition and attenuates neuroinflammation in old mice**
Melod Mehdipour, Taha Mehdipour, et al.
2021 GeroScience 43: 1–18.

64. **Human umbilical cord plasma proteins revitalize hippocampal function in aged mice**
Joseph M Castellano, Kira I Mosher, et al.
2017 Nature 544: 488–492.

65. **Universal DNA methylation age across mammalian tissues**
Mammalian Methylation Consortium: Ake T Lu, Zhe Fei, Amin Haghani, et al.
2021 bioRxiv 2021.01.18.426733

66. **Notch-mediated restoration of regenerative potential to aged muscle**
Irina M Conboy, Michael J Conboy, et al.
2003 Science 302(5650): 1575-1577.

67. **Studies Financed by Heales: Effect of Young Rat Plasma on The Lifespan of Aging Rats**
Disponível em https://heales.org/2020/12/22/studies-financed-by-heales-effect-of-young-rat-plasma-on-the-lifespan-of-aging-rats-21-december-2020/

68. **Rejuvenating senescent and centenarian human cells by reprogramming through the pluripotent state**
Laure Lapasset, Ollivier Milhavet, et al.
2011 Genes & Development 25(21): 2248–2253.

69. **In Contrast to Dolly, Cloning Resets Telomere Clock in Cattle**
Gretchen Vogel
2000 Science 288(5466): 586-587.

70. **Reprogramming to recover youthful epigenetic information and restore vision**
Yuancheng Lu, Benedikt Brommer, et al.
2020 Nature 588:124-129.

71. **In Vivo Amelioration of Age-Associated Hallmarks by Partial Reprogramming**
Alejandro Ocampo, Pradeep Reddy, et al.
2016 Cell 167: 1719–1733.

72. **Turning back time with emerging rejuvenation strategies**
Salah Mahmoudi, Lucy Xu e Anne Brunet
2019 Nature Cell Biology 21: 32–43.

73. **The effect of retarded growth upon the length of life span and upon the ultimate body size**
C M McCay, M F Crowell e L A Maynard
1935 The Journal of Nutrition 10(1): 63–79.

74. **Clearance of p16^{Ink4a}-positive senescent cells delays ageing-associated disorders**
Darren J. Baker, Tobias Wijshake, et al.
2011 Nature volume 479: 232–236.

75. **O que é vida? Seguido de "Mente e matéria" e "Fragmentos Autobiográficos"**
Erwin Schrödinger
2007 Editora Unesp; 1ª edição

76. **The Biological Clock in Gray Mouse Lemur: Adaptive, Evolutionary and Aging Considerations in an Emerging Non-human Primate Model**
Clara Hozer, Fabien Pifferi, Fabienne Aujard e Martine Perret
2019 Frontiers in Physiology 10, artigo 1033.